les allium alimentaires
reproduits
par voie végétative

**Charles-Marie MESSIAEN,
Joseph COHAT, Maurice PICHON,
Jean-Paul LEROUX et André BEYRIES**

INSTITUT NATIONAL DE LA RECHERCHE AGRONOMIQUE
147, rue de l'Université, 75338 PARIS Cedex 07

DU LABO AU TERRAIN

Ouvrages parus dans la même collection :

Combattre les ravageurs des cultures : enjeux et perspectives
G. RIBA, Christine SILVY
1989, 230 p.

Ennemis et maladies des prairies
G. RAYNAL, J. GONDRAN,
R. BOURNOVILLE, M. COURTILLOT éd.
1989, 252 p., 39 pl. couleur

Cultures florales de serre en zone méditerranéenne française
Eléments climatiques et physiologiques
Coédition INRA-PHM Revue Horticole
E. BERNINGER
1990, 208 p.

Cultures en pots et conteneurs
Principes agronomiques et applications
Coédition INRA-PHM Revue Horticole
F. LEMAIRE, A. DARTIGUES, L.-M. RIVIERE, S. CHARPENTIER
1990, 184 p.

Le canard de Barbarie
B. SAUVEUR, H. de CARVILLE éd.
1990, 182 p.

L'escargot *Helix aspersa*
Biologie-élevage
J. C. BONNET, P. AUPINEL, J. L. VRILLON
1990, 124 p.

Les herbicides : mode d'action et principes d'utilisation
R. SCALLA, éd.
1991, 464 p.

Les maladies des plantes maraîchères, 3ᵉ édition
C. M. MESSIAEN, D. BLANCARD, F. ROUXEL, R. LAFON
1991, 552 p.

Nutrition et alimentation des volailles
M. LARBIER, B. LECLERCQ
1992, 355 p.

© INRA, Paris, 1993 - ISBN : 978-2-7380-0422-2   ISSN : 1150-3564
© Éditions Quae, 2023 - ISBN : 978-2-7592-3818-7

ÉPIGRAPHE

« Ὣς ἄρα φωνήσας πόρε φάρμακον Ἀργειφόντης
Ἐκ γαίης ἐρύσας, καί μοι φύσιν αὐτοῦ ἔδειξε·
Ῥίζῃ μὲν μέλαν ἔσκε, γάλακτι δὲ εἴκελον ἄνθος·
ΜΟΛΥ δέ μιν καλέουσι θεοί. Χαλεπὸν δέ τ' ὀρύσσειν
Ἀνδράσι γε θνητοῖσι. Θεοὶ δέ τε πάντα δύνανται
Ἑρμείας μὲν ἔπειτ' ἀπέβη πρὸς μακρὸν Ὄλυμπον
Νῆσον ἀν ὑλήεσσαν. »

...Ayant ainsi parlé le dieu aux clairs rayons tirait du sol une herbe magique qu'avant de me donner il m'apprit à connaître : la racine en est noire, et la fleur blanc de lait ; « MOLY » l'appellent les dieux : ce n'est pas sans effort que les mortels l'arrachent, mais les dieux peuvent tout ! Puis Hermès, regagnant les sommets de l'Olympe disparut dans les bois...

La plante magique remise par Hermès à Ulysse, pour le protéger des maléfices de Circé, était-elle un *Allium* ? LINNÉ semble l'avoir pensé, puisqu'il donna le nom de « *Moly* » à une espèce de la section *molium*, du sous-genre *Molium*.

REMERCIEMENTS

Les cinq auteurs mentionnés en couverture : C. M. MESSIAEN, phytopathologiste et sélectionneur, ayant partagé son temps entre les climats méditerranéens et tropicaux ; J. COHAT, sélectionneur et physiologiste de l'Échalote ; M. PICHON, sélectionneur et physiologiste de l'Ail et de l'Échalote ; J. P. LEROUX, spécialiste de la régénération des clones et de la production de semences et A. BEYRIES, responsable pendant 15 ans de la collection d'*Allium* à Montpellier ne sont pas, et de loin, les seuls contributeurs. Nous remercierons plus particulièrement :

– pour les chapitres 2 et 3, le Professeur T. ETOH, Mme J. BOSCHER et P. HANELT qui, par leur correspondance et les tirés à part de leurs publications nous ont apporté un précieux concours. T. ETOH nous a, de plus, fait bénéficier de ses clones d'Ail séminifères ;

– pour le chapitre 4, Melle L. ESPAGNACQ et ses professeurs, ainsi que le regretté P. PEREAU-LEROY ;

– pour le chapitre 5, Mr S. AUBERT qui nous a fourni une précieuse documentation et a bien voulu relire le texte – ainsi que, de nouveau Mme J. BOSCHER ;

– pour le chapitre 6, les phytopathologistes : R. LAFON et Y. BUGARRET, R. SAMSON, J. MARROU, J. B. QUIOT, H. LOT, Brigitte DELÉCOLLE, J. GIANOTTI, B. ALLIOT, ... sans oublier la dernière arrivée, V. CHOVELON, qui reprend le flambeau de la virologie des *Allium* à l'INRA - Montfavet, et les zoologistes : G. CAUBEL, B. RAHN, J. MISSONIER, E. BRUNEL ainsi que Mme BOSCHER, déjà citée ci-dessus ;

– pour le chapitre 8 : H. VENDRAN, MMrs SALOMON et TOUREILLE, les directeurs successifs de l'UCCS–Top-semences, et R. ROUX, ingénieur de cette coopérative, chargé de l'Ail et de l'Échalote, H. DE BON – et encore une fois T. ETOH qui nous a communiqué sa collection de variétés extrême-orientales ;

– pour le chapitre 9 : Mr J. BRECHET, Mme A. GUIRONNET, Mrs J. MENEAU, J. GADAL (coopératives et groupements), J. P. CURVALE, R. LEFÈVRE, F. ORSINI, Mrs M. LE ROUX, J. L. PEDEN, B. MOREAU (CTIFL) et P. FLEURY qui, à des titres divers, ont participé activement à l'amélioration des connaissances et des techniques de production de l'Échalote ;

– pour le chapitre 10 : Mr BRAND, les ingénieurs du GNIS et de PROSEMAIL, et ceux du CTIFL à Balandran, en particulier MMrs PLANTON et JOUBERT, qui furent les premiers « mainteneurs » de clones d'Ail indemnes d'OYDV.

C. M. MESSIAEN remercie tout particulièrement son épouse et son fils David pour leur aide à la rédaction et au jardinage, et Mr FOURY pour sa lecture critique et constructive de l'ensemble de l'ouvrage.

La liste des organismes et instituts d'appartenance des personnes citées se trouve en Annexe 2.

ÉPIGRAPHE

« Ὡς ἄρα φωνήσας πόρε φάρμαχον Ἀργειφόντες
Ἐκ γαίης ἐρύσας, καί μοι φύσιν αὐτου ἔδειξε
Ῥίζῃ μὲν μέλαν ἔσχε, γάλακτι δὲ εἴχελον ἄνθος
ΜΟΛΥ δέ μιν χαλέουσι θεοί. Χαλεπὸν δέτ' ὀρύσσειν
Ἀνδράσι γε θνητοῖσι. θεοὶ δέ τε πάντα δύνανται
Ἑρμείας μὲν ἔπειτ ἀπέβη πρὸς μακρὸν Ὄλυμπον
Νῆσον ἂν ὑλήεσσαν. »

...Ayant ainsi parlé le dieu aux clairs rayons tirait du sol une herbe magique qu'avant de me donner il m'apprit à connaître : la racine en est noire, et la fleur blanc de lait ; « MOLY » l'appellent les dieux : ce n'est pas sans effort que les mortels l'arrachent, mais les dieux peuvent tout ! Puis Hermès, regagnant les sommets de l'Olympe disparut dans les bois...

La plante magique remise par Hermès à Ulysse, pour le protéger des maléfices de Circé, était-elle un *Allium* ? LINNÉ semble l'avoir pensé, puisqu'il donna le nom de « *Moly* » à une espèce de la section *molium,* du sous-genre *Molium.*

REMERCIEMENTS

Les cinq auteurs mentionnés en couverture : C. M. Messiaen, phytopathologiste et sélectionneur, ayant partagé son temps entre les climats méditerranéens et tropicaux ; J. Cohat, sélectionneur et physiologiste de l'Échalote ; M. Pichon, sélectionneur et physiologiste de l'Ail et de l'Échalote ; J. P. Leroux, spécialiste de la régénération des clones et de la production de semences et A. Beyries, responsable pendant 15 ans de la collection d'*Allium* à Montpellier ne sont pas, et de loin, les seuls contributeurs. Nous remercierons plus particulièrement :

– pour les chapitres 2 et 3, le Professeur T. Etoh, Mme J. Boscher et P. Hanelt qui, par leur correspondance et les tirés à part de leurs publications nous ont apporté un précieux concours. T. Etoh nous a, de plus, fait bénéficier de ses clones d'Ail séminifères ;

– pour le chapitre 4, Melle L. Espagnacq et ses professeurs, ainsi que le regretté P. Pereau-Leroy ;

– pour le chapitre 5, Mr S. Aubert qui nous a fourni une précieuse documentation et a bien voulu relire le texte – ainsi que, de nouveau Mme J. Boscher ;

– pour le chapitre 6, les phytopathologistes : R. Lafon et Y. Bugarret, R. Samson, J. Marrou, J. B. Quiot, H. Lot, Brigitte Delécolle, J. Gianotti, B. Alliot, ... sans oublier la dernière arrivée, V. Chovelon, qui reprend le flambeau de la virologie des *Allium* à l'INRA - Montfavet, et les zoologistes : G. Caubel, B. Rahn, J. Missonier, E. Brunel ainsi que Mme Boscher, déjà citée ci-dessus ;

– pour le chapitre 8 : H. Vendran, MMrs Salomon et Toureille, les directeurs successifs de l'UCCS–Top-semences, et R. Roux, ingénieur de cette coopérative, chargé de l'Ail et de l'Échalote, H. de Bon – et encore une fois T. Etoh qui nous a communiqué sa collection de variétés extrême-orientales ;

– pour le chapitre 9 : Mr J. Brechet, Mme A. Guironnet, Mrs J. Meneau, J. Gadal (coopératives et groupements), J. P. Curvale, R. Lefèvre, F. Orsini, Mrs M. Le Roux, J. L. Peden, B. Moreau (CTIFL) et P. Fleury qui, à des titres divers, ont participé activement à l'amélioration des connaissances et des techniques de production de l'Échalote ;

– pour le chapitre 10 : Mr Brand, les ingénieurs du GNIS et de PROSEMAIL, et ceux du CTIFL à Balandran, en particulier MMrs Planton et Joubert, qui furent les premiers « mainteneurs » de clones d'Ail indemnes d'OYDV.

C. M. Messiaen remercie tout particulièrement son épouse et son fils David pour leur aide à la rédaction et au jardinage, et Mr Foury pour sa lecture critique et constructive de l'ensemble de l'ouvrage.

La liste des organismes et instituts d'appartenance des personnes citées se trouve en Annexe 2.

INTRODUCTION

Le but initial de cet ouvrage était de rassembler les résultats de plus de 30 ans de recherches poursuivies en France sur l'Ail et l'Échalote : c'est dans les années 50 que le regretté J. PAQUET entamait à l'INRA-Clermont-Ferrand la sélection clonale sur les deux espèces, et que R. LAFON (INRA-Bordeaux) démontrait l'efficacité, vis-à-vis de la Pourriture blanche de l'Ail, d'enrobages de caïeux de semence avec du pentachloronitrobenzène. Au début des années 60, on abordait à l'INRA-Montfavet l'étude de la situation virologique de l'Ail et des Échalotes, qui prit 20 ans pour se trouver définitivement éclaircie.

Cet effort de recherche aurait pu n'aboutir que sur des publications ou rester lettre morte, s'il n'avait pas bénéficié de l'intérêt et de la collaboration de la profession agricole : coopératives de production de semences, ingénieurs des Chambres d'Agriculture, qui aujourd'hui assurent la plus grande partie de l'expérimentation phytotechnique, phytosanitaire et variétale sur Ail et Échalote.

La production de semences certifiées a suscité depuis plus de 20 ans bon nombre de réunions et congrès réunissant chercheurs, ingénieurs agricoles, agriculteurs-multiplicateurs et agricultrices : celles-ci n'étant pas les dernières à exprimer leurs points de vue de façon souvent passionnée.

Mais il aurait été dommage de nous borner dans ce livre à évoquer les progrès et les problèmes de l'Ail et de l'Échalote en France. *Allium sativum* et *Allium cepa* ne sont pas les seules espèces du genre *Allium* à s'être engagées dans la voie de la multiplication végétative. Suivant les continents et les climats, non seulement d'autres variétés d'Ail et d'Échalote mais aussi d'autres *Allium* se reproduisent par voie végétative, soit entre les mains de l'homme qui les cultive, soit à l'état sauvage, pouvant alors être un objet de cueillette : nous en traiterons plus ou moins brièvement.

Par contre, nous ne donnerons ici aucune indication particulière sur les espèces ou variétés chez lesquelles prédomine la reproduction par graine : Oignon, Poireau, Ciboules japonaises, pour ne citer que les plus importantes.

Cet ouvrage ne prétendra pas, en effet, remplacer les deux « grands classiques » traitant des *Allium* cultivés : celui de JONES et MANN (1963) et, plus récemment, l'ouvrage collectif en 3 volumes publié par RABINOWITCH et BREWSTER (1990), auxquels d'ailleurs nous avons fait de larges emprunts.

SOMMAIRE

I
LA MULTIPLICATION VÉGÉTATIVE

La tendance à l'abandon de la reproduction par graines au profit de la multiplication végétative n'est pas, chez les *Allium,* une orientation seulement imposée par l'homme, elle se rencontre aussi bien chez les espèces sauvages que chez les formes cultivées, comme en témoigne dans le Sud de la France le comportement d'*Allium oleraceum* L. et *A. sphaerocephalum* L. (fig. 4 A et 4 B ; photo 1), et encore plus celui de la variété *compactum* d'*A. vineale* L. chez laquelle la production de graines a complètement disparu (fig. 4 C).

1. La plante à l'état végétatif, la division de touffes

A l'état végétatif (jeune plante issue de graine, de bulbille, de caïeu) tous les *Allium* présentent une structure analogue : « plateau » conique représentant la tige, qui produit une succession de feuilles dont les gaines foliaires cylindriques s'emboîtent les unes dans les autres (fig. 1). Les limbes foliaires peuvent être de structures très diverses : plats avec une nervure centrale bien marquée, plats avec une nervure médiane peu marquée ou non apparente, cylindriques creux, ou cylindriques aplatis à parois soudées (fig. 8).

Par apparition de bourgeons axillaires se développant eux aussi de façon végétative, phénomène analogue au « tallage » des céréales, la jeune plante peut donner naissance à une **touffe** dont il est possible de tirer de nouveaux plants par division (fig. 2). C'est le mode de reproduction des « Cives » et du « Petit Poireau » aux Antilles (chap. 3).

Les feuilles d'*Allium* n'ont qu'une durée de vie limitée. L'émission de racines (comme celle de bourgeons axillaires) a lieu en effet à chaque entrenœud selon un anneau situé juste au-dessus de la base de la gaine foliaire, que les racines doivent traverser pour rejoindre le sol. Les feuilles dont la gaine est ainsi déchirée sont condamnées à disparaître.

Les nœuds ayant émis des racines, après leur défoliation, peuvent, suivant les cas, subsister en donnant naissance à un **rhizome,** comme chez la « Ciboulette Chinoise » *(A. tuberosum),* ou le plus souvent s'atrophier et disparaître.

Les **racines** de certains *Allium,* pour permettre aux plantes de rester bien ancrées dans le sol (et par la suite aux bulbes de devenir souterrains), sont contractiles, et donc **tractrices,** bien que dans une plus faible mesure que celles de Colchique ou de Muscari. On le voit, par exemple chez l'Ail, à leur apparence plissée en accordéon sur une partie de leur longueur. Les racines d'*Allium cepa* sont peu contractiles et, par voie de conséquence, les bulbes peu enfoncés dans le sol.

Figure 1. – Une plante d'*Allium* à l'état végétatif (schématique).

Les racines d'*Allium* sont très régulièrement colonisées par des champignons appartenant aux Endogonacées (ex. : *Glomus mossae*) qui constituent à l'intérieur de leur parenchyme cortical des **mycorhizes** vésiculo-arbusculaires. Ces mycorhizes jouent un rôle important dans l'alimentation des *Allium* en acide phosphorique, à partir des réserves insolubles du sol. Des semis de Poireau en sol stérilisé peuvent rester chétifs pour cette raison. Les *Allium* à reproduction végétative ne semblent pas présenter de problèmes dus à l'absence de mycorhizes, même lorsque les bulbes ou caïeux de semence sont abondamment enrobés de fongicides (benzimidazoles, dicarboximides)*.

2. **Bulbilles d'inflorescence**

La floraison, quand elle a lieu chez les *Allium,* débute par l'élongation du bourgeon terminal d'une tige en **hampe florale.**

---

* L'observation sur Poireau, et la vérification de l'innocuité des fongicides vis-à-vis des mycorhizes en traitement de semences sont dues à A. Trouvelot (INRA – Dijon – comm. pers.).

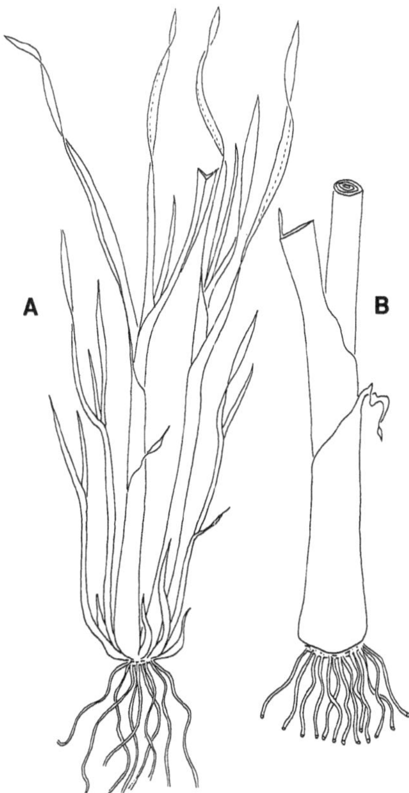

Figure 2. – Formation d'une « touffe » chez le Petit Poireau antillais (A),
comparé au Poireau classique reproduit par graines (B).

Celle-ci, selon les espèces, peut être cylindrique pleine, cylindrique creuse, ou pleine de section polygonale ou ovale. La jeune hampe florale porte à son sommet un massif méristématique hémisphérique enclos dans une **spathe,** que l'on peut considérer comme formé de deux feuilles (ou bractées) soudées. Ce massif se hérisse d'ébauches de fleurs, et se transforme en **ombelle.** Mais il peut aussi comporter des ébauches végétatives qui se transforment soit en plantules, soit en **bulbilles** (fig. 3 et 4). La structure de ces organes est homologue de celle des bulbes formés par la plante : bulbilles à tuniques concentriques pour *Allium cepa,* bulbilles de structure analogue à celle d'un caïeu pour *Allium sativum.*

3. **Bulbes à tuniques (ou « écailles ») concentriques**

La formation de tels bulbes peut avoir deux finalités distinctes, suivant le devenir du, ou le plus souvent des bourgeons qu'ils contiennent, et qui se développent au dépens

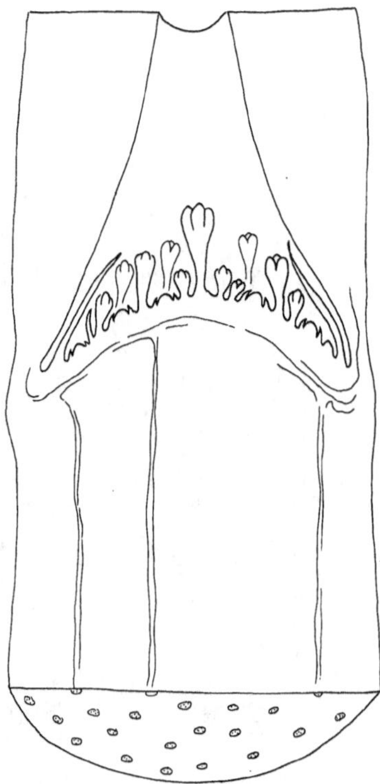

Figure 3. – Coupe longitudinale dans une jeune inflorescence d'Ail (d'après MESSIAEN et LEROUX, 1968, qui avaient vu, ou cru voir, une distinction précoce entre ébauches de fleurs et ébauches de bulbilles).

des réserves accumulées dans les écailles charnues en fin de saison de végétation. Ils peuvent évoluer directement en hampes florales, comme chez les variétés d'Oignon *(A. cepa)* reproduites par graines, ou évoluer de façon végétative pour donner en fin de saison de nouveaux bulbes, comme chez les Échalotes (*A. cepa* var. *aggregatum*).

Les écailles charnues qui composent ces bulbes sont soit toutes des gaines foliaires pourvues de limbes (ex. : bulbes d'*A. chinense*), soit, pour une certaine partie d'entre elles, des gaines dépourvues de limbes (bulbes d'*Allium cepa*).

Les deux modes d'évolution des bourgeons peuvent coexister : il n'est pas rare de rencontrer, à la base de plantes d'Oignon porte-graines, un ou deux bulbes chétifs. Des échalotes cultivées en conditions très favorables à la production de hampes florales peuvent elles aussi présenter à la fois les deux modes de reproduction (fig. 5).

4. **Caïeux sessiles ou pédicellés**

Ces organes caractérisent d'autres espèces d'*Allium* que celles qui produisent des bulbes à tuniques concentriques.

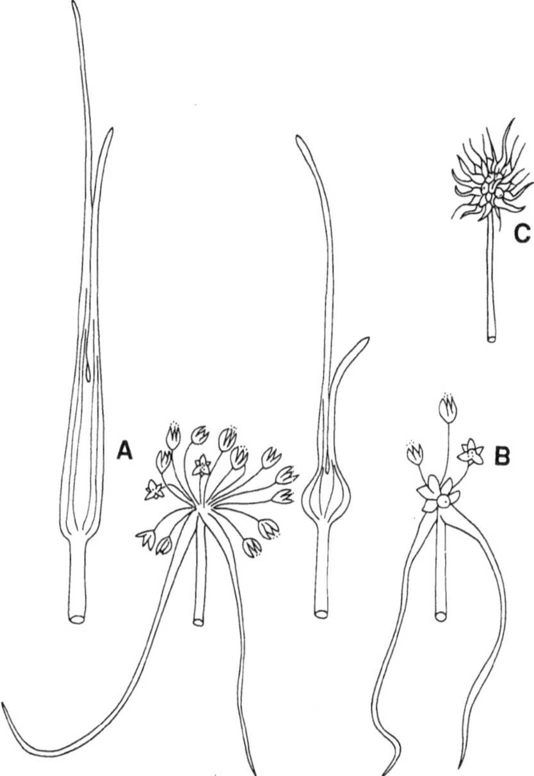

Figure 4. – Reproduction végétative chez des *Allium* sauvages.

A - *Allium paniculatum* (non bulbillifère) - B - *A. oleraceum* (mixte).
C - *Allium vineale* var. *compactum* (exclusivement bulbillifère).

Le « **caïeu** » ne comporte qu'une seule gaine foliaire charnue abritant un bourgeon unique, entourée d'une ou deux gaines coriaces, desséchées, jouant le rôle de « tunique »*.

Différencié à partir d'un bourgeon terminal, le caïeu sera de section circulaire, de forme sphaero-conique (« **caïeu rond** » ; photo 2). Mais la plupart du temps les caïeux se différencient à partir de bourgeons axillaires ; ils sont alors hémisphériques à extrémité supérieure pointue, ou, s'ils sont plusieurs au même entrenœud et non pédicellés, en forme de tranche de mandarine ; ces divers types de caïeux sont « sessiles », c'est-à-dire directement insérés sur le plateau.

Certains *Allium* produisent de plus des **caïeux pédicellés,** que l'on pourrait appeler aussi « bulbilles souterraines ».

Ceux-ci peuvent, suivant la précocité de leur apparition, rester inclus dans les gaines foliaires, ou, à la décomposition de celles-ci, se trouver libérés dans le sol en restant au début reliés au plateau par leur pédicelle. Ils sont en général différenciés à l'aisselle de

---

* Nous avons choisi d'attribuer au mot « caïeu » ce sens restreint. Pour certains botanistes il peut désigner tout organe bulbeux axillaire : les bulbes-fils d'Échalotes seraient ainsi des « caïeux ».

gaines foliaires qui précèdent celles qui hébergent les caïeux sessiles. Plus petits que ces derniers chez l'hexaploïde cultivé, ou chez *A. polyanthum,* ils sont de taille comparable chez l'espèce sauvage *A. sphaerocephalum* (fig. 6).

Nous rencontrerons chez les *Allium* cultivés multipliés par voie végétative toutes les possibilités de multiplication décrites ci-dessus :
- division de touffes,
- bulbilles d'inflorescence,
- bulbes à tuniques concentriques,
- caïeux ronds,
- bulbes composés de caïeux sessiles,
- caïeux pédicellés.

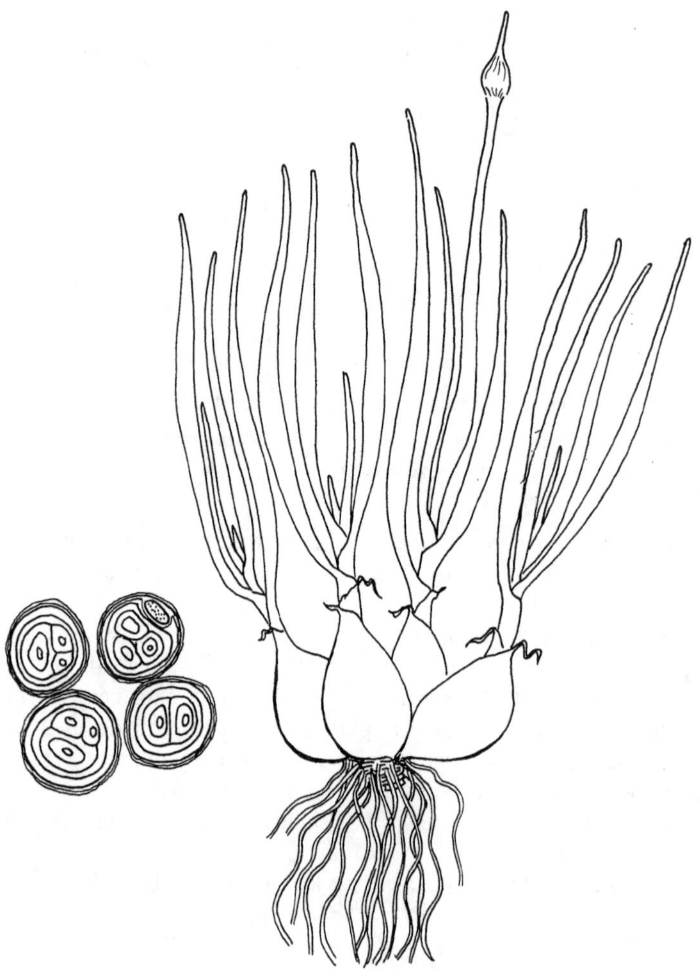

Figure 5. – Apparition simultanée, chez une Échalote tropicale,
d'une hampe florale et d'une touffe de bulbes tuniqués.

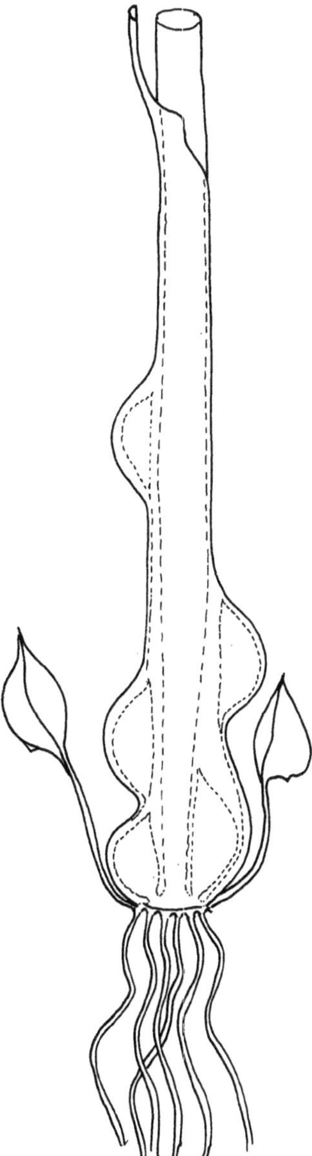

Figure 6. – Caïeux pédicellés et caïeux sessiles de calibre comparable chez l'espèce sauvage *Allium sphaerocephalum*.

Le tableau 1 indique l'importance de ces divers modes de reproduction suivant les espèces.

Tableau 1. Systèmes de reproduction et de multiplication des *Allium* alimentaires les plus courants

Espèce	Cultivar	Division de touffes	Bulbilles d'inflorescence	Multiplication de bulbes à tuniques concentriques	Bulbes à caïeux sessiles	Caïeux pédicellés	Reproduction par graines
A. porrum	Poireaux classiques	–	⊕	–	⊕	–	+++
	Poireaux bulbeux	–	–	–	+++	ε	++
	Petit Poireau antillais	+++	–	–	+++ (3)	ε	–
A. polyanthum	Poireau des Vignes	–	–	–	++	+++	♂ stérile
?	Hexaploïde cultivé	–	–	–	+++	+++	+
A. sativum	Ail (var. sans H.F.)	–	–	–	+++	–	–
	Ail (var. avec H.F.)	–	+++	–	+++	–	⊕ (1)
A. tuberosum	Ciboulette chinoise	+++	–	–	–	–	+++
A. schœnoprasum	Ciboulette	+++	–	–	–	–	+++
A. cepa	Oignon	–	ε	ε	–	–	+++
	Échalotes	⊕	–	+++	–	–	+ (2)
	Ciboule vivace	+++	+	+++	–	–	ε
	Cive rouge antillaise	+++		+++ (3)	–	–	–
A. fistulosum	Ciboules japonaises	+	–	–	–	–	+++
	Ciboule du Congo	+++	–	–	–	–	+++
	Cive jaune antillaise	+++	–	–	–	–	++ (3)
A. x *proliferum*	Oignon vivipare	–	+++	++	–	–	–
A. chinense	Rak'kyo	–	–	+++	–	–	–

ε : très rarement observé
+ : possible
++ : assez fréquent
+++ : mode majeur de reproduction ou de multiplication
⊕ : peut être obtenu par voie artificielle
(1) : seulement sur certains clones, après excision des bulbilles d'inflorescence
(2) : la production de hampes florales varie suivant les cultivars et les conditions de culture
(3) : ne se produit qu'en climat tempéré, lorsqu'on y cultive ces cultivars tropicaux

II
PLACE DES ESPÈCES ALIMENTAIRES DANS LE GENRE *ALLIUM*

Le genre *Allium* est un très vaste ensemble comprenant 500 à 600 espèces, ce qui a conduit de nombreux auteurs à y distinguer des sous-ensembles plus restreints.

Si nous suivons la subdivision du genre *Allium* en **sous-genres** et **sections** présentée par DIETRICH en allemand (1984) puis en latin (1986) à la première et à la seconde conférences internationales sur les *Allium,* les formes présentant un intérêt alimentaire se rencontrent pratiquement toutes dans les deux sous-genres ***Rhizirideum*** et ***Allium,*** réparties dans 4 sections : *rhizirideum, schœnoprasum* et *cepa* (sections de *Rhizirideum*) et *allium* (section de *Allium*) (tabl. 2).

On ne rencontre pas, en principe, d'espèce alimentaire dans les autres sous-genres : ***Molium, Melanocromnyum,*** à l'exception de deux plantes cultivées à Cuba : l'« Ajo de montaña », encore non déterminé, mais que P. HANELT (comm. pers.) placerait volontiers dans le sous-genre *Molium* à cause de ses caractères végétatifs et de son nombre chromosomique 2 n = 14 (alors que *Rhizirideum* et *Allium* ont 8 comme nombre de base) ⸺ et *Allium canadense,* espèce sauvage d'Amérique du Nord, que les Cubains cultivent.

Nous reproduisons ci-après les descriptions latines des sous-genres et sections, d'après DIETRICH (1986).

Tableau 2. Place des espèces alimentaires dans le genre *Allium* : les formes auxquelles nous ne nous hasardons pas à donner un nom botanique sont indiquées en caractères normaux

Subgenus **Rhizirideum**		
Sectio Rhizirideum	*Allium tuberosum* Rottl. ex Sprengl.	2 n ou 4 n
Sectio Schœnoprasum	*Allium schœnoprasum* L.	2 n
Sectio Cepa	*Allium cepa* L.	2 n
	Échalote grise	2 n
	Allium fistulosum L.	2 n
	Allium chinense G. Don*	2 n
Subgenus **Allium**	*Allium sativum* L.	2 n
	Allium porrum L.	4 n
Allium ampeloprasum	*Allium ampeloprasum* L.**	4 n
sensu lato selon Jones	*Allium polyanthum* Sch. et Sch.**	4 n
et Mann (1963) et Hanelt	*Allium ampeloprasum var. bulbilliferum* Lloyd	6 n
(in R. & B., 1990)	Hexaploïde cultivé	6 n
Subgenus **Molium**	*Allium canadense* L., et l'*Ajo de montaña* cultivés exclusivement à Cuba	

Description latine des sous-genres et sections

Subgenus Rhizirideum

Bulbi rhizomati adnati, plerumque anguste cylindro-conici, oblongo-ellipsoidei vel ovoido-conici, plerumque conferti. Scapus in parte subterranea foliorum vaginis ± alte obtectus. Ovarium foveola nectarifera provisum. Typus subgeneris : *A. senescens* L.

1. Sectio Rhizirideum

Folia plana vel caniculata raro filiformia, semicylindrica. Pedicelli plerumque bracteolati. Perigonium campanulatum, saepe satis parvum. Typus sectionis : *A. senescens* L. Ex. : *A. tuberosum, A. montanum.*

2. Sectio Schœnoprasum

Folia cylindrica, fistulosa. Pedicelli ebracteolati. Perigonium ± anguste campanulatum, satis magnum. Typus sectionis : *A. schœnoprasum* L.

3. Sectio Cepa

Bulbi rhizomati adnati***, ± conferti, conici usque ovoidei, saepe bene evoluti. Scapus robustus, saepe inflatus. Folia fistulosa. Pedicelli bracteolati. Perigonium stellatum, album vel virescenti-album. Filamenta integra vel interiora basi breviter bidentata. Typus sectionis : *A. cepa* L.

Ex. : *A. fistulosum, A. oschaninii, A. vavilovii, A. farctum, A. pskemense, A. galanthum.*

---

* L'appartenance à la section *cepa* d'*Allium chinense* n'est pas certaine, d'après HANELT (in R. & B., 1990).

** Sauvages, mais récoltés pour consommation dans certaines régions.

*** On peut se demander sur quel « rhizome » peut être inséré un bulbe d'Oignon ? Peut-être cet organe est-il plus net chez les cousins sibériens d'*A. cepa* qu'énumère DIETRICH... Nous avons cherché à en identifier un chez certaines échalotes tropicales (fig. 7).

Subgenus Allium

Bulbus solitarius, rhizomati non adnatus. Scapus in parte supraterra vel foliorum vaginis ± alte obtectus. Folia aut cylindrica, aut semicylindrica aut ± plana vel caniculata. Perigonium campanulatum vel ovoideum. Typus subgeneris (et typus generis) *A. sativum* L.

Sectio Allium

Folia cylindrica vel plana. Spatha bivalvis vel saepe longirostrata integre decidua. Perigonium campanulatum usque ovoideum. Filamenta inaequalia, exteriore integra vel raro tricuspidata, interiora latiora 3 (5-7) cuspidata raro utrinque dentata ; cuspis antherifera quam basis filamenti et quam cuspides laterales saepissime brevior. Ovarium nectariferis distinctis provisum. Typus sectionis : *A. rotundum* L.

Ex. : *A. ampeloprasum, A. sativum, A. vineale, A. scorodoprasum, A. porrum, A. sphaerocephalum.*

Subgenus Molium

Bulbus solitarius, saepe bulbillifer ; tunicae exteriores saepe crassae, sculptae. Folia vaginis subterraneis vel supraterraneis ± bene evolutis ; lamina plana ; apex non cucullatus. Perigonium stellatum usque campanulatum, proportione magnum. Ovarium foveolis nectariferis provisum vel destitutum. Stigma integrum vel trilobum. Typus subgeneris : *A. neapolitanum* Cyr.

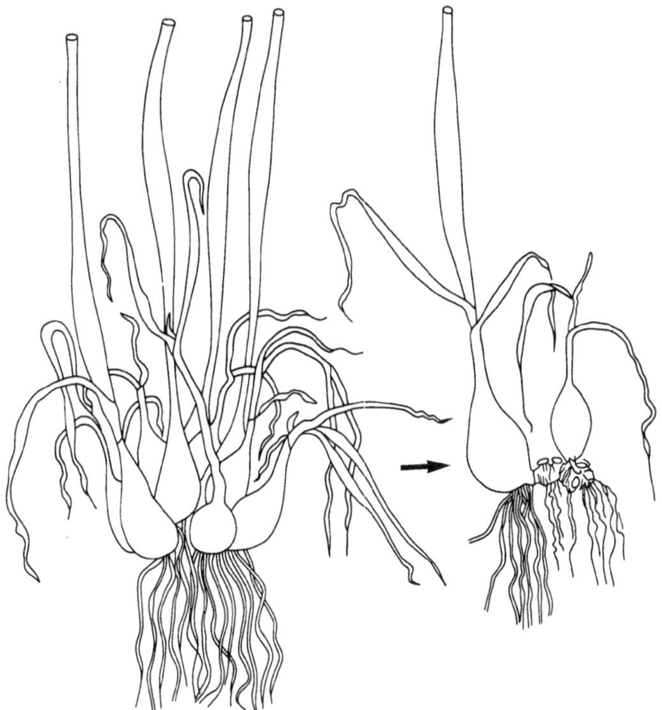

Figure 7. - Ébauche de rhizome chez une Échalote tropicale (origine : Réunion).

Références bibliographiques

DIETRICH J., 1983. *Botanische Gliederung der kultur*. Allium *arten*. 1ste Allium Konferenz, Freising, 19-23 Juli 1983, 5-20.

DIETRICH J., 1986. *The genus* Allium. Subdivisions proposed by P. WENDELBO illustrated by some species as examples. 2nd international *Allium* conference, Strasbourg, 8-12 July 1986, 29-32.

III

IDENTITÉ BOTANIQUE, CARACTÈRES VÉGÉTATIFS ET FLORAUX

1. Caractères déterminatifs

Pour les botanistes, un caractère aussi évident que la structure des feuilles (cylindriques, ou plates avec une nervure médiane plus ou moins apparente) ne joue guère pour la distinction des sous-genres ou des sections, non plus que la structure des bulbes : les caractères floraux sont les plus importants. Pour notre part, dans un but pratique (les fleurs ne sont pas toujours disponibles) nous distinguerons les espèces qui nous intéressent de la façon suivante (fig. 8) :

• Feuilles plates à nervure médiane bien marquée

Cette catégorie comprend l'Ail, les diverses formes à reproduction végétative d'*A. porrum*, les plantes sauvages plus ou moins voisines du Poireau, et l'hexaploïde cultivé.

• Feuilles plates, nervure médiane peu ou pas marquée

Cette catégorie comprend la Ciboulette chinoise *(A. tuberosum)*. Nous y placerons aussi l'*Ajo de montaña* de Cuba, dont la nervure médiane est à peine marquée.

• Feuilles cylindriques ou quasi-cylindriques creuses

Cette catégorie comprend la Ciboulette proprement dite *(A. schœnoprasum)*, les formes à reproduction végétative d'*A. cepa* (Oignons-patates, la plupart des échalotes, certaines Ciboules vivaces et Cives antillaises), l'Échalote grise (non déterminée), les formes à reproduction végétative d'*A. fistulosum* (Ciboule congolaise, certaines cives antillaises), ainsi que des plantes considérées comme des hybrides *A. cepa* × *A. fistulosum*, comme l'Oignon vivipare, *A.* × *proliferum*, et *A. wakegi* en Extrême-Orient.

• Feuilles de section polygonale creuse

Cette catégorie ne comprend que le Rak'kyo, *A. chinense*. D'autres formes de feuilles sont possibles, chez les *Allium* sauvages (fig. 8 E).

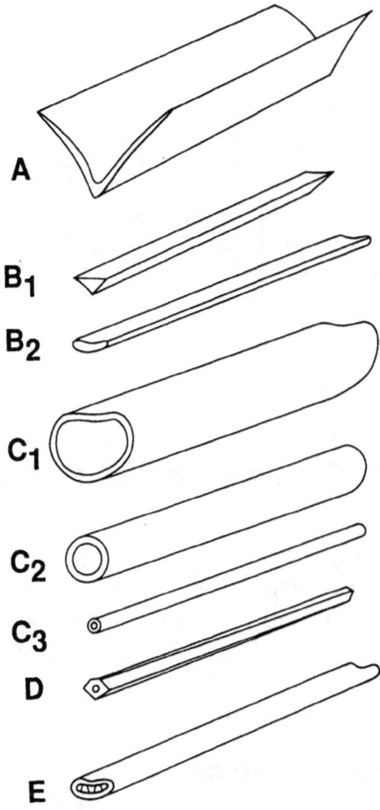

Figure 8. – Diverses formes de limbes foliaires chez les *Allium*.

A - *A. sativum, porrum, polyanthum*, hexaploïde cultivé.

B_1 - « Ajo de montaña ».

B_2 - *Allium tuberosum*.

C_1 - *Allium cepa, Allium oschaninii*.

C_2 - *Allium fistulosum*.

C_3 - *Allium schœnoprasum*.

D - *Allium chinense*.

E - *Allium* sauvages français de la section *Allium*.

Suivant les espèces ou variétés, la reproduction par graines est elle aussi possible ou même fréquente (ex. : Ciboulette, Ciboulette chinoise, Ciboule du Congo), ou au contraire rarissime (Ail) ou absente (Cive rouge antillaise, Petit Poireau antillais). Nous étudierons cette question dans chaque cas particulier, après avoir donné une description générale des plantes.

2. L'Ail *(Allium sativum L.)*

Type de l'espèce

Comme type de l'espèce nous décrirons une plante de la variété française « Rose de Lautrec ».

Après avoir émis **12 feuilles,** à partir d'un caïeu planté en novembre ou décembre, la plante présente au mois de juin suivant :

– un **bulbe** composé de 10 à 15 caïeux, issus de bourgeons axillaires différenciés à la base des gaines foliaires des 2 dernières feuilles (par exemple 7 + 5). Ce bulbe est revêtu de plusieurs tuniques formées des gaines foliaires élargies des dernières feuilles;

– une **hampe florale,** d'abord flexueuse, faisant sur elle-même jusqu'à un tour complet (fig. 9), se redressant par la suite, et portant à son sommet une **ombelle** composée à la fois de **fleurs** et de **bulbilles** (photos 3 et 4).

Les fleurs se dessèchent rapidement sans s'épanouir, à moins que l'on ne pratique l'ablation manuelle des bulbilles, en y revenant à 2 ou 3 reprises (détail des fleurs fig. 10).

A défaut de cette intervention, les bulbilles, au nombre d'une centaine, atteignent la taille d'un grain d'orge.

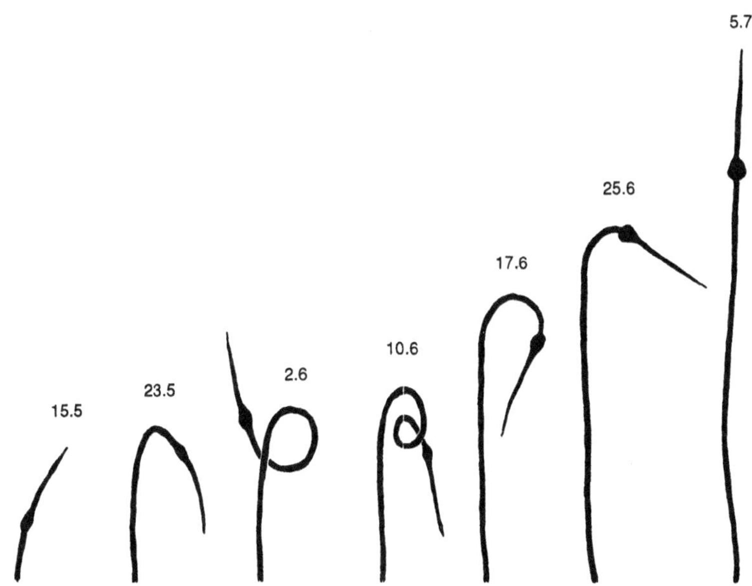

Figure 9. – Évolution d'une hampe florale d'Ail au cours des mois de mai - juin - juillet
(Le Teil, Ardèche).

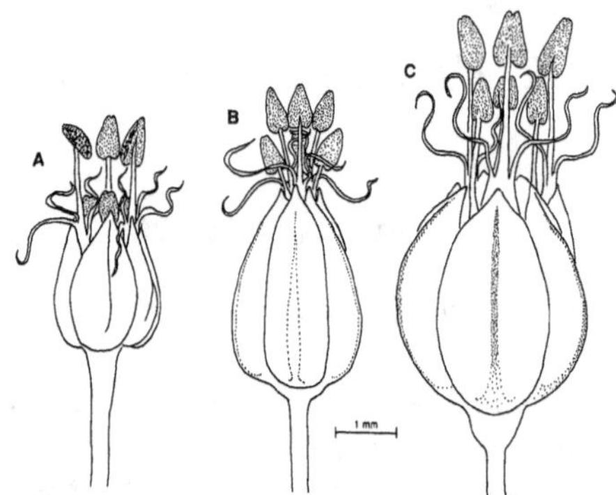

Figure 10. – Détail d'une fleur d'Ail (A) comparée à celles de l'hexaploïde cultivé (B)
et d'*A. polyanthum* (C).

Les autres variétés d'Ail, appartenant aux divers « groupes variétaux » que nous décrirons au chapitre 8 s'écartent du type « Rose de Lautrec » de diverses façons :
– caïeux plus ou moins gros, plus ou moins nombreux, éventuellement différenciés à l'aisselle des 3, 4 ou 5 dernières gaines foliaires (fig. 11);

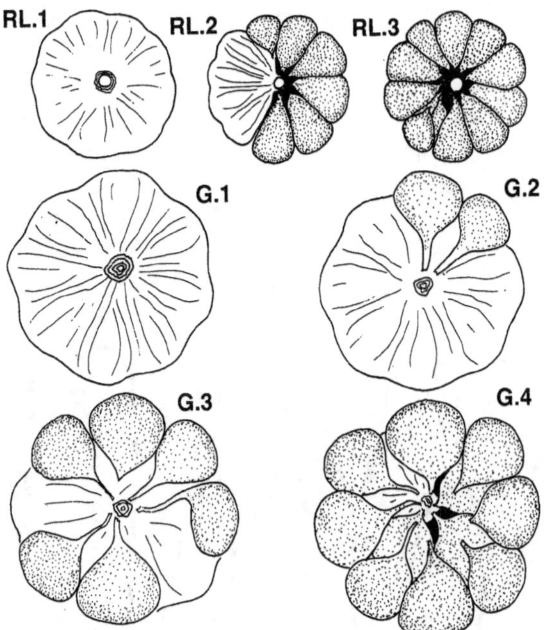

Figure 11. – Épluchage progressif des bulbes d'Ail « Rose de Lautrec » (RL) chez lequel les caïeux se forment à l'aisselle des 2 dernières feuilles, et « Germidour » chez lequel les caïeux se forment à l'aisselle des 4 dernières feuilles.

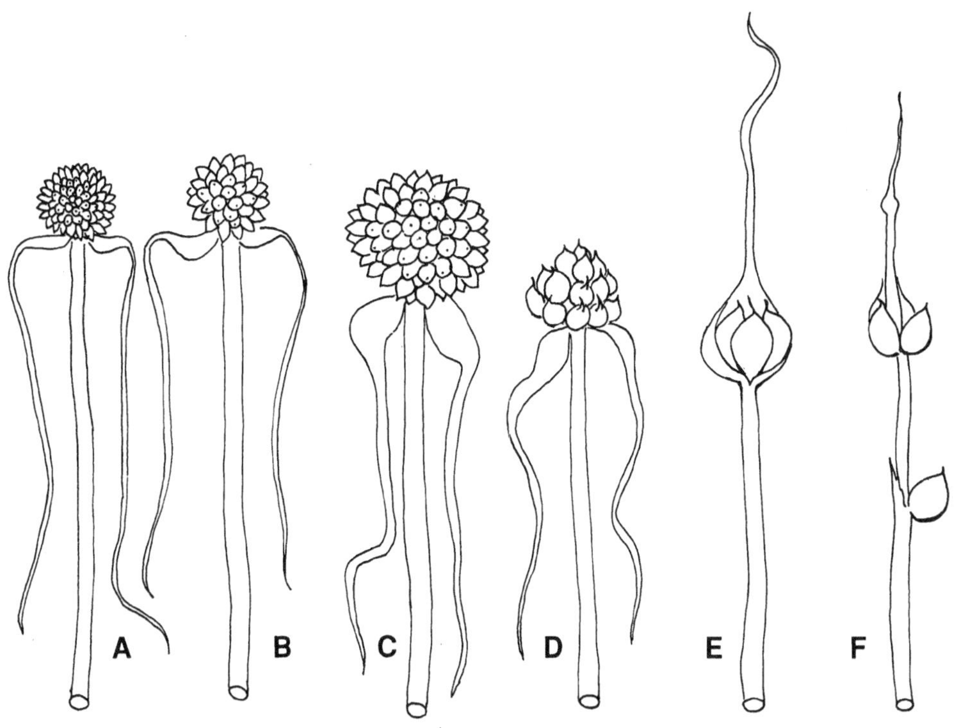

Figure 12. – Inflorescences bulbillifères d'Ail.
A - Groupe variétal I (ex. : Rose de Lautrec) et certaines variétés d'Asie Centrale (ex. : ETOH 211).
B - Groupe variétal II (ex. : Cristo, apparition rare) et certaines variétés d'Asie Centrale (ex. : ETOH 204).
C - Variétés extrêmes-orientales (ex. : Pékin) . D - Groupe IV - (Europe de l'Est).
E - Groupes III (ex. : Thermidrôme, apparition très rare) et V (ex. : Jamaïque M).
F - Groupe variétal VI (ex. : Réunion 67).

– bulbilles d'inflorescence éventuellement plus grosses et moins nombreuses (fig. 12),
– ou absence totale de hampe florale par suite de l'avortement du bourgeon terminal.

Possibilités de reproduction par graines chez l'Ail

Il a longtemps été considéré comme impossible d'obtenir des graines chez *Allium sativum,* les fleurs, même épanouies grâce à une ablation totale des bulbilles en voie de croissance, ne donnant tout au plus que des « graines vides », téguments dépourvus d'embryon — c'est le cas du « Rose de Lautrec » décrit ci-dessus.

Nous reviendrons plus loin (p. 130 et 173) sur les tentatives de KONVICKA et nous ferons état dans ce chapitre des résultats obtenus par T. ETOH au Japon.

Sur une collection de cultivars provenant du monde entier, cet auteur a étudié les causes de la stérilité décrite ci-dessus. Dans la majorité des cas où il a pu obtenir des hampes florales et des fleurs, il a observé des méioses défectueuses, avec appariement des chromosomes en paquets de plus de deux et migration irrégulière.

Seul un clone provenant du Jardin Botanique de Moscou lui permit, en 1985, d'obtenir des graines viables, après avoir été soumis, bien entendu, à l'ablation des bulbilles d'inflorescence.

Cela conduisit T. ETOH, du fait de la situation généralement admise du centre d'origine de l'Ail, à prospecter sur les marchés des villes de Tachkent, Samarcande, Dushambe, Frunze et Alma-Ata. Sur les 71 clones collectés, il s'en trouva 18 susceptibles de produire des graines viables, la plupart produisant à la fois du pollen et des ovules fertiles, le clone « 200 » (provenant de Frunze) se révélant mâle-stérile, mais capable de produire de nombreuses graines après ablation des bulbilles et pollinisation par d'autres clones (ETOH, 1986)*.

T. ETOH ayant eu l'extrême amabilité de nous envoyer ses clones fertiles, nous avons pu en France reproduire ses résultats. Sur une surface d'environ 5 m², nous avons obtenu 200 graines en 1989. En 1990, l'extrême chaleur du début de l'été semble avoir stérilisé le pollen, nous n'en avons obtenu aucune. En 1991, nous en avons obtenu 600 sur environ 10 m².

Les graines d'Ail ne sont pas d'une germination facile (ETOH, 1986). A peine 5 % germent dès l'automne, la grande majorité d'entre elles présentent un « besoin de froid » (plusieurs mois à moins de 5 °C) pour pouvoir germer. Les meilleurs résultats ont été obtenus à l'INRA-Montfavet avec une désinfection énergique suivie d'un « semis » *in vitro* sur milieu nutritif. Nous avons pu observer en 1991 les premiers bulbes composés issus des graines récoltées en 1989 (p. 152).

3. La multiplication végétative chez le Poireau (*Allium porrum* L.)

Les variétés de Poireau prédominantes dans les climats tempérés sont reproduites par graine. Il existe cependant au moins deux types de Poireaux cultivés chez lesquels on utilise la multiplication végétative : les « Poireaux bulbeux », en voie de disparition, mais encore présents dans quelques jardins familiaux en France, et le « Petit Poireau antillais », multiplié par division de touffes dans sa zone d'origine.

Même les variétés de Poireau « classiques » ne sont pas totalement dénuées de possibilités de multiplication par voie végétative.

---

* Plus récemment, des clones fertiles ont été trouvés par ETOH *et al.* (1991) en Arménie et en Géorgie, sur les flancs du Caucase, et en Chine dans le Sin-Kiang.

Possibilités de multiplication végétative chez les variétés de Poireau normalement reproduites par graines

On observe chez ces variétés une tendance à produire, à la base de la plante, deux caïeux chétifs encadrant la hampe florale. La taille de ces caïeux est augmentée lorsqu'on pratique l'ablation précoce de l'apex de la hampe.

De plus, SCHWEISGUTH (1972) a montré la possibilité d'obtenir chez le Poireau des plantules à partir des ombelles, en pratiquant une ablation précoce des boutons floraux.

Ces deux modes de reproduction végétative sont obtenus plus ou moins facilement suivant les génotypes, leur efficacité est trop aléatoire pour satisfaire les sélectionneurs voulant conserver, à l'état de clones, des parents de variétés synthétiques ou d'hybrides F_1. Ce vœu a été satisfait par C. DORÉ (INRA-Versailles) qui a mis au point une multiplication végétative *in vitro,* avec comme point de départ le massif méristématique contenu dans la spathe.

Le « Petit Poireau antillais »

Dans les hauteurs de Matouba (Guadeloupe, alt. 600 m) et de Salagnac (Péninsule du Sud d'Haïti, alt. 700-800 m), on rencontre dans les jardins traditionnels des touffes d'un *Allium* à feuilles plates, à nervures médianes bien marquées. Les feuilles ne dépassent pas 1 cm de large, le diamètre des fausses-tiges ne dépasse pas 0,5 cm, la production de bourgeons axillaires prenant le pas sur le grossissement de la fausse-tige centrale dès que ce diamètre est atteint (fig. 2).

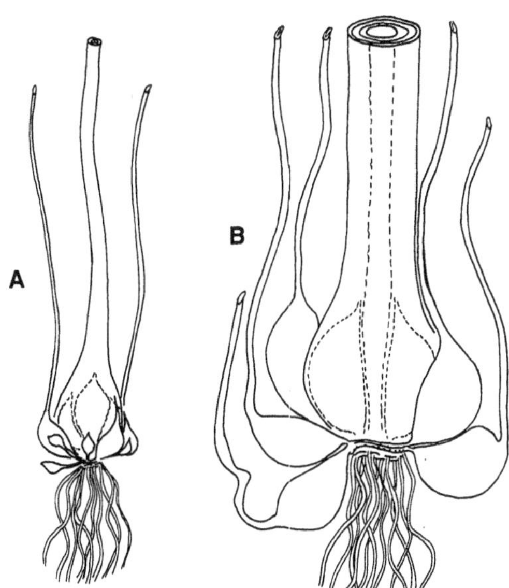

Figure 13. – Bulbes d'*Allium porrum.*
A - Petit Poireau antillais cultivé dans le Sud de la France.
B - Poireau bulbeux traditionnel.

Ces plantes sont considérées comme « Poireaux » par les propriétaires de ces jardins, et utilisées comme telles pour la soupe.

Elles en ont le goût et les caractères végétatifs : nous les considérerons comme des *Allium porrum,* bien que l'émission de hampes florales et la floraison ne se soient jamais produites, ni sur place, ni en France.

Repiqués dans le Sud de la France en fin d'automne, des plants de ces petits poireaux forment une touffe, en résistant aux hivers peu gélifs. A partir du mois de mai suivant, il y a renflement de la base des fausses-tiges, avec formation de caïeux réunis en bulbes lâches, constitués d'un plus gros caïeu central entouré de plus petits. On observe aussi quelques très petits caïeux brièvement pédicellés. Aucun de ces caïeux n'est entouré de tuniques coriaces : celles-ci restent fines et incolores (fig. 13 A). Même les plus petits caïeux ne présentent aucune dormance. Replantés en Guadeloupe, les caïeux obtenus en France donnent de nouveau naissance à des touffes.

Q. P. VAN DER MEER et P. HANELT (1990) signalent la présence à Java d'un « Anak prei » (le Poireau qui fait des petits) sans doute analogue au petit poireau antillais.

Les Poireaux bulbeux rencontrés en France

Nous avons collecté dans des jardins familiaux du Sud et de l'Ouest de la France (Ardèche, Vaucluse, Lot-et-Garonne, Ille-et-Vilaine, Loire-Atlantique) des « poireaux » de calibre très supérieur à celui des poireaux antillais, traditionnellement multipliés par voie végétative (encouragée par l'ablation systématique de la hampe florale).

Les caïeux sont plantés en septembre, on coupe des feuilles pour la soupe au cours de l'hiver. A partir du mois de mai suivant, la base des plantes se renfle pour former un bulbe lâche, à symétrie de tendance bilatérale, composé d'une dizaine de gros caïeux globuleux dont les deux plus internes encadrent la hampe florale (fig. 13 B).

Ces caïeux sont très faiblement dormants, et de très mauvaise conservation (attaques de *Penicillium* et *Fusarium roseum* var. *culmorum*). On ne réussit pas à les garder au-delà de fin novembre. A l'état cuit, ils peuvent constituer un légume très délicat, ou donner goût de Poireau à des soupes « blanches ».

Ces Poireaux bulbeux n'ont pas du tout perdu leur aptitude à la reproduction par graines. Si on laisse la hampe florale et l'ombelle se développer, on obtient des graines viables. Semées fin août, celles-ci donnent naissance à des plantes dont une partie émet déjà des hampes florales l'année suivante (bulbes de même type que ceux décrits ci-dessus), les autres produisant des bulbes avec un caïeu central rond, au lieu des deux caïeux hémisphériques encadrant la hampe florale. Au contraire, un semis du 15 mars donne des plants qui ne se renfleront en bulbes que l'année suivante, ce qui indique sans doute un « besoin de froid » pour la bulbification analogue à celui que nous décrirons pour l'Ail (p. 64).

Nos origines « Ardèche », « Agen », « Cavaillon », « Apt » sont morphologiquement semblables, avec des feuilles de moins de 2 cm de large, des hampes florales de moins d'un mètre de haut. Le semis de graines de ces cultivars (autofécondation de l'origine « Ardèche », ou récolte en pollinisation libre sur l'ensemble de ces variétés) donne une descendance homogène, sans faire apparaître de variabilité particulière.

L'origine « Nantes » se distingue des précédentes, avec des feuilles très larges et des hampes florales atteignant 1,50 m. Le semis de ses graines, obtenues en isolement, fait apparaître une variabilité pour la vigueur relative des hampes florales et des caïeux. On observe de plus quelques plantes formant des caïeux pédicellés à tunique quelque peu beige et coriace, constituant une transition entre les *Allium porrum* bulbeux cultivés que nous venons de décrire, et les *A. ampeloprasum* sauvages tétraploïdes, décrits par BOSCHER *et al.* (v. paragr. suiv.).

Aussi bien chez les poireaux bulbeux à feuilles étroites que chez le cultivar « Nantes », les hampes florales restent verticales tout au long de leur croissance.

Une plante analogue a été cultivée jusqu'à une époque récente en Europe du Nord, sous le nom d'« Oignon-Perle ». Ses caïeux, plus sphériques que ceux de nos poireaux bulbeux, étaient conservés dans le vinaigre. On en trouve une représentation en couleur dans l'ouvrage de grande diffusion « Plantes Potagères », édité en France, mais traduit du tchèque (TRONÍČKOVÁ et KREJČOVA, 1986). VAN DER MEER et HANELT (1990) appellent cet « Oignon perle » *Allium ampeloprasum* var. *sectivum*.

4. **Les plantes sauvages voisines du Poireau**

La plus fréquemment rencontrée en France est le « **Poireau des Vignes** », *Allium polyanthum* Schultes et Schultes. Elle est traditionnellement consommée à l'état végétatif dans le courant de l'hiver : on en trouve sur les marchés traditionnels d'Avignon et Montpellier. Son goût est cependant différent de celui des *A. porrum* : plus fort et plus amer. De plus une trop grande quantité donne à la soupe une consistance visqueuse. Ces caractères suggèrent une teneur élevée en saponines. A côté du précurseur « propyl », dominant, BOSCHER *et al.* (1991) y détectent une petite quantité de précurseur « allyl ».

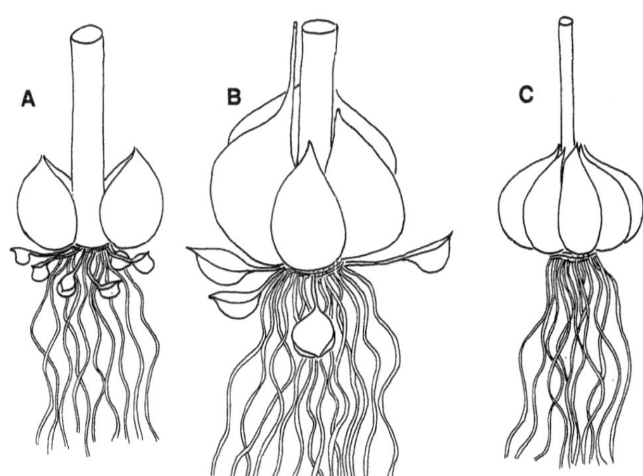

Figure 14. – Bulbes comparés d'*Allium polyanthum* (A), de l'hexaploïde cultivé (B) et d'Ail (C).

A la mi-juin dans le Midi de la France, les plantes d'*A. polyanthum* présentent une robuste hampe florale, atteignant 1 m de haut, entourée à sa base de **deux caïeux** hémisphériques revêtus d'une tunique brune coriace (à l'inverse de ceux des Poireaux décrits au paragraphe précédent, à tuniques minces et incolores).

De plus les nœuds inférieurs du plateau émettent un grand nombre de **caïeux pédicellés,** eux aussi revêtus d'une enveloppe coriace (fig. 14 A). La hampe florale se termine par une ombelle analogue à celle du Poireau. Les capsules ne contiennent cependant que des graines vides.

D'après E. BERNINGER (comm. pers.), cette situation serait due à une stérilité mâle, on peut obtenir des graines viables en fécondant les fleurs avec du pollen de Poireau – ce qui serait une raison pour confondre cette espèce avec *Allium porrum* (ou avec *A. ampeloprasum sensu lato,* selon JONES & MANN et HANELT). Cependant, dans la nature, *A. polyanthum* reste isolé, du fait de sa floraison plus précoce que celle du Poireau (tout au moins dans le Midi de la France – BERNINGER avait réalisé ses croisements à Versailles, dans les années 60).

Mis en culture, à partir des gros caïeux sessiles, *A. polyanthum* donne une plante très robuste, d'un calibre bien supérieur à celui observé dans la nature, surtout si on le protège de la Rouille *(Puccinia allii)* à laquelle il est très sensible.

Les caïeux obtenus en culture sont de très forte taille (jusqu'à 15 g). Les difficultés commencent l'année suivante, à cause des virus (p. 120).

Les caïeux pédicellés, récoltés en juin, séchés, replantés en octobre ou novembre, ne germent pas. On les retrouve intacts au printemps suivant. Il faut plusieurs années pour que leur tégument se décompose dans le sol et que leur dormance s'élimine : c'est une forme de conservation de longue durée.

La coexistence des deux types de caïeux, en l'absence de reproduction par graines, assure la permanence de cette espèce dans la nature. L'usage de puissants herbicides dans les vignobles restreint aujourd'hui sa présence à des lieux incultes, en général proches des habitations.

D'après une étude récente de BOSCHER *et al.* (1989), l'*Allium polyanthum* que nous venons de décrire, bien qu'il soit le représentant le plus répandu en France du complexe « *ampeloprasum* » *sensu lato* (33 départements du Sud de la France), ne serait pas le seul. Ces auteurs signalent dans l'Hérault, les Bouches-du-Rhône et les Alpes-Maritimes un « *Allium ampeloprasum* » *(sensu stricto)* sauvage, à hampes florales plus hautes et spathes plus longues, fleurissant plus tard qu'*A. polyanthum*. Cet *Allium* est partiellement fertile, plus attractif que les *polyanthum* vis-à-vis des papillons de Teigne du Poireau (p. 114) – et semble en fait constituer une forme sauvage d'*Allium porrum,* bien que produisant des caïeux pédicellés en très grand nombre.

Les *Allium porrum, polyanthum* et *ampeloprasum* que nous venons de signaler sont tous tétraploïdes. Nous ne nous engagerons pas ici dans une discussion sur leur nature « auto » ou « allo »-tétraploïde.

Allium commutatum Guss., très voisin par sa morphologie d'*A. polyanthum* – et plus attractif, d'après BOSCHER *et al.* pour la Teigne du Poireau – se rencontre en Corse sous deux formes : diploïde et triploïde.

Plus éloigné des Poireaux cultivés que toutes les plantes que nous venons de signaler, nous mentionnerons enfin *Allium scorodoprasum* L., fréquent dans le Nord de la

France, ainsi qu'en altitude dans les régions méridionales (ex. : à Mévouillon - Drôme, à 900 m d'altitude, observation R. ROUX).

Il se distingue d'*A. polyanthum* par la coloration rouge vineux des bases de ses gaines foliaires, de ses caïeux et de ses bulbilles d'inflorescence.

C'est à cette espèce que doit être réservé le nom de « **Rocambole »,** souvent donné à tort aux variétés d'Ail pourvues de hampes florales, ou même à l'Oignon vivipare : c'est pour mettre le lecteur en garde contre cette confusion que nous mentionnons cette espèce.

5. Les hexaploïdes à feuilles plates

Alors qu'il semble admissible de réunir dans une grande espèce les tétraploïdes décrits au paragraphe précédent, il semble moins logique d'y inclure deux formes hexaploïdes, l'une sauvage, l'autre cultivée.

L'hexaploïde sauvage que BOSCHER *et al.* désignent comme *A. ampeloprasum* var. *bulbilliferum* ne se rencontre en France qu'à l'île d'Yeu. Il se distingue de tous les autres membres du complexe *« ampeloprasum » sensu lato* par la production de bulbilles d'inflorescence, et par la prédominance du précurseur *allyl* du point de vue chimique (BOSCHER *et al.,* 1991).

L'**hexaploïde cultivé** se rencontre dans les jardins familiaux de diverses régions de France. La très grande taille de la plante et des bulbes pourrait justifier le nom d'« **Ailéléphant »** qu'on lui donne parfois*. Nous en avons également reçu d'Arabie séoudite, et des « Hauts » de la Réunion, où on le nomme « Gros l'Ail ».

L'hexaploïde cultivé réunit des caractères d'*Allium polyanthum* et d'*Allium sativum,* ou se situe à un niveau intermédiaire pour des caractères quantitatifs (tabl. 3).

Nous ne nous hasarderons pas dans cet ouvrage, qui se veut plus agronomique que botanique, à lui attribuer une épithète latine, pensant que son statut taxonomique devrait être réexaminé par des botanistes et des cytogénéticiens. Nous leur proposerons cependant une hypothèse sur l'origine de cette plante.

Son nombre chromosomique suggèrerait une origine amphidiploïde *A. polyanthum* × *A. sativum,* le croisement ayant pu avoir lieu quelque part entre l'Asie Centrale et la Méditerranée entre un *A. polyanthum* mâle stérile et un *A. sativum* producteur de pollen, tel que ceux collectés par T. ETOH :

$$PPPP \times AA \rightarrow PPA \rightarrow PPPPAA$$

Cette hypothèse est cependant toute spéculative, et formellement refusée par P. HANELT, éminent spécialiste international de la systématique des *Allium,* après échange de correspondance.

---

* Bien que la plupart des personnes chez qui nous l'avons trouvé ne le nomment pas, et nous disent « Voyez, j'ai « ça » dans mon jardin ».

L'hexaploïde cultivé est généralement considéré comme incapable de produire des graines viables. Cependant une origine fournie par H. BANNEROT, apparemment indemne de toute atteinte de virus, produit des graines germant à 10 % environ. C'est peut-être l'état virologique désastreux dans lequel se trouvaient très rapidement nos autres introductions cultivées à côté d'autres *Allium,* qui les empêchait de produire des graines viables.

Pour le consommateur amateur à la fois d'Ail et de Poireau, le goût des feuilles et fausses tiges aussi bien que celui des caïeux de l'hexaploïde cultivé se révèlent passablement infects.

Tableau 3. Caractères comparés de l'Ail *(A. sativum),* du Poireau des vignes *(A. polyanthum)* et de l'hexaploïde cultivé

	A. polyanthum	*Hexaploïde cultivé*	*A. sativum*
Nombre de caïeux sessiles	2	3-7 •	8-20
Caïeux pédicellés	+	+ ←	−
Symétrie du bulbe	bilatérale	rayonnée →	rayonnée
Tunique des caïeux	épaisse, beige	épaisse, beige ←	fine, blanche ou violacée
Courbure de la hampe florale	↑		
Pouvoir anti-biotique du jus de caïeux	faible	proche de celui de l'ail	fort
Présence d'allicine	ε	++ →	++
Sensibilité aux virus	élevée	élevée ←	moyenne ou faible
Nombre chromoso-mique	4 n = 32	6 n = 48 = 32 + 16	2 n = 16

→ Caractères de type *sativum*
• Caractères intermédiaires
← Caractères de type *polyanthum*

6. *Allium tuberosum* Rottl. ex Sprengl
La « Ciboulette chinoise »

Cette espèce est surtout cultivée en Extrême-Orient. Elle peut aussi bien être reproduite par graine que multipliée par division de touffes. On y trouve des cultivars diploïdes, ou tétraploïdes (de plus gros calibre). Les plantes ne produisent jamais de bulbes, mais souvent des hampes florales de section polygonale, terminées par des ombelles de fleurs blanches. Les feuilles et les fleurs sont utilisées en cuisine chinoise. De toutes les espèces signalées dans cet ouvrage, c'est celle dont le **rhizome** est le plus développé (fig. 15).

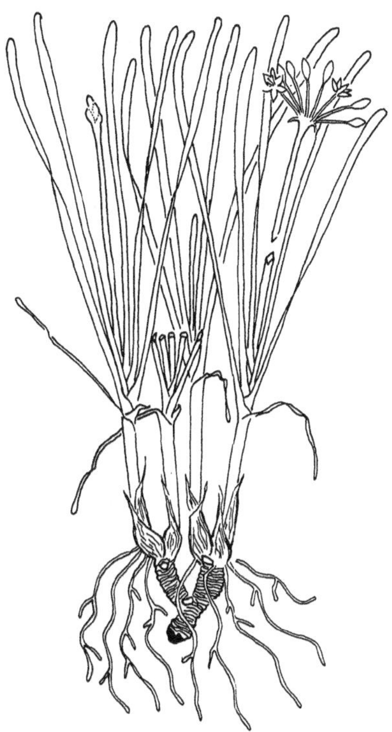

Figure 15. – Ciboulette chinoise *Allium tuberosum.*

A titre comparatif, on rencontre en France une espèce très voisine, à l'état sauvage dans les Pyrénées Orientales : *Allium montanum* Schmidt*, qui ne se distingue d'*Allium tuberosum* que par sa plus petite taille et ses fleurs mauves. Poussant sur des plaques rocheuses exposées au sud à 1 000-1 500 m d'altitude, cette espèce tolère aussi bien de forts gels que des températures atteignant 45 °C au sol en été (photo 6).

De la même façon, *A. tuberosum* peut être cultivé aussi bien sous les climats tempérés du Japon ou de la Chine du Nord, qu'en conditions tropicales, où on le multipliera indéfiniment par division de touffes après une première introduction par graines (catalogues des firmes semencières du Japon ou de Taï-Wan).

---

* Syn. *A. senescens* L. subsp. *montanum* (Fries) Holvb. Nous l'avons retrouvé plus récemment en Ardèche volcanique.

7. L'*Ajo de montaña* de Cuba (Ail de montagne)

Cet *Allium* rapporté de Cuba en Guadeloupe par G. ANAÏS (INRA-Antilles-Guyane) n'a pas encore pu être déterminé du point de vue botanique (MESSIAEN, 1986). Il se distingue du précédent par ses feuilles portant une nervure médiane légèrement marquée au-dessous, et par la production de petits bulbes blancs à tuniques concentriques. Certains d'entre eux sont ovoïdes, avec un « plateau » circulaire, d'autres prennent une forme particulière dissymétrique, puis en forme de chapelet éventuellement bifurqué par croissance vers le bas, la trace circulaire du plateau se transformant en ligne descendante (fig. 16 et photo 7).

Figure 16. – Croissance vers le bas et ramification des bulbes d'« Ajo de Montaña ».

Aux Antilles, la végétation de cet *Allium* est continue, avec abondante production de bulbes. Des hampes florales apparaissent de temps en temps, produisant des ombelles de fleurs blanches à première vue analogues à celles d'*Allium tuberosum*. En France, les plantes restent assez chétives, ne poussant vigoureusement qu'en été et supportant très mal les températures proches de 0 °C (il est préférable de conserver les plantes en pot à la serre durant l'hiver de Montpellier). Nous n'avons pas observé de floraison en France durant 5 ans, un de nos pots a émis des hampes florales durant l'été 1991.

Le goût du feuillage est plus amer, moins parfumé que celui de la ciboulette chinoise. Celui des bulbes est désagréable à l'état cru. La plante entière peut être utilisée en guise de poireau pour les soupes.

P. HANELT a lui aussi rencontré cette plante au cours de prospections botaniques à Cuba. Il pense devoir la placer dans le sous-genre *Molium* en particulier à cause de son nombre chromosomique 2 n = 14 (comm. pers.). Des ombelles, puis des graines obtenues à Montpellier en 1991, lui ont été transmises pour étude approfondie.

ESQUIVEL et HAMMER (1991) signalent de plus la culture à Cuba d'une espèce sauvage d'Amérique du Nord, *A. canadense* L., caractérisée par ses feuilles de section quadrangulaire et la production de bulbilles d'inflorescence, appartenant aussi au sous-genre *Molium*.

8. Les diverses formes à multiplication végétative d'*Allium cepa*

La littérature (DIETRICH, 1983) cite les variétés « *aggregatum* » et « *viviparum* » d'*Allium cepa,* chez lesquelles domine la multiplication végétative, alors qu'*A. cepa, sensu stricto,* est reproduit par graines. Nous verrons ci-dessous que la forme la plus spectaculaire d'*A. cepa* var. *viviparum* est considérée par P. HANELT (1990) comme un hybride *cepa* × *fistulosum*.

Il serait par ailleurs peut-être exagéré de considérer comme une variété botanique les cultivars d'Oignon (comme « Italian red » qui servit à JONES pour produire les premières semences hybrides F_1 qui présentent dans leurs ombelles quelques bulbilles d'inflorescence.

« Oignon-patate » et Échalote

La description classique d'*A. cepa* var. *aggregatum* correspond à l'« **Oignon-patate »**, surtout cultivé en Europe de l'Est et en Russie, mais dont nous avions trouvé une variété en 1974 dans l'Orléanais*.

---

* CURRAH et PROCTOR (1990) signalent l'existence d'Oignons-patates tropicaux dans le Sud de l'Inde, à Sri-Lanka et en Équateur.

Il s'agit de bulbes ovoïdes-aplatis, ayant la forme extérieure d'un oignon (parfois éclaté) mais composés de trois ou quatre bulbes élémentaires enclos – ou à demi-enclos – dans la tunique générale.

Nous pensons, comme JONES et MANN, que la plupart des **Échalotes** peuvent elles aussi se rattacher à *Allium cepa* var. *aggregatum,* bien que les 5 à 15 bulbes tuniqués issus du bulbe planté s'individualisent, au lieu de rester enclos dans une tunique générale. La France est, parmi les pays tempérés, la principale productrice d'échalotes. On en rencontre aussi dans d'autres pays européens (Hollande, Pologne, Scandinavie) et sous les Tropiques (68 000 ha en Indonésie).

Nous consacrerons notre chapitre 9 aux divers types d'échalotes et à leurs modes de culture. Le cas de l'**Échalote grise,** proche de certains *Allium* sauvages de la section *cepa,* y sera envisagé plus en détail.

Le cas de certaines « Ciboules vivaces » et « Cives antillaises »

Nous avons longtemps hésité à placer chez *A. cepa* ou chez *A. fistulosum* deux *Allium* très semblables entre eux par leurs caractères végétatifs, les plantes ne différant que par leur calibre.

Nous avons collecté en 1960 dans la Drôme une « **Ciboule vivace** » constituant des touffes dans des jardins familiaux. La base des fausses tiges se transforme fin-juin en bulbes allongés, à peine plus renflés que leurs robustes plateaux (photo 8). Les tuniques extérieures, fines et nombreuses comme chez l'Oignon ou les Échalotes de Jersey sont de couleur jaune cuivre. A l'intérieur de ces « bulbes », il y a individualisation précoce des futures bases de fausses-tiges. Leur conservation ne dépasse pas novembre.

On peut multiplier la plante par division de touffes, ou par replantation fin octobre de ces « bulbes ». La floraison est rare, et ne survient pas tous les ans. Les hampes florales sont de type *« cepa »* ainsi que les ombelles et les fleurs, parmi lesquelles on observe des bulbilles d'inflorescence (fig. 17). Ce cultivar cumule ainsi les caractères *aggregatum* et *viviparum.* Il partage avec l'Échalote grise le caractère « grosses racines persistantes ».

Aux Antilles françaises, on cultive deux types de « **Cives** » reproduites par division de touffes, ne produisant jamais sur place ni fleurs ni bulbes. On les distingue (« Cive rouge », « Cive jaune ») par la couleur de la base des gaines foliaires*.

La « Cive rouge », plantée en France, produit fin juin des bulbes exactement semblables à ceux de la « Ciboule vivace de la Drôme » décrite ci-dessus, mais d'un calibre moitié moindre. Cette ressemblance frappante avec un *Allium* déterminé comme *cepa* nous incite à placer la cive rouge de Guadeloupe dans cette espèce bien que, même en France, elle ne produise jamais ni fleurs ni graines (photo 9).

Réciproquement, plantée aux Antilles, la Ciboule vivace de la Drôme se comporte comme une « cive » de gros calibre, mais supporte un peu moins bien que la variété locale les chaleurs de juillet-août (nuits à 24 °C, maxima à 31 °C).

---

* La dénomination « Cive jaune », courante dans les années 70, tend à être remplacée aujourd'hui par celle de « Cive blanche ».

La Cive rouge est appréciée aux Antilles pour le goût très fort, et très aromatique à la fois, de ses feuilles et de ses fausses tiges. Elle participe à la saveur du boudin antillais. Sur les marchés traditionnels et dans les supermarchés de Pointe-à-Pitre, elle se vendait 30 F le kg en 1987.

Figure 17. – Inflorescence bulbillifère de « Ciboule vivace de la Drôme ».

Tableau 4. Caractères permettant de distinguer *Allium cepa* et *Allium fistulosum*

	Allium cepa	*Allium fistulosum*
Feuilles	creuses, section en forme de D, surtout à la base	creuses, section circulaire
Bulbes	bien différenciés, formés à l'intérieur de gaines foliaires épaissies sans limbe	Pas de vrais bulbes, tout au plus léger renflement à leur base de gaines foliaires pourvues de limbes
Hampes florales	creuses, renflées à leur tiers inférieur	creuses, sans renflement notable
Ombelles	sphériques, floraison simultanée	côniques au sommet, floraison commençant par le haut
Fleurs	fleurs épanouies à pétales horizontaux à marge lisse	fleurs épanouies peu ouvertes, pétales à marge denticulée
Anthères	grises, gris verdâtre ou violacées	jaunes

9. Les formes multipliées par voie végétative d'*Allium fistulosum* L.

A. fistulosum est une espèce déjà assez éloignée d'*A. cepa,* avec lequel elle peut cependant s'hybrider pour donner des F_1 stériles à l'état diploïde. Un certain nombre de caractères morphologiques nets séparent les deux espèces (tabl. 4, photo 10 et fig. 18).

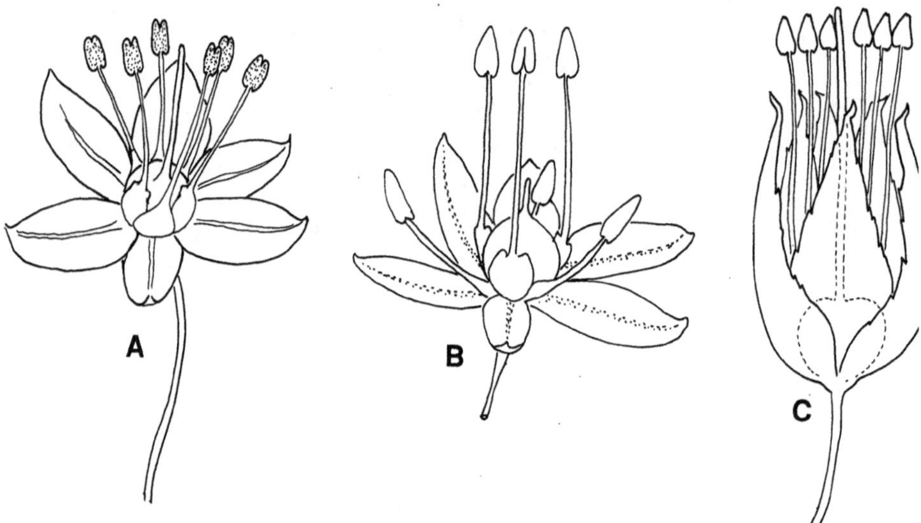

Figure 18. – Fleurs comparées.
A - Échalote d'Abidjan (*A. cepa*).
B - Échalote grise (*A. oschaninii*).
C - Ciboule de Brazzaville (*A. fistulosum*).

La Ciboule congolaise

Comme type relativement primitif de l'espèce, nous nous réfèrerons à une « Ciboule » blanche, cultivée par les maraîchers périurbains de Brazzaville. Elle se présente sous forme de touffes, dont les feuilles n'atteignent pas plus de 0,4 cm de diamètre, non plus que les fausses tiges. En toutes saisons apparaissent, à raison d'une ou deux par touffe, des hampes florales dont les fleurs* sont caractéristiques d'*A. fistulosum,* produisant régulièrement des graines. La variété peut être reproduite aussi bien par graines que par division de touffes. Plantée en France cette ciboule produit encore beaucoup plus de hampes florales, ce qui peut conduire à l'épuisement des touffes. Elle peut survivre à des gels légers (− 5 °C).

A partir d'un « archétype » probablement analogue, provenant sans doute d'Asie centrale, l'espèce a évolué dans deux directions différentes.

---

* Les ombelles, par contre, sont sphériques, à floraison quasi simultanée.

Les Ciboules extrême-orientales

Leurs fausses tiges peuvent atteindre un beaucoup plus fort diamètre avant de se diviser. Elles sont reproduites par graines et cultivées au Japon comme légume-feuille, de saveur peu accusée, de la même façon que le Poireau en Europe. Le « **Cebollin** » rapporté de Cuba par G. ANAÏS en dérive sans doute par passage à la multiplication végétative, imposée par le climat tropical (photo 12).

La « Cive jaune » antillaise

Comme la « Cive rouge », elle est multipliée par division de touffes (photo 11). Sa saveur, sans égaler celle de la Cive rouge, est beaucoup plus accusée que celle des Ciboules décrites aux paragraphes précédents. Plantée en France à l'automne, elle émet au printemps des ombelles de type *fistulosum* et produit des graines viables.

Un examen attentif de la forme des feuilles des deux « cives » permet de retrouver une section en forme de D pour la rouge, en forme de O pour la jaune.

10. Les hybrides *cepa* × *fistulosum*

Ces hybrides, dont les caractères sont intermédiaires, pour le degré d'ouverture des pétales et leur denticulation, entre les deux parents, ont une origine soit naturelle (ex. : « *Allium wakegi* », multiplié au Japon par division de touffes comme une « Cive »), soit artificielle résultant d'hybridations récentes (ex. : « Louisiana evergreen », p. 200).

A l'état diploïde ils sont stériles, même s'ils produisent des ombelles. Ils peuvent devenir fertiles à l'état « amphidiploïde » par doublement de leur stock chromosomique, mais seulement si le cytoplasme de l'hybride interspécifique provient d'*Allium cepa*. Cela ressort de l'étude approfondie réalisée par TASHIRO (1984) sur *Allium wakegi,* déterminé comme un hybride diploïde *fistulosum* × *cepa,* dont l'amphidiploïde est mâle-stérile, mais peut produire des graines s'il est fécondé par l'amphidiploïde dérivé du croisement (Échalote tropicale × *A. fistulosum*), dont le produit est morphologiquement semblable à *A. wakegi.*

La faculté de former des bulbes de type « échalote », d'après les photographies de la publication de TASHIRO, seulement esquissée chez *A. wakegi,* redevient typique chez les triploïdes dérivés du croisement (*A. wakegi* tétraploïde × Échalote tropicale), aussi bien que chez ceux qui dérivent du recroisement par l'Échalote de l'hybride à cytoplasme *cepa.* Les deux triploïdes se distinguent par un meilleur développement des étamines chez celui dont le cytoplasme provient d'*A. cepa.*

La publication de TASHIRO doit nous inciter :

– à une certaine prudence dans le rattachement à *A. cepa* des « échalotes » d'origine extrême-orientale, l'examen de leurs ombelles et de leurs fleurs devant ne montrer dans ce cas aucun caractère de type « *fistulosum* » ;

– à envisager éventuellement, pour d'autres pays tropicaux l'usage, comme « échalotes », de plantes triploïdes comportant un génome « *fistulosum* » qui pourrait apporter d'intéressantes qualités de tolérance à la chaleur, et de résistance à *Pyrenochaeta ter-restris* et aux Thrips.

Le « Beltsville bunching Onion », proposé aux États-Unis par la firme Dessert seed Co. est un amphidiploïde reproduit par graine, qui surpasse en vigueur et en diamètre de tige les Ciboules japonaises.

C'est parmi les hybrides stériles que P. HANELT (1990) classe aujourd'hui l'**Oignon vivipare** (autrefois *A. cepa* var. *viviparum*) sous le nom d'*Allium* × *proliferum**. Cette plante très robuste n'est pas l'objet de cultures importantes. Nous l'avons rencontrée dans les Pyrénées (Vallée d'Andorre) où elle peut subsister quelques années à l'état subspontané, après l'abandon des jardins en terrasses.

Les hampes florales très robustes, pouvant dépasser 1 m de hauteur, portent à leur sommet des bulbilles de 1 à 2 cm de diamètre, accompagnées de quelques fleurs sté-riles, et de hampes florales secondaires, pouvant elles-mêmes porter des bulbilles (fig. 19). A la base de la plante, se forment un ou deux bulbes tuniqués allongés, qui peuvent devenir plus gros si l'on sectionne précocement l'apex de la hampe.

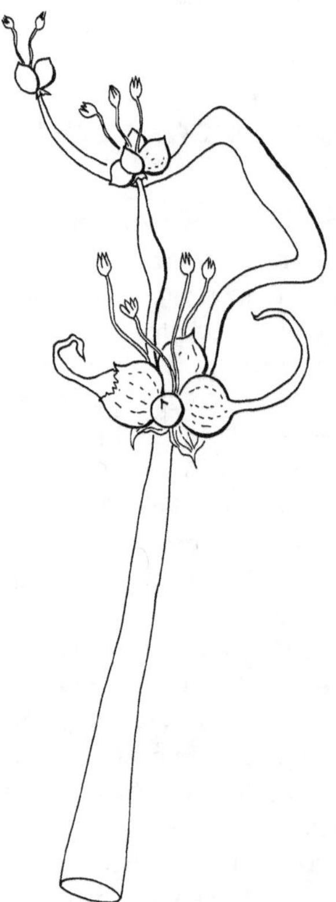

Figure 19. – Sommet de hampe florale d'*Allium* × *proliferum*.

---

* Les raisons de cette attribution ne sont pas génétiques, comme dans le travail de TASHIRO, mais cytogénétiques (reconnaissance des chromosomes de type *cepa* et *fistulosum* par leurs « bandes C » en coloration de GIEMSA).

La plantation automnale de ces bulbes, ou de bulbilles d'inflorescence, donne naissance à des plantes de même type. Les plantes issues de bulbilles produisent en général une hampe florale, celles issues de bulbes en donnent plusieurs.

11. La ciboulette, *Allium schœnoprasum* L.

Nous ne consacrerons qu'un bref paragraphe à cette plante très résistante au froid (on la rencontre à l'état sauvage près du Cercle Polaire, et dans des tourbières pyrénéennes à plus de 2 000 m d'altitude). Comme la « Ciboule de Brazzaville » décrite ci-dessus, on peut la multiplier aussi bien par semis que par division de touffes.

12. Le Rak'kyo, *Allium chinense* G. Don

Nous avons pu, grâce à P. HANELT et T. ETOH qui nous ont envoyé en 1991 des échantillons de cette plante, sinon la cultiver, dans des conditions normales, mais tout au moins en observer des individus vivants (photo 14).

A. chinense se distingue de toutes les espèces et variétés décrites ci-dessus par ses feuilles creuses, fines et délicates, de section triangulaire ou polygonale. JONES et MANN, en Californie, ont d'abord été intrigués par des bulbes vendus confits dans du vinaigre, importés d'Extrême-Orient, puis les ont retrouvés produits sur place dans les jardins d'immigrés chinois ou japonais.

La culture du Rak'kyo est comparable à celle de l'échalote : la plantation d'un petit bulbe blanc de structure tuniquée donne naissance à une touffe productrice de plusieurs bulbes nouveaux. On peut cependant se demander, comme P. HANELT, s'il y a vraiment une période de repos végétatif après formation des bulbes.

JONES et MANN signalent, aux latitudes comparables du Japon et de la Californie, deux programmes de culture totalement différents : plantation fin août, récolte en mai et août dans le premier cas, plantation en avril, buttage en août et récolte en décembre-janvier dans le second, pour la récolte en frais avec de longues fausses-tiges blanchies, mises en vente sur le marché. Le ralentissement de la végétation, s'il a lieu, se situerait entre mai et août, la floraison, à partir du rhizome subsistant entre les bulbes, au début de l'automne. La hampe florale est pleine, de section ovale, les fleurs ne produisent pas de graines.

Les bulbes de très petite taille, encore porteurs de feuillage vert, que nous ont envoyés P. HANELT et T. ETOH, début et fin mars 1991, sont repartis en végétation aussitôt plantés, et des nouveaux bulbes se formaient par groupes de 2 ou 3 dès mi-juillet (fig. 20).

Le goût des feuilles et des bulbes est très délicat, analogue avec plus de finesse à celui d'*A. tuberosum,* correspondant sans doute à la production simultanée des quatre sulfoxydes. Conservés à la lumière, les bulbes de Rak'kyo verdissent.

Figure 20. – Le Rak'kyo, *Allium chinense*.

JONES et MANN signalent la culture du Rak'kyo, des deux côtés de l'Océan Pacifique, dans des sols sableux avec une forte fertilisation (sans doute organique, chez les maraîchers de tradition extrême-orientale). Il est probable que cette espèce ne partage pas la prédilection de nos *Allium* cultivés occidentaux pour les sols argilo-calcaires, et leurs faibles besoins en amendements organiques.

Les échantillons que nous avons reçus ont végété normalement sur substrat horticole tourbeux, et sont par contre restés chétifs ou ont disparu plantés directement en sol argilo-calcaire très propice à la culture de l'Ail ou de l'Échalote.

13. Toutes les Liliacées bulbeuses alimentaires ne sont pas des *Allium*

Nous avons en effet reçu en 1990 des bulbes vendus sur les marchés dans la région du Monte Gargano (Italie), sous le nom de « *lampasciuni* » et consommés à l'état cuit. Ces bulbes de 2 à 3 cm de diamètre sont de structure tuniquée, de couleur extérieure rose-orangé. Coupés transversalement, ils exsudent sur les sections un latex extrêmement visqueux, qui forme des fils si on rapproche les 2 sections et qu'on les éloigne à nouveau.

Plantés en Ardèche à l'automne 90, ils ont émis l'année suivante des inflorescences typiques de **Muscari comosum** Miller.

Ces bulbes ne proviennent pas de cultures, mais sont récoltés dans la nature à l'état sauvage (photo 15).

D'après Q. P. Van der Meer (comm. pers.), de tels bulbes sont également consommés jusqu'à Brooklyn par les Américains d'origine italienne.

Bois (1927) signale la consommation de bulbes de *Muscari comosum* en Grèce – mais n'oublions pas que l'Italie du Sud, avant de devenir romaine, était la « Grande Grèce ».

Ce même auteur signale la consommation de bulbes d'autres espèces de Liliacées : *Hesperocallis undulata* (Indiens de Californie), *Brodiaea* spp. (Indiens de diverses régions des États-Unis), *Nothoscordum fragrans* (« Ail des Juifs » de Jamaïque), *Camassia leichtlini* (Indiens d'Amérique), *Lilium* spp. (Sibérie), *Fritillaria camchatcensis* (Kamchatka), *Tulipa edulis* (Chine, Japon), *Erythonium dens-canis* (Sibérie), *E. giganteum, Calochortus maweanus* (Californie).

Bien entendu, la consommation de ces divers bulbes ne doit pas être pratiquée sans connaître les modes de détoxification-cuisson traditionnels. Bois lui-même, qui a tenté de consommer des bulbes de *Muscari* les a trouvés trop amers après simple cuisson, ayant omis le trempage de 24 h au vinaigre qui doit suivre...

Références bibliographiques

Citons d'abord deux ouvrages de base :

JONES H. A. et MANN L. K., 1963. *Onions and their allies.* World crop series, Interscience publishers, New York, 286 p., 58 pl., 11 fig.

RABINOWITCH H., BREWSTER J. L., 1990. *Onions and allied crops* (ouvrage collectif, 3 volumes). CRC Press, Boca Ratón Florida (sera désigné ci-dessous par R & B, 1990).

et, sur divers points particuliers :

BOIS D., 1927. *Les Plantes alimentaires chez tous les peuples et à travers les âges. Phanérogames légumières.* P. Lechevalier édit., 593 p.

BOSCHER J., LECORFF J., GUERN M., 1989. Characterization of the wild *Allium ampeloprasum* complex in France : interesting characters of *Allium polyanthum* for genetic resources. *Acta hortic.*, 242, 139-150.

BOSCHER J., AUGER J., 1991. *Qualitative and quantitative variations of secondary sulfur volatiles in some wild and cultivated* Allium. Abstracts, Symposium Genus *Allium,* taxonomic problems and genetic resources. Gatersleben, June 1991, 15.

CURRAH L., PROCTOR F., 1990. *Onions in Tropical Regions.* NRI édit., 232 p.

DORÉ C., SCHWEISGUTH B., 1980. *Multiplication végétative du Poireau pour la production de semences.* C.R. Réunion Eucarpia : Application de la culture *in vitro* à l'amélioration des plantes potagères (Versailles), 54-57.

DORÉ C., 1988. Multiplication végétative et conservation *in vitro* chez le Poireau. *Agronomie,* 8 (6), 509-511.

ESQUIVEL M., HAMMER K., 1991. *The cultivated species of* Allium *in Cuba.* Abstr. symp. Genus *Allium,* Gatersleben Germany, June 1991, 22.

ETOH T., 1983. *Possibilities of cross-breeding in Garlic.* 1ste *Allium* Konferenz. Freising, 19-23 Juli 1983, 281-298.

ETOH T., 1986. *Seed productivity of various garlic clones collected in Soviet central Asia.* 2nd international *Allium* conférence, Strasbourg.

ETOH T., NOMA Y., NISHITARUMIZU Y., WAKAMOTO T., 1988. *Seed productivity and germinability of various garlic clones collected in Soviet central Asia.* Memoirs of the Fac. of Agriculture Kagoshima University, 24, 129-139.

ETOH T., NAKAMURA N., 1988. *Comparison of the peroxidase isozymes between fertile and sterile clones of garlic.* 4th Eucarpia *Allium* symposium, 115-119.

ETOH T., KOJIMA T., MATSUZOE N., 1991. *Fertile garlic clones collected in Caucasia.* Symposium on the genus *Allium.* Taxonomic problems and genetic resources, June 11-13, Gatersleben, Germany.

HANELT P., 1990. *Allium* taxonomy, evolution, history, in R & B, 1990, I, 1, 1-27.

MESSIAEN C. M., BEYRIES A., 1986. *Vegetatively propagated* Allium *grown in West Indies.* 2nd International *Allium* Conference, Strasbourg, July 1986, 115-118.

SCHWEISGUTH B., 1972. Note sur la multiplication végétative du Poireau. *Ann. Amélior. Plant.,* 22 (1), 127-131.

TASHIRO Y., 1984. Cytogenetic studies on the origin of *Allium Wakagi* Araki. *Bull. Fac. of Agriculture,* Saga University, n° 56, 1-63.

VAN DER MEER Q. P. et HANELT P., 1990. *Leek* (Allium ampeloprasum) *in* R & B 1990, III, 9, 179-196.

IV
PHYSIOLOGIE
DU DÉVELOPPEMENT

C'est chez l'Oignon reproduit par graines que nos connaissances sur la Physiologie du développement sont les plus complètes.

Nous tenterons d'en faire une synthèse, avant d'examiner si l'on peut déceler des convergences ou des singularités physiologiques chez les *Allium* cultivés multipliés par voie végétative, et plus particulièrement chez l'Échalote et l'Ail.

1. Physiologie de l'Oignon
(Allium cepa sensu stricto)

La croissance végétative

BREWSTER (1990) ne situe pas de façon très précise le « zéro de végétation » de l'Oignon dans ses essais sur plantules : il obtient une croissance très faible à + 5 °C, mais n'a pas inclus 0 °C ni des températures comprises entre 0 et 5 °C dans sa gamme thermique. L'optimum se situe entre 25 et 30 °C, à 35 °C la croissance est déjà plus faible.

Au champ, il donne une formule de prévision de la croissance d'une plante d'Oignon :

$$(\log_e \text{ du poids sec de la plante}) = - 6{,}086 + 0{,}0114 \, \Sigma \, t \, °C$$

en réalisant ses sommes de températures avec un seuil à + 6 °C.

Il donne − 6 °C comme température léthale, mais il faut sans doute au champ tenir compte de phénomènes d'**endurcissement** et de différences variétales importantes. Des plants d'oignons typiquement tropicaux comme « Violet de Galmi » peuvent dans le Midi de la France résister à quelques nuits à − 5 °C.

La bulbification

(renflement en bulbes de la base des plantes)

C'est dès la fin des années 30 que l'Oignon a été classé comme « **plante de jours longs pour le renflement des bulbes »,** à condition que la température soit suffisamment élevée : THOMSON et SMITH (1938) donnent comme impropres à la bulbification les températures de 10 et 16 °C, comme efficaces 21 et 26 °C. Les publications récentes ne modifient pas ces données. Le **seuil photopériodique** à partir duquel les bases des dernières feuilles émises se renflent, et les suivantes restent à l'état de gaines foliaires épaissies sans limbes, est variable suivant les cultivars. KEDAR (1988) indique 15 h pour les variétés nord-européennes, 13 h pour les cultivars méditerranéens, 12 h pour les oignons américains « basses latitudes », 11 h 30 pour la variété israélienne très précoce « Bet Alpha » qui se comporte sans doute comme le « Violet de Galmi » africain.

Ces variétés les moins « exigeantes en jours longs » peuvent-elles être considérées comme « indifférentes à la longueur du jour », ainsi que pourrait le laisser supposer la possibilité d'obtenir en Israël des bulbes de « Bet Alpha » en décembre (semis d'août) ? En réalité ces cultivars restent quand même des plantes de jours longs, comme le montre le raccourcissement de leur cycle en semis de mi-février, par rapport à un semis de novembre, même si la variation de la longueur du jour est très faible. Les résultats obtenus par DE BON (1988) en Martinique le montrent pour « Violet de Galmi » (fig. 21).

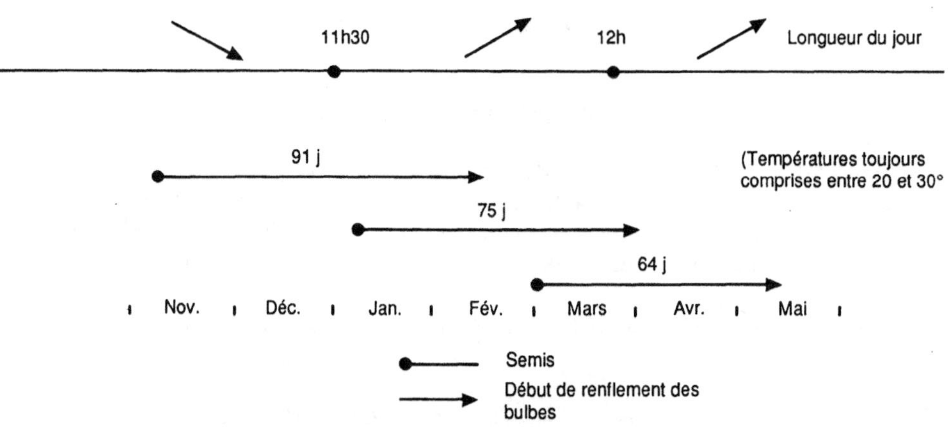

Figure 21. – Comportement de l'Oignon « Violet de Galmi » en semis échelonné en Martinique.

Par contre, d'après KEDAR (l.c.) ces variétés « les moins exigeantes en jours longs » sont aussi celles qui sont le moins sensibles à la « réversibilité de la bulbification » quand les conditions photopériodiques redeviennent non inductives en cours de grossissement de bulbes.

Il ne semble pas y avoir, chez l'Oignon, de « période juvénile » pendant laquelle la jeune plante serait insensible au *stimulus* photopériodique : JONES et MANN signalent la possibilité de bulbification chez des plantules ne possédant que le cotylédon et la première feuille.

D'autres facteurs que la combinaison photo-thermopériodique peuvent influer sur la rapidité et la perfection du processus de formation des bulbes. On peut citer :

– la **densité de plantation** : plus serrées, les plantes évoluent en bulbes plus rapidement,

– et, dans une moindre mesure le **calibre** des plants que l'on repique, ou des petits bulbes que l'on plante pour en obtenir de plus gros : les plants ou bulbilles de plus fort calibre évoluent en bulbes plus rapidement ;

– la fumure azotée, dont l'effet est contradictoire suivant les expériences (effet accélérateur des applications précoces, maturation retardée par prolongation de croissance des feuilles pour des applications tardives).

L'explication la plus « lumineuse » de ces phénomènes a été fournie par BREWSTER (1986). Les densités de feuillage élevées (plantations serrées, plantes de fort calibre en concurrence) interceptent plus le rayonnement solaire direct et, par réflexions successives, modifient le **rapport rouge/rouge sombre** de la lumière reçue par les feuilles. L'abaissement de ce rapport accélère la bulbification. Un ombrage végétal avec une autre espèce qu'*Allium cepa* produit un effet analogue. Les conclusions de BREWSTER dérivent d'expériences préalables réalisées par d'autres auteurs (LERCARI, 1984 ; SOBEIH et WRIGHT, 1987) en conditions artificielles, qui avaient démontré que les radiations rouge sombre sont indispensables à la bulbification.

La dormance des bulbes

Des bulbes d'Oignon fraîchement récoltés ne sont pas en mesure de donner aussitôt de nouvelles pousses (ils donnent plus facilement de nouvelles racines). On peut les qualifier de « **dormants** », bien que cette dormance n'ait pas un caractère absolu.

La dormance est plus ou moins rapidement éliminée, suivant la température à laquelle les bulbes sont conservés. C'est, d'après JONES et MANN (1963) aux environs de 12,5 °C qu'elle est la moins durable. Après de longues périodes de stockage à des températures impropres au développement des germes (0 ou 30 °C), c'est après conservation à 0 °C que la dormance disparaît le plus vite, une fois les bulbes replacés à 15 ou 20 °C.

La floraison

L'émission de hampes florales peut se produire chez l'Oignon soit à partir de bulbes replantés en 2e année (une fois disparue la dormance), soit chez des plantes en voie de croissance végétative : phénomène redouté par les producteurs de bulbes, mais utilisé aujourd'hui en production grainière, dans des climats non gélifs.

Peut-on, pour la floraison de l'Oignon, émettre une théorie aussi cohérente que celle exposée ci-dessus pour la bulbification ? Le fait que des publications récentes continuent à poser des questions peut permettre d'en douter !

Nous essaierons cependant de poser quelques principes :

– une plante ou un bulbe doivent avoir atteint un certain niveau de croissance avant de pouvoir s'engager dans l'initiation florale : RABINOWITCH (1990) donne un seuil de 14 à 16 feuilles pour que la « vernalisation » (v. ci-dessous) soit possible chez des plantes issues de graine. Pour les bulbes, il indique un minimum de 6 tuniques charnues plus 4 à 6 feuilles néoformées ;

– floraison et bulbification sont deux activités concurrentes (sinon antagonistes). Le déclenchement du renflement en bulbe de la base de la plante peut bloquer l'initiation florale, ou plus tard inhiber l'élongation de la hampe ;

– le processus complet de la floraison (initiation florale, élongation de la hampe, épanouissement de l'ombelle) ne nécessite ni jours longs, ni températures élevées. Cependant, la combinaison « jours longs/températures fraîches » stimule l'élongation des hampes.

Doit-on pour cela admettre un « besoin de froid » pour que le processus s'accomplisse ? Cela pouvait être alors assimilé à une « **vernalisation** ». RABINOWITCH (l.c.) qui utilise ce terme, indique comme températures optimales de vernalisation : 3° à 4 °C pour des variétés russes, 9° à 12 °C pour les variétés tempérées, 15° à 21 °C pour une variété africaine.

KUIPERS, cité par CURRAH et PROCTOR (1990) estime en Côte d'Ivoire que 200 heures nocturnes à 15 °C ou moins sont nécessaires pour entraîner l'induction florale chez « Violet de Galmi ».

L'exposition à ces températures « vernalisatrices » peut avoir lieu sur des plantes non bulbifiées en voie de croissance, sur des bulbes en conservation, ou sur des bulbes replantés au champ s'ils ont été conservés préalablement à des températures non inductives. Une exposition de ceux-ci à des températures supérieures à 30 °C peut cependant contrarier de façon durable le processus floral chez des variétés tempérées. JONES et MANN (1963) donnent à ce sujet une photographie très démonstrative.

Il peut en être de même pour des bulbes à l'intérieur desquels l'induction florale est déjà réalisée, replantés au champ à température élevée : c'est le cas de ceux de « Texas early Grano » au nord du Brésil (CURRAH et PROCTOR, 1990).

Manipulation artificielle de la physiologie de l'Oignon par des moyens physiques ou chimiques

La **dormance** des bulbes peut être rendue plus profonde par pulvérisation sur les plantes, 15 jours avant la récolte, d'**hydrazide maléique**. Ce produit a été longtemps considéré en France comme cancérigène.

Son utilisation très répandue en Hollande et en Espagne a fini par entraîner son autorisation en France.

On peut obtenir une prolongation beaucoup plus importante de la dormance, et même une impossibilité totale de réveil, par application de **rayons gamma** sur les bulbes récoltés, mais encore dormants, à des doses bien inférieures à celles qui détruisent les germes fongiques ou bactériens. On préconise couramment sur Oignons **60 à 70 greys** (c'est-à-dire 6 000 à 7 000 rads avec l'ancienne unité).

– La **bulbification** peut être accélérée (ou même déclenchée en conditions-limites) en pulvérisant sur les plantes de l'**étéphon** à des doses comprises entre 1 000 et 4 000 ppm (faible dose renouvelée, ou forte dose une seule fois). Du fait de l'accélération du phénomène, les bulbes, obtenus plus tôt, peuvent se révéler plus petits que ceux du témoin non traité.

– L'**émission de hampes florales** est au contraire réduite ou supprimée par l'étéphon. La pulvérisation de **gibbérelline** (AG3) stimule l'émission de hampes, ou la rétablit chez les plantes traitées à l'étéphon. A la même dose (de 100 à 300 ppm), la **benzyladénine** exerce un effet analogue et, de plus, stimule la croissance et augmente le poids sec des feuilles. Ces interactions entre étéphon, gibbérelline et benzyladénine ont été étudiées par SOBEIH et WRIGHT (1988).

En Californie, d'après CURRAH et PROCTOR (1990) on utilise au champ des pulvérisations d'acide gibbérellique (AG3) sur cultures semencières « de la graine à la graine » pour augmenter le pourcentage de floraison des plantes, et le rendement en graines. A un stade beaucoup plus tardif, c'est au contraire l'étéphon qui peut être utilisé pour diminuer l'élongation des hampes florales, et les rendre moins sensibles à la verse.

L'utilisation de ces diverses substances reste cependant délicate, aussi bien en ce qui concerne l'interprétation de leurs effets que leur utilisation au champ.

La physiologie de l'Oignon *in vitro*

Nous extrairons la substance de ce paragraphe de la thèse de Doctorat de R. KAHANE (1990). A partir de fragments de la partie supérieure du plateau du bulbe, comprenant des bases de gaines foliaires, posés sur un milieu de Murashige-Skoog additionné de substances de croissance (benzylaminopurine 2 mg/l, ANA 0,2 mg/l), il a obtenu l'apparition de bourgeons. Un transfert sur un milieu sans substances de croissance permet, dans des bocaux, la constitution de touffes de plantules racinées qui peuvent ensuite être transférées une par une dans des tubes pour obtenir une augmentation de leur calibre.

Une division longitudinale en 4 fragments de la partie basale de ces plantules sert de point de départ à un nouveau cycle de multiplication. On peut ainsi entretenir *in vitro* des clones d'Oignon issus d'un bulbe, sous éclairage fluorescent 16 h par jour et avec une concentration en sucres de 40 g/l dans le milieu.

La sortie de tube et l'acclimatation au milieu extérieur de ces plantules est cependant une opération délicate. R. KAHANE a donc cherché à produire *in vitro* un organe plus robuste et se prêtant mieux au repiquage en conditions horticoles – c'est-à-dire l'équivalent d'un bulbe.

L'augmentation de la concentration en saccharose dans le milieu de culture jusqu'à 80 g/l permet d'obtenir un renflement de la base des plantules constituant un « pseudobulbe ». Mais le feuillage reste vert et actif, ce phénomène n'équivaut pas à une véritable bulbification et la sortie de tube reste difficile, quoique moins délicate qu'avec des plantules non renflées.

L'effet du saccharose n'est pas seulement osmotique, mais plutôt de nature nutritionnelle, car son remplacement partiel par du mannitol ne permet pas d'obtenir le même effet.

Par contre, R. KAHANE a obtenu la formation de véritables bulbes, de la taille d'une noisette, en conditions de culture *in vitro,* en conservant une durée d'éclairement de 16 h* et en ajoutant des lampes à incandescence sous-voltées (apportant du rouge sombre) à l'éclairage fluorescent. L'authenticité de cette bulbification est confirmée par le dessèchement du feuillage, et la dormance des organes ainsi obtenus.

On retrouve donc *in vitro* les facteurs mis en évidence en conditions naturelles pour l'accomplissement de la bulbification : températures comprises entre 22 et 26 °C, photopériode de 16 h, et présence des radiations « rouge sombre » dans la lumière reçue par les plantes.

Les mini-bulbes obtenus *in vitro* peuvent facilement être plantés sur substrat terreux ; ils présentent une dormance caractérisée, dont l'élimination la plus rapide (35 jours) a été obtenue par un séjour de 20 jours à 9 °C suivi d'une température de 25-20 °C (jour-nuit).

2. **Physiologie des échalotes**

Peu de recherches approfondies ont été consacrées à l'Échalote. La physiologie du développement de cette plante n'est pas très bien connue. Il faut se garder de transposer sans nuances et sans vérification ce que nous savons de la physiologie de l'Oignon reproduit par graines.

Morphologie du bulbe. Cycle de développement

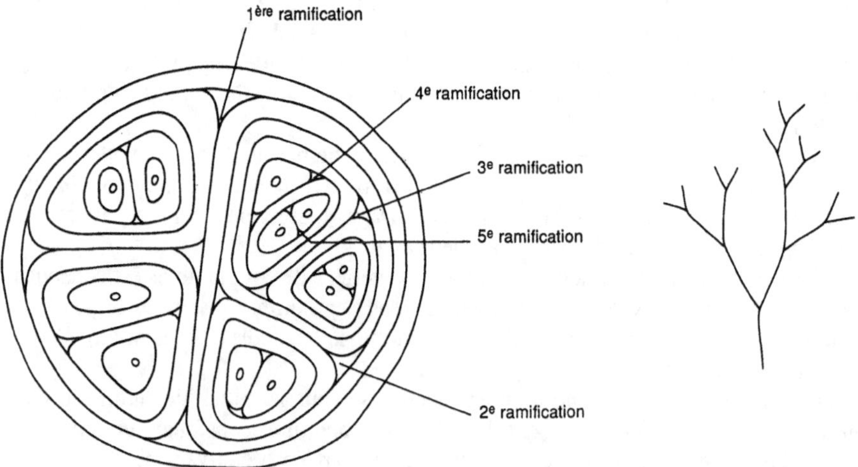

Figure 22. – Coupe transversale d'un bulbe d'Échalote comprenant 11 points végétatifs, et arbuscule symbolisant les ramifications successives.

---

* Avec le cultivar « Oignon d'Auxonne ».

Un bulbe d'échalote (servant de bulbe-mère) est composé de tuniques sèches, de bases de feuilles et d'écailles (gaines foliaires sans limbe) gorgées de réserves, insérées sur un plateau selon une structure ramifiée (fig. 22).

Trois phases peuvent être distinguées dans la végétation d'une touffe d'échalotes à partir du bulbe-mère :

– une **phase de croissance foliaire** succédant à la plantation durant laquelle le système radiculaire puis l'appareil aérien se mettent en place, ce dernier par la croissance des bourgeons présents dans le bulbe, aux dépens des tuniques charnues qui se vident. Le premier système racinaire, issu du plateau du bulbe-mère n'a qu'une durée transitoire et se trouve bientôt relayé par des racines issues de la base de chaque fausse-tige, le plateau du bulbe-mère dégénère rapidement ;

– une **phase de mise en réserves** des assimilats dans les bases de feuilles et les écailles des nouveaux bulbes. Son déclenchement est déterminé par des facteurs externes. Cette phase se termine à la maturité des nouveaux bulbes ;

– une **phase de repos** qui débute à la maturité. Les bulbes sont incapables de démarrer pendant une certaine période (dormance).

Après la fin de cette période, le repos peut être imposé par des facteurs externes.

La croissance végétative

Le départ des racines à partir du plateau est observé en premier ; il est possible dans une large gamme de températures, de 2-3 °C à une trentaine de degrés, dès que l'humidité ambiante autour des bulbes est élevée. C'est ce qu'on peut observer durant la conservation à des températures aussi basses que 2-3 °C dans les zones où l'air reste humide en raison d'une ventilation insuffisante. La formation de nouvelles racines, qui ne sont que très peu ou pas du tout ramifiées est pratiquement continue pendant toute la croissance végétative.

Leur nombre peut dépasser 100 chez de gros bulbes d'Échalotes (Jersey ou grises).

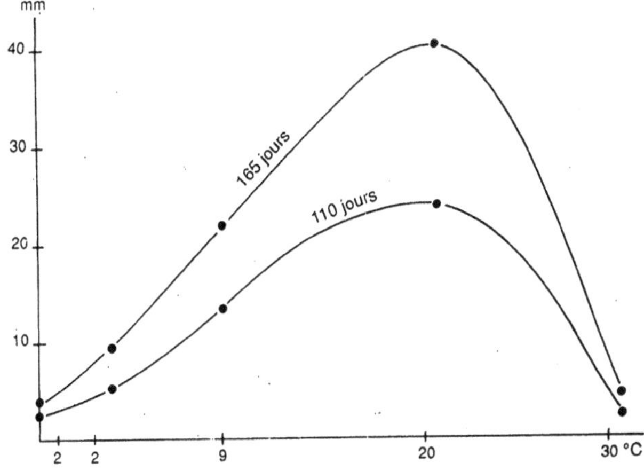

Figure 23. – Croissance des pousses à l'intérieur du bulbe à diverses températures.

Au moment de la plantation, les différents bourgeons du bulbe ont déjà formé une ou deux feuilles engainantes et un certain nombre de feuilles vraies, dont la croissance à l'intérieur du bulbe est plus ou moins avancée selon les températures subies pendant la conservation (fig. 23). On comprend ainsi que la précocité de levée peut être variable selon les conditions de stockage.

La croissance des feuilles est la plus active à des températures comprises entre 15 et 25 °C, elle est d'autant plus ralentie que l'on s'éloigne de cette zone (COHAT, 1982a). Chaque bourgeon donne naissance à des feuilles dont les gaines forment une fausse-tige. Elles sont concentriquement insérées sur un plateau secondaire commun.

Le développement d'une fausse-tige est relativement indépendant de celui de ses voisines dans la touffe. FLEURY (1986) a démontré que si l'on tue l'une d'entre-elles par injection de glyphosate (produit désherbant systémique), les autres survivent*.

Une touffe d'échalotes en végétation peut donc être considérée comme une **colonie d'individus** (ou « unités de population », COHAT, 1986) où s'exercent des phénomènes de compétition, mais sans relations de dominance à médiation hormonale. Au sein de l'ensemble de la culture, l'intensité de la **compétition** dépend de la **densité d'unités de population,** c'est-à-dire du nombre de colonies à l'unité de surface et du nombre d'individus par colonie. Une densité donnée d'unités de population est un peu plus efficace si elle est obtenue par un nombre élevé de colonies comprenant chacune peu d'individus, que si elle provient d'un nombre faible de colonies comprenant chacune beaucoup d'individus.

Un niveau élevé de compétition entraîne une diminution du nombre de feuilles émises, une réduction de leur croissance et une sénescence précoce (à laquelle participe sans doute l'effet « BREWSTER »). On l'observe facilement en comparant les végétations produites par des bulbes de calibres différents plantés côte-à-côte dans les mêmes conditions.

En conditions de faible compétition, une fausse-tige peut comprendre jusqu'à 7 à 9 feuilles dont 4 à 7 sont vertes simultanément. D'après FLEURY (1986), on peut estimer que l'émission d'une nouvelle feuille nécessite une centaine de degrés-jours.

L'indice foliaire (rapport de la surface foliaire assimilatrice à celle du sol) atteint une valeur de 3,55 pour une plantation de 16 bulbes au m² (environ 128 unités de population). Cette valeur est faible comparée à celle d'autres cultures, où elle est en général supérieure à 4,5. L'efficience d'interception de la lumière, mesurée par le rapport du **REP**** absorbé au REP incident, plafonne à 55 % lorsque l'indice foliaire est à son maximum (FLEURY l.c.), ce qui est là aussi faible par rapport à d'autres cultures où l'efficience d'interception atteint souvent 85-90 %.

La bulbification

Son déclenchement se manifeste par l'épaississement des bases de gaines foliaires et se traduit par le renflement de la base de la fausse-tige. On observe en même temps un arrêt de l'émission de nouvelles feuilles, les jeunes ébauches déjà formées cessent leur croissance, se gorgent de réserves et se transforment en écailles charnues dépourvues de limbe.

---

* Ce résultat, valable pour des échalotes tempérées à très long cycle, serait sans doute à revoir pour des Échalotes tropicales, chez lesquelles le premier système racinaire joue un rôle plus important.
** Rayonnement efficace pour la photosynthèse – en anglais « PAR » *(photosynthetic active radiation).*

Le déclenchement de la bulbification s'observe à une date relativement fixe (de mimai à début juin dans le Finistère suivant les années), il est pratiquement simultané chez des plantes présentant une masse foliaire plus ou moins importante, suite par exemple à des dates de plantation différentes. Cela laisse supposer que ce déclenchement est contrôlé par des facteurs externes qui deviennent efficaces à un moment donné de l'année. C'est également ce qui est observé chez l'Oignon (p. 46). Chez une échalote tempérée, JENKINS (1954) a montré que la bulbification nécessite des jours égaux ou supérieurs à 15 h, des températures dépassant 20 °C.

La bulbification des cultivars de type « Jersey » cultivés en France n'intervient que si la durée d'éclairement dépasse 14 h ou 14 h 30 mn pour des températures moyennes d'une quinzaine de degrés. Expérimentalement il est possible de maintenir des touffes d'échalote à l'état végétatif pendant 18 mois en les soustrayant à l'action des jours longs : plantation en pots en décembre, mise en cellule éclairée sous des jours de 12 h d'avril à début septembre, remise en conditions naturelles : la formation de bulbes n'est observée qu'à partir de la fin mai de l'année suivante. On constate que dans un lieu donné la bulbification est précoce les années à printemps chaud, et inversement. Ces différentes observations permettent de penser que les résultats obtenus chez l'Oignon peuvent s'appliquer à l'Échalote, en ce qui concerne le thermo-photopériodisme.

Le fait que la bulbification débute à une date relativement fixe, quel que soit le volume foliaire atteint, a une incidence pratique considérable, une faible surface assimilatrice ne pouvant assurer des rendements élevés : c'est ce qui peut se passer dans le cas de plantations trop tardives (tabl. 5 et fig. 24).

L'Échalote est multipliée végétativement à partir d'un bulbe, organe riche en réserves, dont l'état physiologique au moment de la plantation est variable selon les conditions de conservation qu'il a subies. Comme chez d'autres plantes à organes de réserve (tubercules, cormus, bulbes), cet état physiologique influe sur le comportement ultérieur de la plante. WARNE (1948) a montré qu'une température basse ou élevée, appliquée en début de conservation, et suivie d'un séjour à température ambiante, améliore le rendement par rapport à une conservation constante au froid ou à température ambiante. Nos propres résultats indiquent qu'un traitement des bulbes d'Échalotes de Jersey à température basse (2-5 °C) accélère le cycle par rapport à un séjour à température élevée (30 °C) : la croissance foliaire, le déclenchement de la bulbification, sont

Tableau 5. Influence de la date de plantation sur le rendement
(poids récolté par touffe en grammes, culture de plein champ)

Cultivar	Dates de plantation							
	23.10	20.11	18.12	15.1	12.2	12.3	9.4	7.5
Jersey demi-longue	<u>127</u>	<u>176</u>	<u>196</u>	220	211	220	158	95
Jersey longue	<u>168</u>	<u>200</u>	213	194	186	173	104	60

Contrairement à ce qui se passe en culture sous abri, les rendements inférieurs à l'optimum : chiffres soulignés — ou --- sont dus à des facteurs agronomiques défavorables ayant joué sur les plantations les plus précoces : asphyxie racinaire, perte de touffes – et, pour la demi-longue, à la floraison.

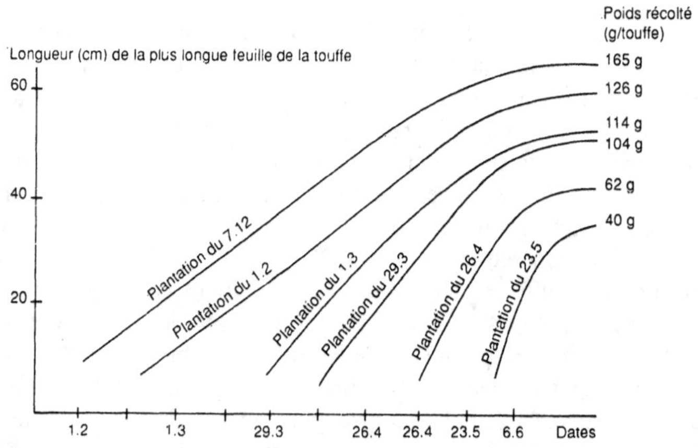

Figure 24. – Évolution de la croissance foliaire et du poids récolté par touffe en fonction de la date de plantation (culture sous abri).

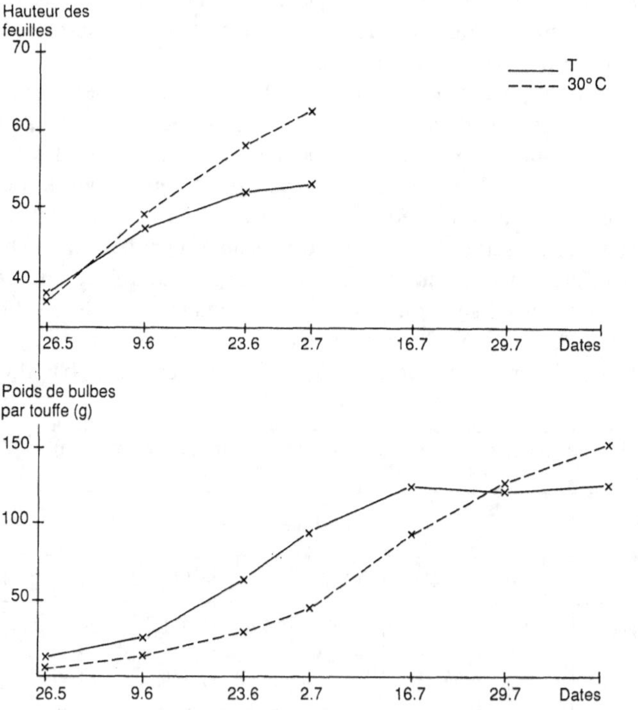

Figure 25. – Évolution de la hauteur des feuilles et du poids frais de nouveaux bulbes par touffe en fonction de la température de conservation des bulbes-mères (T = hangar, 30 °C = 12 semaines à 30 °C avant plantation du 26 mars). Échalotes demi-longues.

plus précoces, les rendements sont inférieurs (fig. 25). Les températures basses sont inductrices de la bulbification comme dans le cas de plantes florales à bulbes plantés à l'automne et fleurissant au printemps (LE NARD, 1978). Ceci est confirmé par l'observation de la formation directe de nouveaux bulbes sans aucune manifestation de croissance aérienne, sur des bulbes placés à 20 °C après un stockage de 14 mois à + 2 °C. Ce phénomène est analogue au « boulage » ou « pupation » observé chez un certain nombre de plantes comme la Pomme de terre, le Glaïeul ou le *Freesia*.

A une bulbification précoce correspond une faible vigueur, et inversement : croissance et bulbification semblent antagonistes, ce qui a été observé aussi chez d'autres plantes.

Les bulbes d'Échalotes « Jersey rondes » et « grises », conservés à 30 °C et plantés tard (début mai), produisent des plantes dont certaines ne produisent pas de bulbes, ne mûrissent pas, mais continuent à former de nouvelles feuilles et à se diviser. Il faut atteindre la fin du printemps suivant pour observer la bulbification. On trouve ici esquissé un mécanisme que nous retrouverons chez l'Ail (p. 64), sous forme de « besoin de froid » pour la bulbification ultérieure.

Ontogénie du bulbe (fig. 26)

Un bulbe d'échalote possède une structure ramifiée due à une succession de divisions d'un bourgeon préexistant. En réalisant de nombreuses dissections de bulbes en cours de grossissement, nous avons pu préciser les structures les plus fréquemment rencontrées. L'apex initial forme 5 à 7 feuilles, les bases de 2 à 5 d'entre elles sont plus ou moins épaissies et entourent le bulbe (les plus externes deviennent au contraire des tuniques sèches). Les bourgeons de 2e ordre initient le plus souvent 1 ou 2 feuilles à base épaissie et 1 ou 2 écailles. Les bourgeons de 3e ordre comprennent en général 2 ou 3 écailles, il en est de même pour ceux de 4e et 5e ordre. Une feuille à base épaissie est parfois produite par les bourgeons de 3e ordre, il en est de même pour les bourgeons de 4e et 5e ordre.

Le nombre de (feuilles + écailles) formé entre 2 divisions est le plus souvent de 3, parfois 2, rarement 4 (à l'exception du bourgeon initial).

Les bulbes « doubles » sont ceux où toutes les bases de feuilles du bourgeon initial se sont transformées en tuniques sèches.

La ramification des points végétatifs et le degré de remplissage des écailles dépendent du niveau de compétition et vont déterminer la grosseur du bulbe récolté, ce qui explique pourquoi de petits bulbes plantés à faible densité (peu d'individus par « colonie », faible compétition inter-touffes) donneront de gros bulbes possédant de nombreux points végétatifs.

La **durée de la phase de mise en réserve** varie avec le niveau de compétition*, plus elle est forte, plus la maturité est précoce : c'est ce que l'on observe dans le cas de

---

* Le terme de « compétition » est employé ici sans préjuger des mécanismes physiologiques qui la déterminent. L'intervention de l'effet « rouge-rouge sombre » décrit par BREWSTER pour l'Oignon (p. 47) pourrait bien sûr être envisagée ici aussi.

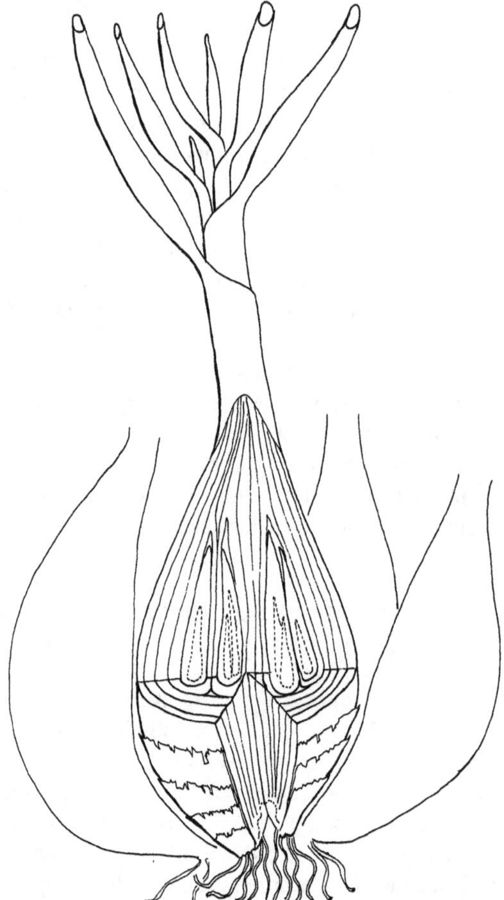

Figure 26. – Représentation schématique de l'ontogénie d'un bulbe d'Échalote.

touffes produites par de gros bulbes, ou bien dans le cas de plantations denses. Elle dépend aussi de la température, il faut environ **1 000 degrés-jours** entre le déclenchement de la bulbification et la maturité (FLEURY, 1986), et aussi de la **vigueur de la culture** (fonction de nombreux facteurs : disponibilité en eau, fertilisation, état virologique, état sanitaire des racines).

Formation du rendement

La récolte d'une culture d'échalotes est constituée de bulbes dont les réserves proviennent d'une partie des assimilats produits par la photosynthèse, l'autre partie étant consacrée à l'entretien du système végétatif. La quantité de matière sèche produite par la photosynthèse dépend de nombreux facteurs qui interagissent plus ou moins entre eux :

– **la surface assimilatrice :** elle varie avec le calibre planté (nombre de bourgeons par bulbe), la densité de plantation (nombre de pousses à l'unité de surface), et avec la

Tableau 6. Évolution de la teneur en matière sèche des bulbes

Clone	30 mai	29 juin	28 juillet	30 août
Jermor	16,3	17,8	18,2	17,8
Griselle	19,3	30,8	31,8	32,6

compétition qui tend à jouer en sens contraire en réduisant la surface foliaire de chaque « unité de population ». La même surface foliaire peut être obtenue par diverses combinaisons calibre-densité de plantation ;

– **les conditions agroclimatiques,** et en particulier le rayonnement efficace pour la photosynthèse (REP) ;

– **la durée de la phase de mise en réserve** (p. 51).

La teneur maximale en matière sèche du bulbe est atteinte assez tôt (tabl. 6).

La floraison

Les cultivars et clones d'Échalotes montent à fleur plus ou moins facilement : certains presque systématiquement (Jersey ronde, Jersey « longue qui monte », Échalotes tropicales), d'autres seulement dans des conditions culturales particulières (Jersey demi-longue), d'autres exceptionnellement (Jersey longue, et surtout grise).

La floraison des « demi-longues » n'est observée qu'en cas de plantation précoce, avant début février dans le Finistère (tabl. 7). Elle est plus fréquente chez les gros bulbes que chez les petits.

Tableau 7. Influence de la date de plantation et de la température préalable de conservation des bulbes sur le pourcentage de touffes fleuries (Jersey demi-longue)

Température de conservation	Dates de plantation						
	24-9	22-10	19-11	17-12	14-1	11-2	11-3
Hangar*	92	83	96	83	42	29	0
– 2 °C	87	91	83	5	0	0	0
9 °C	91	96	96	71	63	4	0
30 °C	96	100	88	0	0	0	0

* Non chauffé, mais à l'abri du gel, températures fluctuant entre 0 et 10 °C.

Il semble bien que la floraison nécessite des températures froides avant plantation, mais non négatives, puisque les bulbes conservés à − 2 °C fleurissent moins, et que les températures fluctuantes entre 0 et 10 °C (« hangar ») sont plus actives que 9 °C constants. On retrouve, comme chez l'Oignon, la suppression de la floraison par exposition prolongée des bulbes à 30 °C.

Dans les conditions photopériodiques du Finistère, c'est surtout la température qui influence la floraison, après plantation comme avant. Des « Jersey demi-longues » plantées en novembre sous abri plastique non chauffé ne fleurissent pas, contrairement aux témoins en plein air. Les Échalotes plantées en sol nu fleurissent plus que celles plantées sur paillage plastique (réchauffement diurne du sol et diminution du refroidissement nocturne par rayonnement).

Par dissections périodiques de plantes d'un clone florifère planté en novembre, on a pu observer une jeune inflorescence à partir de début février. L'apex correspondant avait auparavant formé au moins 5 feuilles. Sous les conditions du Finistère, les hampes florales apparaissent en général au mois de mars, avec des variations annuelles assez importantes.

La position de la hampe florale par rapport aux bourgeons du bulbe en cours de grossissement est variable : elle peut occuper la position du bourgeon issu de la première, seconde, troisième ou, très rarement, quatrième division (fig. 27).

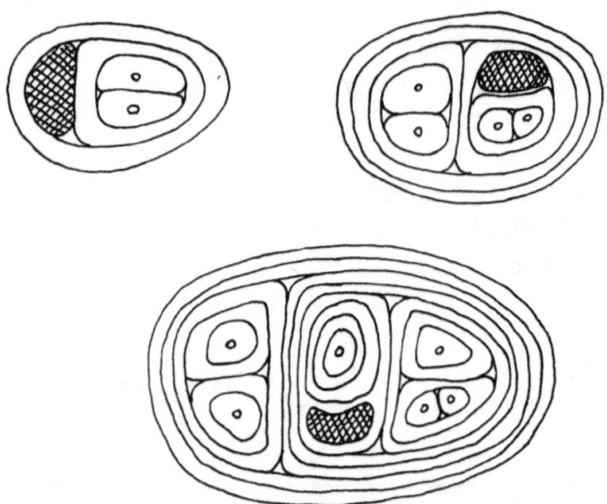

Figure 27. – Différentes positions possibles de la hampe florale à l'intérieur de bulbes d'Échalotes.

Le bourgeon qui devient floral n'initie pas d'écailles, la hampe est entourée de bases de feuilles non épaissies. Dans une touffe, un ou plusieurs bourgeons peuvent devenir floraux sans qu'il existe de position privilégiée apparente.

Le taux de division

C'est le nombre de nouveaux bulbes formés par un bulbe-mère. La mise en place de la structure ramifiée a été présentée page 50. **Les points végétatifs qui donneront naissance aux bulbes-fils sont déjà présents au moment de la maturité ;** il n'a pas été possible de modifier expérimentalement leur nombre en faisant varier les conditions de conservation, la date ou la densité de plantation.

Tous les points végétatifs présents au moment de la plantation se développent en bulbes indépendamment les uns des autres, signe d'une absence de prééminence ou de dominance entre bourgeons.

Le taux de division moyen d'un bulbe issu d'un lot homogène est lié à son poids par une relation linéaire* de la forme :

$$y = ax + b \quad (\text{COHAT, 1982b})$$

Les coefficients a et b prennent des valeurs variables selon le clone, l'année, l'origine des bulbes. Deux facteurs ont pu être mis en évidence dans cet **« effet origine »** : le calibre du bulbe-mère, qui semble prépondérant, et la densité de plantation (COHAT, 1986).

Un petit calibre des bulbes-mères et un faible niveau de compétition conduisent à des bulbes-fils prolifiques (tabl. 8).

Tableau 8. Influence du poids et de la densité de plantation des bulbes-mères sur la prolificité de bulbes-fils de 20 g

Poids (g) des bulbes-mères	Densité de plantation au m^2			
	14	16	22	29
10	10,4	9,1	8,7	7,9
15	8,7	8,1	8,2	7,8
20	7,9	8,0	7,8	7,3

A calibre égal, des bulbes ayant grossi dans des conditions défavorables sont plus prolifiques que ceux qui ont « bien grossi ».

La dormance des bulbes

Des bulbes d'Échalote nouvellement récoltés placés en conditions favorables à la croissance sont incapables de démarrer immédiatement, leur levée est lente et échelonnée. Comme les bulbes d'Oignon (p. 47) ou d'Ail (p. 66) ils sont le siège d'un phénomène de dormance après maturité, l'incapacité de croître est due à des causes internes.

• Jersey demi-longue

Afin d'étudier l'influence du niveau de la température et de la durée de la conservation sur l'élimination de la dormance, des bulbes d'Échalotes de **Jersey demi-longues** ont été placés dès la récolte à des températures variant de − 2 °C à 30 °C puis plantés périodiquement en conditions constantes et favorables à la croissance (18-20 °C), ou à

---

* Ce livre a été rédigé par plusieurs auteurs, J. COHAT, auteur du sous-chapitre 4.2 est réticent à s'engager dans les raisonnements basés sur les racines carrées ou cubiques que préconise C. M. MESSIAEN page 143. Les 2 modes de calcul sont pratiquement équivalents pour des poids de bulbes-mères compris entre 15 et 40 g.

l'extérieur. La précocité et l'homogénéité de la germination des bulbes des différents lots donnent une indication sur le niveau de leur dormance.

Les principaux résultats (COHAT, 1982a) indiquent que :

– la dormance des bulbes s'élimine progressivement avec le temps ;

– les levées les plus précoces et les plus homogènes sont obtenues après un passage des bulbes à température élevée (30 °C)*, les plus tardives après un séjour à 9 °C ;

– il existe des variations annuelles de l'intensité de la dormance qui sont sans doute à relier aux conditions climatiques enregistrées pendant le grossissement, les années les plus chaudes conduisant à la récolte des bulbes les moins dormants.

Le graphique de la figure 28 illustre l'influence de 3 températures constantes, – 2 °C, 9 °C et 30 °C, et de celle d'un hangar clos, sur la précocité de levée au champ chez l'échalote de Jersey demi-longue.

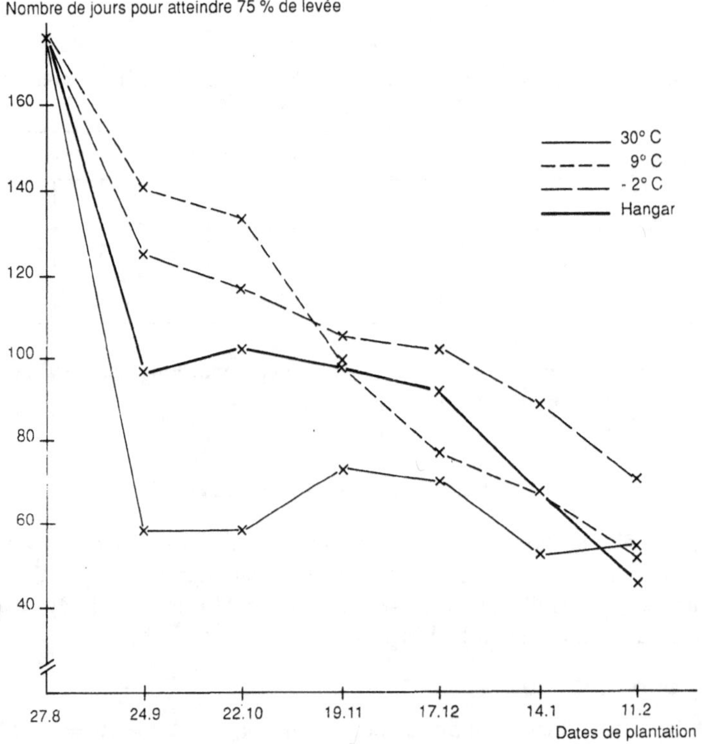

Figure 28. – Influence de la température de conservation et de sa durée sur la précocité de levée au champ (Échalotes de Jersey demi-longues).

---

* Température cependant aussi peu favorable à la croissance des germes à l'intérieur des bulbes que – 2 °C (fig. 23).

• Jersey longue

Les Échalotes de **Jersey « longues »** se comportent de façon analogue.

Les conditions d'élimination de la dormance ne sont donc pas les mêmes chez l'Ail (5-10 °C), l'Oignon (10-15 °C) et les Échalotes de Jersey (30 °C). Il est surprenant à première vue de constater des exigences thermiques aussi différentes chez l'Oignon et l'Échalote. Il est possible qu'il existe chez *Allium cepa sensu stricto* des cultivars à besoins différents – ou que l'origine californienne, centre-américaine ou israélienne des données bibliographiques (tous climats où la récolte a lieu sous des températures très élevées, ainsi que le séchage ultérieur sous hangar) ait masqué chez l'Oignon un besoin de passage successif à des températures élevées puis plus basses*. Chez l'Ail, nous retrouverons un indice de possibilité d'une « deuxième voie » de levée de la dormance par les températures élevées.

Les Échalotes de Jersey présentent le comportement typique d'une plante à bulbe à floraison printanière, comme le sont la Tulipe ou l'Iris bulbeux : besoin en chaud après maturité, accélération de la croissance et de la bulbification par les températures basses.

• Échalote grise

Pour l'**Échalote grise** nous ne disposons que des résultats d'une seule expérience réalisée à Montpellier dans les conditions suivantes :
– bulbes exempts de *Botrytis***,
– maturation et récolte sous températures diurnes supérieures à 30 °C,
– séchage sous serre vitrée à des températures dépassant 35 °C du 1ᵉʳ au 12 juillet,
– à partir du 12 juillet, départ de 5 traitements différents :

    A : cave à 18-20 °C,

    B : 4 °C à partir du 12 juillet,

    C : 12 °C à partir du 12 juillet, puis 7,5 °C à partir du 1er octobre,

    D : 18-20 °C à partir du 12 juillet, puis 7,5 °C à partir du 1er octobre,

    E : 18-20 °C à partir du 12 juillet, puis 30 °C à partir du 1er novembre.

La plantation était réalisée le 15 novembre. Seul le lot C a présenté une nette avance de germination (15-20 décembre au lieu de fin janvier). A la récolte, on n'observait aucune différence significative de rendement entre lots.

La dormance semble donc très accentuée chez l'Échalote grise, mais on ne peut tirer de cet essai, du fait des températures élevées subies par tous les bulbes fin juin-début juillet, et de la trop courte durée du passage à 30 °C du lot E une conclusion en contradiction avec la physiologie de la dormance chez les « Jersey ».

• Échalotes tropicales

Les **Échalotes tropicales** sont très peu dormantes, pour peu qu'on les soumette à des températures inférieures à 20 °C. En conditions tropicales cependant certaines origines

---

* Un tel besoin semble avoir été récemment mis en évidence en Hollande – pays encore plus frais que le Finistère – par MEIDEMA (résultats non publiés, cités par CURRAH et PROCTOR, 1990).
** Condition indispensable si l'on veut apprécier à sa juste valeur la dormance chez l'Échalote grise. Les bulbes infectés par *Botrytis allii* germent précocement, cette végétation prématurée est en général suivie de la disparition de la plante.

(Haïti, Réunion, p. 201) présentent une dormance de quelques mois, que l'on peut abréger en sectionnant avant plantation la partie supérieure du bulbe.

Moyens artificiels de modifier la physiologie de l'Échalote

Comme chez l'Oignon, une pulvérisation d'une solution d'**hydrazide maléique** au bon moment retarde le démarrage ultérieur des pousses en conservation, mais ne supprime pas les pertes de poids. La principale difficulté de cette méthode réside dans le choix de la date optimum de traitement.

On peut inhiber toute croissance des pousses par **irradiation gamma.** Les doses « autorisées en France » sont de 75 à 150 greys (= 7 500 à 15 000 rads avec l'ancienne unité). D'après des résultats obtenus en collaboration INRA-Montfavet/CEA Cadarache en 1968-69, des doses plus faibles sont déjà très efficaces (tabl. 9).

Dans le cadre de la production de semences certifiées, il est intéressant d'avoir une estimation précoce de la valeur sanitaire des plants, par **préculture** (et tout particulièrement pour les plantations précoces d'Échalotes de Jersey longues en novembre). Un démarrage rapide de la végétation est obtenu par application aux bulbes-échantillons d'un traitement à 30 °C pendant 6 à 8 semaines.

La réalisation d'un programme d'amélioration génétique de l'échalote nécessite une bonne **maîtrise de la floraison.**

Diverses substances hormonales (auxines, gibbérelline, étéphon, polyamines) ont été apportées aux plantes, aucune action positive n'a été observée pour le moment.

Tableau 9. Effets de l'irradiation gamma sur échalotes (Échalotes « Jersey longues » et « grises » irradiées en août, plantées le 10 novembre en serre, examinées le 10 janvier)

Dose appliquée	Durée d'irradiation	% germination	Longueur de la + longue feuille (cm)	Longueur des racines (cm)
Échalotes de Jersey longues				
Témoin non irradié		100	24,1	7,3
25 greys	2 mn 47 s	0,0	0,0	0,4
25 greys	5 h	0,0	0,0	1,2
50 greys	5 h	0,0	0,0	0,6
100 greys	5 h	0,0	0,0	0,2
Échalotes grises				
Témoin non irradié		70	10,5	12,5
25 greys	2 mn 47 s	0,0	0,0	0,5
25 greys	5 h	35	2,4	4,0
50 greys	5 h	0,0	0,0	0,4
100 greys	5 h	0,0	0,0	0,2

3. La physiologie de l'Ail

Chez l'Échalote, la plantation d'un bulbe-mère conduit à récolter 7 ou 8 nouveaux bulbes. De même, chez l'Ail la plantation d'un caïeu conduit à en récolter une douzaine. Mais, à l'inverse de ce qui se passe chez l'Échalote, les caïeux continuent jusqu'à la récolte à dépendre d'un système racinaire et d'un « plateau » uniques, et ne différencient pas, le plus souvent, de système foliaire propre. La physiologie de l'Ail aura donc ses particularités, on ne saurait l'assimiler, ni à celle de l'Oignon, ni à celle de l'Échalote.

La croissance végétative

L'étude la plus approfondie sur ce sujet a été réalisée par L. ESPAGNACQ (1988) sur les variétés françaises « Rose de Lautrec » (groupe variétal I, pourvu d'une hampe florale), « Messidrôme », « Blanc de Lomagne » et « Germidour » (groupe variétal III, sans hampes florales)*. A partir d'études en enceintes climatisées sur « Rose de Lautrec » et d'observations au champ sur les 4 variétés, elle a pu tirer les conclusions suivantes :
– le « **zéro de végétation** » se situe pour les variétés étudiées à **0 °C** ;
– la **somme de températures,** calculée avec un seuil à 0 °C, nécessaire à l'émission d'une nouvelle feuille, va de 93 à 100 degrés-jours suivant les variétés ;
– les variétés sans hampe florale émettent au total 13 feuilles avant d'arrêter leur croissance, et « Rose de Lautrec » 11 feuilles (si l'on admet que la spathe est formée de 2 feuilles soudées, on arrive au même nombre pour toutes les variétés). Des observations réalisées à l'INRA-Clermont-Ferrand sur « Fructidor » et « Printanor » (groupe variétal II, sans hampes florales) donnent 13-14 feuilles.

Si l'on essaie de calculer l'indice foliaire d'une culture d'Ail, on arrive à des chiffres extrêmement bas : une belle plante de « Thermidrôme » arrive à une surface foliaire de 600 cm² mi-juin. On obtient un indice foliaire de 1 pour une densité de 166 000 plantes/ha (plantations traditionnelles en lignes équidistantes), et de 2 pour une disposition en lignes triples à 40 cm plus un grand intervalle (p. 185).

La bulbification

Pour la précocité de maturation dans le Midi de la France, on peut classer les variétés d'Ail comme celles d'Oignon, avec les correspondances ci-dessous, ce qui laisse supposer un échelonnement des seuils photopériodiques chez l'Ail comme chez l'Oignon, selon les cultivars.

---

* Nous ne pouvons éviter de faire allusion dès maintenant aux « groupes variétaux » qui seront définis au chapitre 8.

Seuils photopériodiques probables	Variétés d'Ail	Variétés d'Oignon
14 h 30	« Printanor » (groupe var. II)	Oignons de l'Europe du Nord
14 h	« Thermidrôme » (groupe var. III)	Oignons Nord-méditer- ranéens
12 h 30	« Egypte 5 » (groupe var. V)	Oignons américains « Basses latitudes »
12 h	« Jamaïque » (groupe var. V)	Oignon « Violet de Galmi »

Il n'y a pas cependant concordance absolue entre « précocité dans le Midi de la France » et « aptitude à former des bulbes en plaine tropicale ou subtropicale ».

L'exemple le plus net est celui du clone « **Tachkent M** » dont la précocité de maturation se situe à Montpellier entre « Jamaïque » et « Egypte 5 », mais qui par contre n'arrive pas à donner de bulbes en Egypte (observation UCCS Top-semences).

On est donc amené à penser que dans le cas de l'Ail un **besoin de froid** s'ajoute comme préalable au **besoin de jours longs-températures élevées** pour que la bulbification se réalise. Cette notion de « besoin de froid » ressortait déjà d'expériences réalisées par Mann (1958) et Jones et Mann (1963) en Californie, à la station de Tulelake (42 °N) à la lisière de l'Oregon, avec le clone « California late » (groupe variétal II, voisin de « Fructidor »).

Pour une plantation du 29 avril, les plantes provenant de bulbes-mères conservés à 0 °C ou 5 °C formèrent très rapidement des bulbes, éclatés et difformes du fait d'un développement foliaire des bourgeons axillaires avant leur transformation en caïeux. Les plantes issues de bulbes-mères stockés à 10 °C donnèrent des bulbes ronds, bien conformés, celles issues de bulbes-mères stockés à 15 °C et 20 °C ne donnèrent pas de bulbe (fig. 29, d'après les photos de Mann).

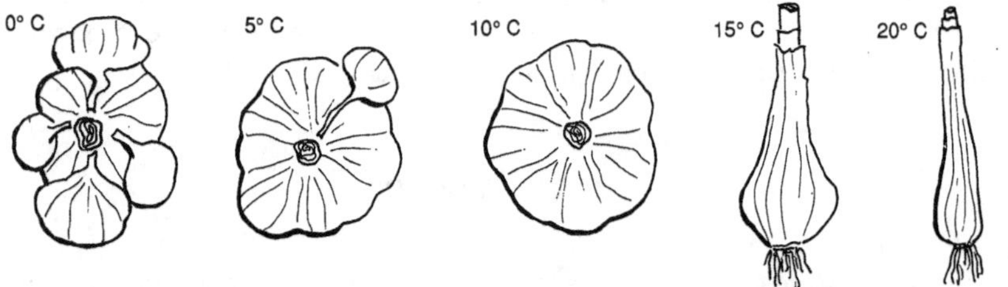

Figure 29. – Expérience réalisée avec le clone « California late » (groupe variétal II). Plantation le 29 avril dans le Nord de la Californie : bulbes-mères conservés 9 mois à 0 °C, 5 °C, 15 °C et 20 °C (d'après L. K. Mann, 1958).

Parmi les expériences réalisées en France, nous pouvons faire état de résultats obtenus à l'INRA-Clermont-Ferrand, et par l'UCCS Top-semences près de Montélimar (R. Roux, comm. pers.).

A Clermont-Ferrand (45 °N, alt. 400 m) l'essai de 1988 comportait, pour la variété
« Printanor », 3 températures de stockage : 1,5 °C (A), 7 °C (B) et 21,5 °C (C) appliquées
du 20 octobre au 20 février, avec plantation le 10 mars. Par rapport à « A » et « B », le
lot « C » présenta un retard de levée de 7 jours. Les observations ultérieures dénotent
un retard de végétation pour « C », qui s'inverse le 15 juin. Le nombre de feuilles
émises est en moyenne de 12,5 pour « A », 12,9 pour « B », 14,1 pour « C ».

Les feuilles axillaires (signe d'une émission foliaire par les bourgeons avant leur
transformation en caïeux) sont apparues sur 72 % des plantes de « A », 9 % sur « B »,
aucune n'est apparue sur « C ». Les bulbes ont atteint leur poids maximum le 21 juillet
pour « A », le 23 juillet pour « B », le 11 août pour « C ».

La figure 30 schématise l'aspect des bulbes obtenus.

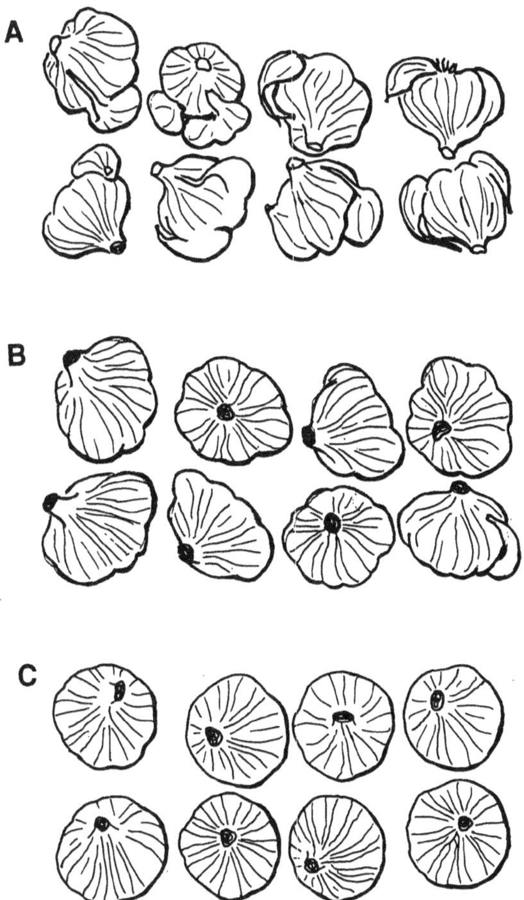

Figure 30. – Expérience réalisée avec le clone « Printanor ». Plantation le 10 mars, à
Clermont-Ferrand, de caïeux provenant de bulbes-mères stockés du 20 octobre au
20 février à 1,5 °C (A), 7 °C (B) et 21,5 °C (C) (d'après photos de M. Pichon).

Un essai plus important repris en 89 (mêmes températures de conservation à partir du 19 octobre, 4 dates de plantation : 10.1, 31.1, 21.2 et 14.3) a conduit à des résultats analogues : les récoltes les plus précoces étant obtenues pour « A-3 premières dates de plantation », la plus tardive pour « C- dernière date de plantation » (récolte le 8 août, maturité incomplète).

On peut déduire de ces expériences que, sous le climat de Clermont-Ferrand le « besoin de froid » pour la différenciation des bourgeons axillaires donnant naissance aux caïeux peut être satisfait par les températures sous lesquelles se développent les jeunes plantes, si l'on réalise les plantations avant le 15 mars (contrairement à ce qui se passe en Californie en plantation du 29 avril).

Les essais réalisés par R. ROUX près de Montélimar (44° 30' N, alt. 80 m) ont donné des résultats intermédiaires entre ceux de Californie et ceux de Clermont-Ferrand. Les plantes issues de bulbes-mères conservées à 20 °C (plantation du 20 mars) ont formé des bulbes, mais dont la maturité n'était pas encore satisfaisante un mois après la récolte des autres catégories.

Tous les résultats ci-dessus concernent des clones appartenant au **groupe variétal II** (p. 168). Nous ne disposons pas de résultats expérimentaux aussi complets, mais seulement de quelques indications, pour les autres groupes variétaux.

En ce qui concerne le **groupe variétal III** (variétés à gros bulbes cultivées dans le Midi de la France, comme les « Blancs de la Drôme » ou les « Violets de Cadours ») un passage des bulbes-mères à 7 °C pendant le mois d'octobre, avant la plantation début novembre, accélère et régularise la germination (p. 67) mais augmente considérablement l'incidence du phénomène « pousses axillaires » (fig. 51) et conduit inexorablement à la récolte de bulbes éclatés.

Une plantation retardée au 1ᵉʳ mars peut au contraire conduire à la récolte de « caïeux ronds » provenant du bourgeon terminal — opération semble-t-il impossible avec les variétés du groupe II.

(Nous examinerons ci-après le cas des variétés du **groupe I** page 69).

Même des variétés d'origine subtropicale peuvent exprimer un « besoin de froid ». En Guadeloupe (16 °N, températures nocturnes jamais inférieures à 18 °C) le clone « Égypte 5 » (groupe variétal V) ne forme pas de bulbes, en plantation du 1ᵉʳ novembre, à moins de faire passer les bulbes-mères à 7 °C pendant 20 jours avant plantation. Au Sénégal (même latitude, températures descendant la nuit au-dessous de 15 °C en saison sèche), le même clone produit des bulbes sans traitement particulier.

La dormance des caïeux

De façon encore plus accusée que chez l'Oignon ou l'Échalote, les caïeux d'un bulbe d'Ail venant d'être récolté sont incapables de germer aussitôt*. Une exposition à des températures fraîches permet l'évacuation de cette **dormance**. Des essais réalisés dans les années 60 sur « Blanc de la Drôme » nous avaient permis de situer vers 7,5 °C la température la plus efficace.

---

* Ce qui empêche un contrôle *a priori* d'un lot de semences pour son état virologique par préculture en serre – d'où l'intérêt de l'INRA-Montfavet pour cette question dès 1960.

La dormance est plus ou moins profonde suivant les cultivars, comme l'indique le tableau 10A.

Tableau 10 A. Point 50 % de levée après plantation du 1er novembre à Montfavet (Vaucluse)

Cultivars	Bulbes-mères en local chauffé	Bulbes-mères à 7,5 °C du 1er au 30 octobre
Ail vendéen	23 nov.	17 nov.
Violet de Cadours	26 nov.	14 nov.
Blanc de la Drôme	28 nov.	22 nov.
Violet de Kabylie	28 déc.	30 nov.
Rose de Lautrec	28 déc.	8 déc.
Perle d'Auvergne	20 janv.	3 déc.
Fructidor	25 janv.	2 déc.

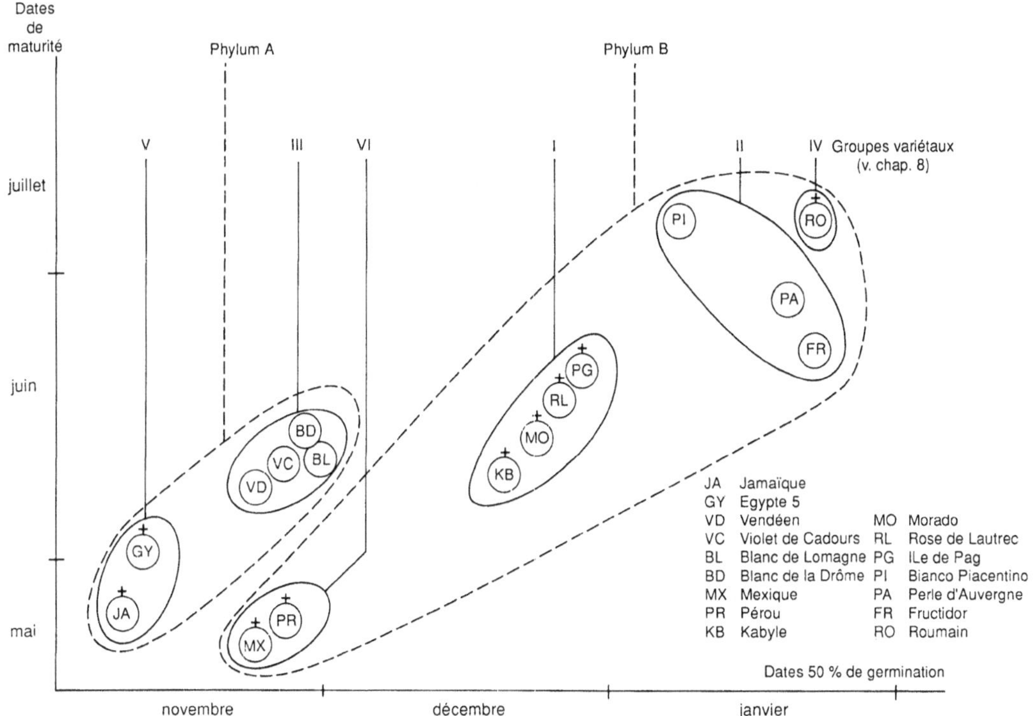

Figure 31. – Regroupement d'une collection de variétés d'Ail en 2 « phylums » en fonction de la dormance et de la précocité.

Tableau 10 B. Plantation en Guadeloupe de bulbes arrivés de France le 8 octobre (Domaine Duclos, 16° N, alt. 125 m). Une partie des bulbes a été placée du 10 au 30 octobre à 7 °C (« F »), l'autre non (« NF »). Plantation le 30 octobre.

Cultivar		% d'émergence × jours après plantation				Production de bulbes + : oui − : non
		7	18	31	68	
Égypte 5	F	90	100			+
	NF	5	85	100		−
Vendéen 14	F	10	75	100		−
	NF	0	15	18	100	−
Violet de Cadours 6	F	20	95	100		−
	NF	0	0	85	100	−
Thermidrôme	F	0	65	85	100	−
	NF	0	0	40	95	−
Mexique	F	80	98	100		+
	NF	0	20	95	100	−
Réunion 67	F	50	85	100		+
	NF	0	20	95	100	−
Violet de Kabylie	F	0	20	66	100	−
	NF	0	0	20	95	−
Rose d'Espagne	F	0	0	50	100	−
	NF	0	0	15	90	−
Rose de Lautrec	F	0	0	6	50	−
	NF	0	0	0	30	−
Fructidor	F	0	20	40	90	−
	NF	0	0	0	20	−

Mais bien entendu dans cet essai intervenaient aussi les températures baissant de 12 °C à 5 °C auxquelles les caïeux sont soumis dans le sol après plantation le 1ᵉʳ novembre dans le Midi de la France.

Un essai réalisé en Guadeloupe, à des températures de sol de l'ordre de 25 °C, élimine ce facteur (tabl. 10 B).

Il n'y a pas coïncidence entre les températures permettant de satisfaire le « besoin de froid » évoqué au paragraphe précédent (0 °C aussi efficace que 5 °C, plus efficace que 10 °C) et celles qui éliminent le plus rapidement la dormance (5 °C et 10 °C plus efficaces que 0°, 15° ou 20 °C).

A la température optimum de 7,5 °C, la dormance est plus rapidement éliminée sur caïeux séparés que sur bulbes entiers, sur caïeux placés dans du terreau humide que sur caïeux secs.

Toutes ces manipulations ne permettaient cependant pas d'obtenir une germination régulière des lots de semences de variétés plantées à l'automne pour contrôle avant leur commercialisation.

Une méthode radicalement opposée nous avait donné quelque espoir : d'après une observation de PLANTON (CTIFL) les bulbes soumis en août à la thermothérapie pour tuer les *Ditylenchus* (bain d'eau chaude d'une heure, descendant de 55 à 44 °C), divisés aussitôt après l'opération, donnaient des caïeux capables de germer dans une certaine proportion. Celle-ci n'atteint cependant pas 100 %, et les résultats sont irréguliers d'un traitement à l'autre.

Il ne semble pas qu'il y ait de relation étroite entre « intensité de dormance » et « tardivité à la récolte ».

Dans les années 60 nous proposions de classer les variétés que nous avions entre les mains (appartenant aux groupes variétaux définis plus tard comme I, II, III, IV, V, VI) en deux « **phylums** » (fig. 31).

D'une façon plus réaliste, il est logique de penser que chacun des **groupes variétaux** que nous définirons au chapitre 8 représente une combinaison particulière pour les **4 caractères :**
– profondeur de la dormance,
– facilité de son évacuation à 7,5 °C*,
– besoin de froid pour la différenciation des bourgeons axillaires (futurs caïeux),
– besoin en jours longs – températures élevées pour leur renflement en caïeux, avec, bien entendu des nuances d'un cultivar ou d'un clone à un autre à l'intérieur de chaque groupe.

L'émission de hampes florales

Elle présente chez l'Ail un aspect très lié aux caractères variétaux. Parmi les « groupes » que nous décrirons au chapitre 8, certains produisent des hampes florales de façon régulière, d'autres non, dans leur climat d'origine et en conditions traditionnelles de culture.

L'émission d'une hampe est susceptible de concurrencer le grossissement du bulbe. Dans les régions où on cultive des variétés à hampes florales, il est traditionnel d'en sectionner l'extrémité, ou de l'éliminer en tirant dessus énergiquement, avant son élongation complète.

Le gain de rendement ainsi obtenu est probablement variable selon la précocité d'émission de la hampe. Dans des essais réalisés à Versailles (48° 45' N, alt. 130 m, hiver particulièrement doux) nous l'avions estimé en 1975 à + 15 % pour « Rose de Lautrec » (groupe variétal I).

Mais, pour une variété donnée, l'émission d'une hampe florale dépend aussi des dates de plantation et des conditions de stockage des bulbes-mères.

En 1988-89, au Teil d'Ardèche (44° 30' N, alt. 80 m), nous avons réalisé un essai sur le clone « Ibérose » (groupe I) avec les traitements suivants appliqués aux bulbes-mères :

---

* Il se peut d'ailleurs que cette température ne représente pas l'optimum pour la levée de dormance pour tous les groupes variétaux.

A : placés du 1er au 30 octobre à 7 °C, plantation le 31 octobre.
B : conservés à plus de 20 °C jusqu'au 30 octobre, plantation le 31.
C : conservation dans un local non chauffé (0° à 10 °C), plantation le 1er mars.
D : conservation dans un local chauffé (20-25 °C), plantation le 1er mars.

Nous avons obtenu 95 à 100 % de hampes florales sur les plantes des lots A, B et C, avec des bulbes 2 fois plus gros pour A et B que pour C. Les dates de récolte se regroupent à 2 ou 3 jours près, autour du 25 juin. Les plantes de la catégorie D n'ont émis aucune hampe florale, et apparaissaient comme à peine renflées le 25 juin. Elles ont cependant formé de petits bulbes composés, bien entendu sans « bâton », récoltés le 1er août.

On retrouve donc ici un « besoin de froid », satisfait aussi bien sur bulbes-mères en stockage que sur jeunes plantes au champ, mais beaucoup plus accusé, d'après le comportement du traitement « D », pour l'émission d'une hampe florale que pour le renflement du bulbe (la figure 32 schématise l'aspect des bulbes obtenus).

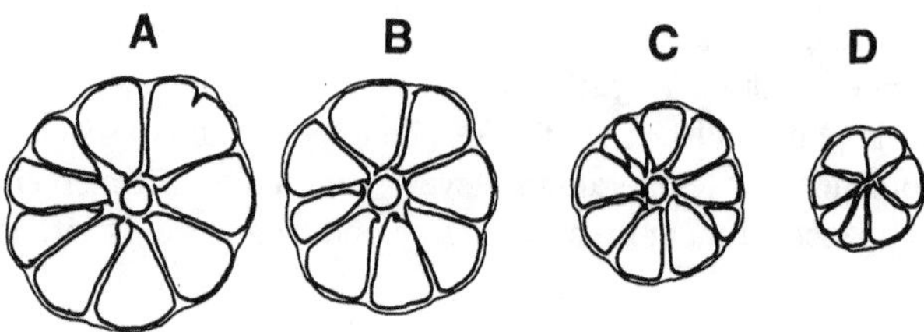

Figure 32. – (schématique). Aspect des bulbes du clone « Ibérose » (groupe variétal I) en fonction des conditions de conservation des bulbes-mères et des dates de plantation (v. explications dans le texte pour A, B, C, D).

Les variétés considérées comme « dépourvues de hampes florales » des groupes II (ex. : « Printanor ») ou III (ex. : « Thermidrôme ») définis au chapitre 8, ne sont cependant pas totalement inaptes à en produire. En conditions normales de culture, on peut voir apparaître quelques hampes sur des champs d'un ou plusieurs hectares.

Suivant les cas, ces hampes peuvent rester courtes, sinueuses, incluses dans les tuniques générales du bulbe, qui présente alors la structure d'une orange « Navel » avec un groupe de petits caïeux au sommet de la hampe rudimentaire – plus rarement la hampe émerge (v. description des ombelles chap. 8 et fig. 12).

Nous avons réalisé en 1966-67 sur « Thermidrôme » une expérimentation visant à accroître la fréquence des plantes pourvues d'une hampe florale bien développée – avec un témoin « Rose de Lautrec ». Les traitements étaient les suivants :

A : bulbes-mères conservés à température élevée jusqu'à la plantation le 1er novembre,
B : bulbes-mères placés à 7,5 °C du 1er au 30 octobre,
C : comme B, plus un éclairage d'appoint croissant de façon régulière jusqu'à 5 heures supplémentaires par jour le 21 juin, à partir du 1er février (jours croissants de 10 à 21 h au lieu de 10 à 16 h pour A et B).

Les résultats ont été les suivants, en pourcentage de plantes ayant émis des hampes florales normales (tabl. 11).

Tableau 11. Pourcentage de plantes ayant émis des hampes florales,
suivant les traitements A, B, C décrits dans le texte

		4 mai	24 mai	15 juin
Rose de Lautrec	A	3,3	21,6	95,0
	B	21,6	95,5	100
	C	100	100	100
Thermidrôme	A	0,0	0,0	0,0
	B	0,0	6,6	22,5
	C	25,0	45,5	50,0

L'année suivante, nous avons obtenu des fréquences encore plus élevées d'émission de hampes florales sur « Thermidrôme » en suivant un conseil d'E. BERNINGER : recouvrir le sol de plaques de polystyrène expansé de 5 cm d'épaisseur entre les lignes, pour éviter le réchauffement printanier du sol, favorable au renflement des bulbes, en appliquant de plus une fois par semaine des glaçons à la surface du sol (en soulevant les plaques et en les reposant aussitôt). Nous avons obtenu, en combinant cette méthode et l'éclairage d'appoint (comme « C » ci-dessus) 70 % de plantes avec hampes florales émergées sur « Thermidrôme » et 10 % sur « Fructidor », qui n'avait pas réagi au traitement « C » l'année précédente*.

Les variétés d'Ail de type tropical (groupes variétaux V et VI, cultivars d'Asie du Sud-Est) produisent régulièrement des hampes florales dans le Midi de la France, ainsi, bien sûr, que les clones séminifères d'Asie centrale (v. chap. 8 pour la description des ombelles).

D'une façon générale, on retrouve donc pour l'émission des hampes florales sur l'Ail :

– un « besoin de froid » encore plus accusé que pour la différenciation des futurs caïeux,

– une influence stimulante des jours longs printaniers, à condition que les températures de sol restent basses.

Parmi les conditions climatiques « naturelles », on ne doit donc pas s'étonner, à la même latitude, de voir le même clone émettre plus de hampes florales en montagne qu'en plaine (exemple de « Thermidrôme », cultivé à 850 m d'altitude dans le canton de Sault-Vaucluse).

---

* Ces essais n'étaient nullement désintéressés, mais avaient pour but d'exploiter en culture les méristèmes des ébauches de bulbilles contenues dans les spathes. J. P. LEROUX ayant par la suite réussi le prélèvement des méristèmes au fond des caïeux, ces tentatives n'ont pas été poursuivies. Au cas où nos lecteurs voudraient les reprendre, prévenons les à l'avance que la présence des lampes au-dessus des plantes attire les papillons de Teigne du Poireau. Des traitements insecticides fréquents sont donc nécessaires... !

Moyens artificiels de modifier la physiologie de l'Ail

Nous n'avons pas encore expérimenté en France l'influence sur la physiologie de l'Ail de substances telles que l'étéphon, la benzyladénine ou les gibbérellines.

En ce qui concerne la **dormance des bulbes,** nous n'avons obtenu que des résultats décevants avec l'hydrazide maléique, pulvérisé sur feuilles vertes 15 jours avant récolte (3 kg/ha). Ce produit est cependant assez employé en Espagne.

Par contre, en collaboration avec le CEA (Cadarache – Service de Radioagronomie) nous avons obtenu des résultats très intéressants avec l'**irradiation gamma** (MESSIAEN, PEREAU-LEROY et LEROUX, 1969).

Sur des bulbes de « Thermidrôme » récoltés début juillet, irradiés début août, nous avons obtenu les résultats exprimés au tableau 12.

Tableau 12. Influence de l'irradiation sur la germination de l'Ail

Dose d'irradiation en greys	Délivrée en	% germination	Longueur de la plus longue feuille (cm)	Longueur des racines (cm)
0		96	24,6	14,6
2		96	26,0	17,3
5	5 heures	93	13,8	16,7
10		20	1,0	7,4
20		14	0,5	4,5
50		0	0,0	0,0
25	1 minute	0	0,0	0,0

(clone « Thermidrôme », irradiation début août, passage des bulbes-mères à 7,5 °C du 15 septembre au 15 octobre, plantation en serre des caïeux le 15 octobre, examen des plantes le 15 novembre)

On observe une légère stimulation pour les faibles doses (2 greys, effet classique selon les radiobiologistes) et une inhibition totale de la germination, malgré le passage des bulbes-mères à 7,5 °C, pour 50 greys délivrés en 5 h, ou 25 greys délivrés en 1 minute (effet, également classique, du « débit-dose »).

En plantation du 10 février, pour des bulbes-mères de « Thermidrôme » et « Fructidor » irradiés à plusieurs dates différentes, on a obtenu les résultats du tableau 13.

Nous reviendrons au chapitre 6 sur l'intérêt que peut présenter l'irradiation en conservation de bulbes (interaction dormance – sensibilité des caïeux aux moisissures). L'utilisation de doses de l'ordre de 150 greys peut entraîner la nécrose des germes à l'intérieur des caïeux.

Effet de l'état virologique des plantes sur leur physiologie

Disposant aujourd'hui d'un certain nombre de clones à l'état sain au départ ou recontaminés par l'OYDV (ex. : « Thermidrôme » sain ou virosé), ou virosés au départ, débarrassés de l'OYDV par culture de méristèmes, et éventuellement recontaminés (ex. :

couples « VC 6/Germidour », « Fructidor/Printanor », « Tachkent M/Sprint »), nous pouvons nous apercevoir d'un effet de l'OYDV :
– sur la dormance, qui est un peu moins accentuée chez les versions « saines »,
– sur la tardivité, qui augmente chez les versions « saines ».

Au début comme à la fin du cycle végétatif, ces différences ne concernent que quelques jours – qui peuvent cependant apparaître importants aux producteurs d'ail vendu en frais, pour des raisons économiques.

Tableau 13. Bulbes-mères irradiés à différentes dates, conservés en local non chauffé – longueur de la 1ère feuille le 10 mars, un mois après plantation en serre – 25 greys délivrés en 1 mn.

Dates d'irradiation	Longueur de la 1re feuille (cm)	
	Thermidrôme	Fructidor
Août	0,0	0,0
Octobre	1,5	0,3
Décembre	6,5	4,6
Février	9,3	5,1
Témoin non irradié	18,3	11,5

La physiologie de l'Ail vue du Japon

Nous avions terminé la rédaction de cet essai de synthèse de la physiologie de l'Ail, quand nous avons pris connaissance du chapitre « Garlic » de l'ouvrage collectif de RABINOWITCH et BREWSTER (1990), rédigé par H. TAKAGI. Nous y avons retrouvé, appliquées à des variétés extrême-orientales, avec des résultats expérimentaux plus fournis que les nôtres, obtenus le plus souvent en chambres climatisées, les mêmes idées générales : besoin de froid préalable à un besoin de jours longs – températures élevées pour la différenciation des bourgeons axillaires puis leur renflement en caïeux, besoin de froid aussi pour la formation de hampes florales, notions sur la dormance.

Les trois variétés les plus étudiées par TAKAGI sont :
– Hoki : variété nordique d'une physiologie probablement comparable à celle de « Fructidor », mais pourvue d'une hampe florale ;
– Yamagata : probablement analogue à un « Thermidrôme », avec une hampe florale ;
– Ishuwase : moins souvent utilisée, variété de type tropical assimilable à notre « Jamaïque ».

TAKAGI évalue à + 2 °C pour « Hoki », + 4 °C pour « Yamagata » les températures optimales pour la satisfaction du « besoin de froid » nécessaire à la différenciation des bourgeons axillaires.

Chez « Yamagata » une semaine d'exposition des plantes à 4 °C conduit à la formation d'un « caïeu rond », il faut 3 semaines pour obtenir un bulbe composé. Il donne l'intervalle 17-28 °C comme optimum pour le renflement des caïeux chez « Yamagata ».

Sous jours de 8 h, « Hoki » est incapable de former des bulbes, même après 2 mois à 5 °C – ni sous 16 h sans exposition préalable au froid.

Au contraire, « Ishuwase » arrive à former des bulbes sous jours de 8 h sans exposition au froid.

Le comportement de « Yamagata » est intermédiaire entre ces deux extrêmes.

Pour la formation des hampes florales, il donne comme températures optimales :

– 2 °C à + 4 °C chez « Hoki »

– 2 °C à + 6 °C chez « Yamagata »

avec, comme limite supérieure, moins de 10 °C pour « Hoki », 10 °C pour « Yamagata », 13 °C pour « Shang-haï » (qui n'apparaît que là), 16 °C pour « Ishuwase ».

Nous retrouvons donc, comme pour « Ibérose » un besoin de froid plus important pour l'émission de hampes florales que comme préalable au renflement des caïeux.

Comme SOBEIH et WRIGHT sur l'Oignon, TAKAGI a évalué sur l'Ail l'impact de pulvérisations de substances hormonales : benzyladénine, gibbérelline, étéphon, avec dans tous les cas un effet négatif sur le renflement des caïeux. Mais il cite une référence indienne indiquant un effet positif de l'étéphon.

En ce qui concerne la dormance, TAKAGI insiste sur la possibilité de la rompre, non seulement avec des basses températures, mais aussi par exposition immédiate à 35 °C de bulbes récoltés avant complète maturité : nous retrouvons l'effet observé par PLANTON (p. 67), et le comportement de l'Échalote de Jersey.

La physiologie de l'Ail *in vitro*

La multiplication de l'Ail *in vitro* par une méthode reprise par R. KAHANE pour l'Oignon a été obtenue par C. DORÉ (non publié, p. 49) à l'INRA-Versailles.

Par contre, il reste à obtenir une bulbification *in vitro* pour éviter des accidents de sortie de tubes ou de bocaux, et les avatars physiologiques qui peuvent en résulter.

Rappelons qu'en 1968 (MESSIAEN et LEROUX), à partir d'ébauches de bulbilles prélevées dans les spathes, nous préconisions un cycle thermophotopériodique faisant succéder 3 mois à 12 °C, photopériode de 12 h sous 5 000 lux, puis 2 mois à 25 °C avec une photopériode de 16 h. Nous avions obtenu dans ces conditions des bulbilles de la taille d'un grain de blé, à raison de 3 à 10 par tube (fig. 33).

Vernalisées 3 mois à 12 °C, ces bulbilles ont pu être plantées sur substrat terreux et ont végété sans difficulté.

C'est sans doute à partir de ces données, en essayant de raffiner et raccourcir le cycle photopériodique, et sans doute en améliorant la qualité de l'éclairage au dernier stade (mais dès cette époque, sur les conseils de C. MARTIN nous ajoutions aux tubes quelques ampoules à filament) que l'obtention *in vitro* de bulbilles atteignant la taille d'un gros petit pois pourra être réussie.

Au niveau des **inflorescences,** on doit citer l'intéressant travail de TIZIO (1979). Mettant en culture *in vitro* des extrémités de hampes florales d'Ail de type espagnol (groupe I), sur un milieu dépourvu de substances de croissance*, il observe la prédomi-

---

* Milieu de WHITE + vitamines de MOREL + microéléments de NITSCH.

nance des bulbilles sur les fleurs. Le même milieu additionné d'acide gibbérellique 3×10^{-4} M permet au contraire l'épanouissement des fleurs.

Si nous rapprochons ces résultats de ceux de C. DORÉ (INRA-Versailles-1988 – v. réf. bibl. chap. III) qui doit *in vitro* ajouter de la benzyladénine pour obtenir le développement en pousses feuillées des ébauches végétatives sur inflorescences de Poireau, au détriment des fleurs, on peut imaginer à l'intérieur des spathes des *Allium* à feuilles plates un antagonisme kinétines/gibbérellines, les premières favorisant le développement des bulbilles, les secondes celui des fleurs. Le rapport K/G serait donc beaucoup plus élevé dans les inflorescences d'Ail que dans celles de Poireau.

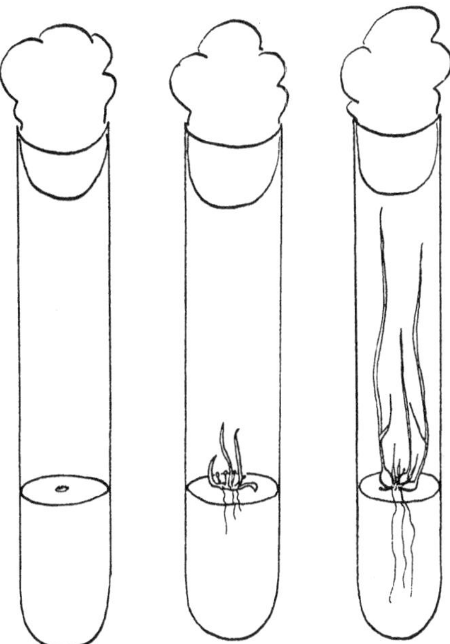

Figure 33. – Obtention à partir d'un fragment du massif méristématique contenu dans la spathe, de bulbilles d'Ail *in vitro,* après passage par 2 stades thermophotopériodiques successifs (d'après MESSIAEN et LEROUX, 1968).

Références bibliographiques

BREWSTER J. L., 1986. *Onion bulb development in field conditions – the effects of plant density and sowing date and their relationship to the phytochrome control of bulbing.* 2nd international *Allium* conference – Strasbourg, 8-12 July, 1986, 83-88.

BREWSTER J. L., 1990. *Physiology of crop growth and bulbing.* In R & B 1990 – I, 3, 53-88.

COHAT J., 1982 a. Influence des conditions de conservation des bulbes d'Échalote sur leur levée. *Agronomie, 2* (9), 905-908.

COHAT J., 1982 b. Influence du calibre des bulbes de semence d'échalotes sur leur taux de multiplication et leur rendement. *PHM,* 231, 21-24.

COHAT J., TROMEUR C., 1986. Influence du poids et de la densité de plantation des bulbes d'échalote sur les caractéristiques de la récolte et la prolificité des bulbes-fils. *Agronomie,* 6 (1), 85-90.

CURRAH L., PROCTOR F., 1990. *Onions in Tropical regions.* N. R. I. édit., 232 p.

DE BON H., 1988. *Bulbing and maturing of Onion* (Allium cepa) *in the climatic conditions of Martinique (F. W. I ;).* 4th EUCARPIA *Allium* symposium, 155-160.

DE BON H., RHINO B., 1988. *Flowering of various cultivars of onions* (Allium cepa) *brought to Martinique (F. W. I.).* 4th EUCARPIA *Allium* symposium, 262-266.

ESPAGNACQ L., MORARD P., BERTONI G., 1987. Détermination du zéro végétatif de l'Ail *(Allium sativum). PHM – Rev. hortic.,* 275, 29-31.

ESPAGNACQ L., 1988. *Contribution à l'étude de la physiologie de l'Ail* (Allium sativum). Thèse de doctorat. Institut National polytechnique de Toulouse, 93 p. + annexes.

FLEURY P., 1986. *Étude biométrique de la croissance de l'Échalote* (Allium cepa *var.* aggregatum). *Comparaison de clones virosés et régénérés.* D. A. A. École Nat. sup. Agron. Rennes, 59 p.

JENKINS, 1954. Some effects of different daylengths and temperatures upon bulb formation in shallots. *Proc. Am. Soc. Hortic. Sci.,* 64, 311-314.

KAHANE R., 1990. *Multiplication et bulbification* in vitro d'Allium cepa *en vue de l'amélioration de la variété d'Oignon de Mulhouse-type Auxonne.* Thèse Doctorat ès sciences, Université de Bourgogne, 127 p.

KEDAR N., 1988. *Bulbing and reversibility of bulbing of onions.* (Allium cepa) *under decreasing daylength, depending on the « critical daylength deficit ».* 4th EUCARPIA *Allium* symposium, 149-153.

LERCARI B., 1984. Role of phytochrome in photoperiodic regulation of bulbing and growth in the long-day plant *Allium cepa. Physiol. Plant.,* 52, 475-479.

LE NARD M., 1978. *Travaux sur Tulipe, Iris bulbeux et Narcisse. Les recherches sur les plantes florales à bulbes en France.* I Travaux menés à la station de Landernau (édité par l'IITH).

MANN L. K., LEWIS D. A., 1956. Rest and dormancy in Garlic. *Hilgardia,* 25, 161-189.

MANN L. K., MINGES P. A., 1958. Growth and bulbing in Garlic in response of storage temperature of planting stocks, daylength and planting date. *Hilgardia,* 27, 385-419.

MESSIAEN C. M., LEROUX J. P., 1965. La physiologie du développement chez l'Ail et son aspect variétal. *PHM,* 59, 2909-2914.

MESSIAEN C. M. et LEROUX J. P., 1968. *Les* Allium *cultivés reproduits par voie végétative.* Polycopié INRA. Station de Pathologie végétale de Montfavet, 84 p.

MESSIAEN C. M., 1974. La Physiologie de l'Ail. In : « *L'Ail, physiologie, sélection, certification, culture, commercialisation ».* C. R. Journées Nat. de l'Ail. GNIS – Beaumont de Lomagne, 7-8 mai 1974.

RABINOWITCH H., 1990. *Physiology of flowering.* In R. & B. 1990, I, 5, 113-134.

SOBEIH W. Y., WRIGHT C. J., 1988. *Effects of etephon, gibberellin and benzyladenine combinations on bulb development and flowering in spring-sown bulb onions.* 4th EUCARPIA *Allium* symposium, 289-294.

TAKAGI H., 1990. « *Garlic* ». In : R. & B. 1990, III, 6, 109-146.

THOMPSON H. C., SMITH O., 1938. Seedstalk and bulb development in the Onion *(Allium cepa)*. *Bull. Cornell Agric. Expt. station,* n° 708, 21 p.

TIZIO R., 1979. Floraison. *in vitro* de l'Ail *(Allium sativum). C. R. Acad. Sci.,* Paris, série D, 289, 401-404.

WARNE G. G., 1948. The effect of some preplanting storage treatments on the growth of shallots. *J. R. Hortic. Soc.,* 73, 230-234.

V
COMPOSITION CHIMIQUE DES BULBES

1. Composition générale

Les bulbes à tuniques concentriques des divers *Allium cepa,* les caïeux d'*Allium sativum* sont plus ou moins riches en eau. Leur teneur en **matière sèche*** varie de 7 à 15 % pour les oignons, 16 à 35 % pour les échalotes, elle est de l'ordre de 35 % pour *Allium sativum.*

La composition de cette matière sèche est approximativement la suivante, d'après FENWICK et HANLEY (1990) :

        Glucides :   70 à 85 %
        Lipides :   moins de 1 %
        Protides :   10 à 20 %
        Cendres :   1 à 3 %

L'instabilité en cours d'extraction des substances les plus intéressantes contenues dans les bulbes d'*Allium* rend d'ailleurs arbitraires les catégories délimitées ci-dessus : ainsi les stérols dérivant de glucosides de type « saponines » seront décomptés comme « insaponifiables » dans les lipides si celles-ci sont hydrolysées en cours d'extraction. De même, les précurseurs des substances aromatiques et antibiotiques sont en fait des acides aminés modifiés et devraient être comptés parmi les « protides ».

2. Les glucides

On distingue généralement dans cette catégorie :
— les composants des parois cellulaires : **celluloses** et **pectines,** essentiellement ; leur part est plus importante chez les *Allium cepa* (bulbes plus riches en eau, donc

---

* Dans certaines publications, ce terme de « matière sèche » (en toute rigueur : ce qui reste une fois éliminée l'eau) peut revêtir un sens différent : teneur en substances solubles du jus exprimé des bulbes évaluée en « degrés **BRIX** » du **réfractomètre.** Il y a une corrélation positive et hautement significative entre les deux mesures, mais le coefficient pour passer de l'une à l'autre varie suivant espèces, variétés et organes.

moins riches en contenu cellulaire, présence d'un système vasculaire dans chaque tunique). On peut estimer leur part à 10-15 % de la matière sèche chez l'Oignon (peut-être moins chez les Échalotes, moins riches en eau), 3 à 5 % seulement dans la chair du caïeu d'Ail ;

– les glucides de réserve,
– les hétérosides.

Les glucides de réserve chez les *Allium*

Les cellules foliaires des *Allium,* comme celles de la plupart des plantes tempérées (photosynthèse « C$_3$ ») élaborent des sucres simples, qui migrent à l'état de saccharose. Dans les gaines foliaires puis dans les bulbes en voie de renflement, les *Allium* se singularisent par une tendance à l'isomérisation glucose $\rightarrow$ fructose (G $\rightarrow$ F) et à la constitution de « fructosanes » par des mécanismes du type suivant :

$$GF + F \rightarrow GFF, \quad GFF + F \rightarrow GFFF \text{ etc.}$$

D'un point de vue qualitatif, les réserves des bulbes d'Ail diffèrent très nettement de celles des bulbes d'*Allium cepa.*

Alors que ces derniers sont riches en saccharose, et que leurs fructosanes ne dépassent pas un taux de polymérisation de 5, les glucides de réserve des caïeux d'Ail sont principalement des fructosanes d'un degré moyen de polymérisation de 12 (DARBYSHIRE et STEER, 1990).

La somme des sucres simples, du saccharose et des fructosanes constitue chez les *Allium* la plus grande partie du compartiment « glucides » dans la composition de la matière sèche des bulbes : jusqu'à 60-70 %.

Les hétérosides

Parmi les composés qui appartiennent à cette catégorie, on doit mentionner tout d'abord les substances colorées présentes dans les tuniques externes des bulbes, ou celle des caïeux d'Ail.

Les **flavonoïdes** (quercétine, kampferol) donnent leur couleur aux Oignons jaunes et bruns, ils sont surtout présents dans les écailles sèches. C'est à leur absence que les Oignons blancs – et les Échalotes de Louisiane – doivent leur sensibilité à *Colletotrichum circinans* (WALKER, 1921 ; LINK *et al.*, 1929, 1933).

Les **anthocyanes,** qui peuvent être présentes aussi dans les écailles charnues chez *Allium cepa* donnent leur coloration aux oignons rouges. La couleur cuivrée des Échalotes de Jersey dénote la présence de flavonoïdes et d'anthocyanes à la fois.

Chez l'Ail, la chair du caïeu est toujours incolore, mais sa tunique coriace et les tuniques externes du bulbe peuvent être colorées par des anthocyanes en rose, mauve, rouge vineux ou violacé.

Pour l'ensemble des *Allium* l'aglycone anthocyanique le plus fréquent serait le **cyanidol,** associé à divers mono- ou diglucosides.

Chez certains oignons, l'aglycone **péonidol** serait présent, avec une coloration plus pourpre. Il resterait à savoir, chez l'Ail, si les différences de teinte rose/mauve ou rouge vineux/violet sont liées à une semblable différence des aglycones, ou à des modifications plus subtiles de la structure des anthocyanes.

Les saponosides, ou « **saponines** » sont des hétérosides associés à un noyau stéroïdique. Signalés chez l'Oignon par LUTOMSKY (1983), ils ont été étudiés chez l'Ail par S. AUBERT (1988).

A l'état natif un glucoside comportant une aglycone stéroïdique à noyau ouvert de type « furostamol » serait présent.

Après dégradation naturelle et/ou en cours d'extraction, la fermeture du cycle F en structure « spirostanol » conduirait à des dérivés de la diosgénine ou tigogénine (fig. 34).

Ces composés s'accumulent plus particulièrement dans les germes (2 à 3 % de la matière sèche). La chair du caïeu est 2 à 3 fois moins riche.

Les saponines sont douées de propriétés tensioactives. Elles ont été signalées chez d'autres plantes comme fongistatiques.

Du point de vue médical elles agissent très probablement en synergie avec les composés soufrés sur la tension artérielle et la viscosité du sang. Du point de vue culinaire, il est probable que leur action émulsifiante intervient dans la préparation de l'**aïoli.**

On doit enfin signaler un hétéroside de composition très complexe décrit au Japon par KOMINATO sous le nom de « **scordinine** », dont la molécule extraite de l'Ail comporte au moins 7 éléments constitutifs (fig. 35) :

- acide fructuronique
- allylmercaptan
- acide glutamique
- thiocornines   } composés aminés rares
- thiamamidine
- créatine-phosphate
- adénosine diphosphate (nucléotide).

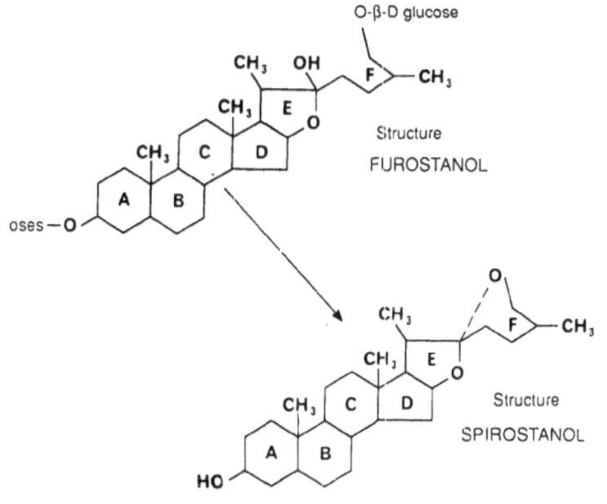

Figure 34. – Saponines.

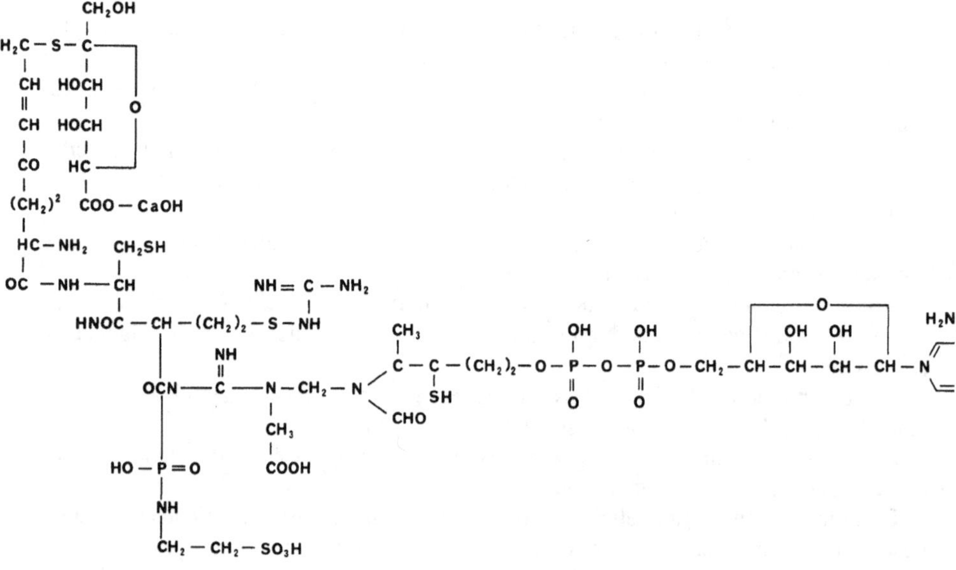

Figure 35. – La scordinine (KOMINATO).

Cette substance, présente dans l'Ail à faible concentration, se voit attribuer d'importantes facultés pharmacologiques :
– stimulation de la croissance et de la force musculaire,
– action anticholestérolémiante,
– action anticoagulante (diminue l'aggrégation des plaquettes sanguines).

3. **Les lipides**

Leur part dans la matière sèche des bulbes est très faible. STOIANOVA *et al.* (1980), en plus des triglycérides et phospholipides courants, signalent des stérols (v. paragr. précédent) mais aussi, dans le cas de l'ail, des hydrocarbures de type « cire », présents non seulement à la surface, mais aussi à l'intérieur des caïeux (0,17 %).

4. **Les protides et les précurseurs des substances aromatiques**

Les « protéines de structure » et les protéines-enzymes sont sans aucun doute présentes dans les cellules des bulbes, mais sont cependant minoritaires par rapport à deux autres catégories de substances dérivant des acides aminés : **peptides** jouant chez les *Allium* le rôle de substances azotées de réserve, et **cystéines-sulfoxydes** constituant les précurseurs des substances à la fois aromatiques et antibiotiques émises par les cellules d'*Allium* à la suite de blessures ou d'agressions.

Les peptides de réserve

A côté de traces d'acides aminés libres, comme la leucine et la méthionine, la plus grande partie des substances azotées de réserve des bulbes d'*Allium* est constituée de glutamyl di- ou tripeptides. Parmi ceux-ci la littérature cite, par exemple, les :

– glutamylphénylalanine,
– glutamylméthylcystéine,
– glutamylcarboxyméthylcystéinylglycine.

Les précurseurs de substances aromatiques et antibiotiques, et leurs transformations

En faible quantité lorsqu'ils sont intacts, beaucoup plus abondamment quand ils sont agressés ou broyés, les tissus de tous les organes des *Allium* émettent des substances volatiles responsables à la fois des propriétés aromatiques et antibiotiques de ces végétaux (BLOCK, 1985).

Ces substances dérivent de **précurseurs,** moins volatils et moins actifs, qui sont des acides aminés dérivés de la **cystéine,** par addition d'un radical méthyl, propyl, propényl, ou allyl, et acquisition d'un atome d'oxygène par celui de soufre de la cystéine (fonction désignée comme sulfoxyde, ou thialoxyde). LANCASTER et BOLAND (*in* RABINOWITCH & BREWSTER, 1990) en distinguent 4 comme les plus importants :

$$
\begin{array}{lll}
& & \overset{\displaystyle O}{\overset{\displaystyle |}{}} \\
\text{I} & CH_3\!-\!S\!-\!CH_2\!-\!CHNH_2\!-\!COOH & \text{S-méthylcystéinesulfoxyde} \\[4pt]
& & \overset{\displaystyle O}{\overset{\displaystyle |}{}} \\
\text{II} & CH_3\!-\!CH_2\!-\!CH_2\!-\!S\!-\!CH_2\!-\!CHNH_2\!-\!COOH & \text{S-propylcystéinesulfoxyde} \\[4pt]
& & \overset{\displaystyle O}{\overset{\displaystyle |}{}} \\
\text{III} & CH_3\!-\!CH\!=\!CH\!-\!S\!-\!CH_2\!-\!CHNH_2\!-\!COOH & \text{S-propénylcystéinesulfoxyde} \\[4pt]
& & \overset{\displaystyle O}{\overset{\displaystyle |}{}} \\
\text{IV} & CH_2\!=\!CH\!-\!CH_2\!-\!S\!-\!CH_2\!-\!CHNH_2\!-\!COOH & \text{S-allylcystéinesulfoxyde ou alliine}
\end{array}
$$

Les diverses espèces et variétés d'*Allium* cultivées ou sauvages contiennent des proportions variées de ces précurseurs. Le tableau 14 (d'après LANCASTER et BOLAND l. c.) nous donne les caractéristiques des principales espèces cultivées. Les mêmes auteurs mentionnent aussi plusieurs espèces sauvages, parmi lesquelles nous citerons *Allium vineale,* commun en France.

Mais les « Échalotes » examinées par LANCASTER et BOLAND ne sont peut-être pas l'équivalent de nos échalotes européennes, parmi lesquelles l'Échalote grise semble au contraire particulièrement riche en précurseur « propényl » (tabl. 35-chap. 9).

Tableau 14. Proportions relatives des 4 cystéine-sulfoxydes chez les *Allium*
(d'après LANCASTER et BOLAND, 1990).

Espèce botanique d'*Allium*	Nom commun	I méthyl	II propyl	III propényl	IV allyl
cepa	Oignon	+	++	+++	0
"	Échalote	++	++	+	0
fistulosum	Ciboule	++	++	+	0
schœnoprasum	Ciboulette	+	+	++	0
chinense	Rak'kyo	++	+	++	0
porrum	Poireau	++	++	+	0
(Hexaploïde cultivé)	Ail-Éléphant	++	+	0	+++
sativum	Ail	++	+	0	+++
tuberosum	Ciboulette chinoise	++	+	+	+++
vineale	Ail des vignes	+++	++	+	+++

On voit se dessiner 3 groupes : les espèces cultivées à feuilles creuses, plus le Poireau, dépourvues du précurseur « allyl » – L'Ail et l'Ail-éléphant pourvus du précurseur « allyl », dépourvus du « propényl » – la Ciboulette chinoise, et quelques espèces sauvages, pourvues des 4 précurseurs.

Plus récemment, BOSCHER et AUGÉ (1990), s'intéressant, il est vrai, plus à la composition des feuilles qu'à celle des bulbes, confirment la présence des 4 précurseurs en mélange chez *Allium vineale,* et signalent la présence du composé « méthyl » chez toutes les espèces.

Pour les trois principales espèces cultivées, ces auteurs proposent une situation plus simple que celle décrite par LANCASTER et BOLAND (l.c.), c'est-à-dire une prédominance quasi-totale
- du précurseur **propyl** chez le Poireau,
- du précurseur **propényl** chez l'Oignon,
- du précurseur **allyl** chez l'Ail,

et considèrent qu'*A. polyanthum* est allé un peu moins loin dans l'évolution « tout propyl » que le Poireau cultivé, puisqu'il contient un peu de précurseur « allyl ». Par contre *A. ampeloprasum* var. *bulbilliferum* montre une nette prédominance du précurseur « allyl », quoique moins totale que chez l'Ail.

J. BOSCHER (comm. pers.) pense que ces résultats très tranchés sont dus à la méthode de chromatographie en phase gazeuse directe des substances volatiles émises par les tissus broyés qu'elle utilise, et met en doute les résultats antérieurs obtenus après extraction chimique, qui peut donner lieu à des transformations propényl → propyl. La composition des bulbes est peut-être cependant différente de celle des feuilles ? Nous tentons, dans notre figure 36, un compromis entre les conclusions de LANCASTER et BOLAND, DEMBELE et DUBOIS (chap. 9) et BOSCHER et AUGÉ.

Le **principe lacrymatoire** (dérivé de III, chez l'Oignon), l'**allicine** (dérivée de IV, ou « **alliine** ») sont les substances les plus actives du point de vue antibiotique parmi celles qui dérivent des 4 précurseurs cités ci-dessus.

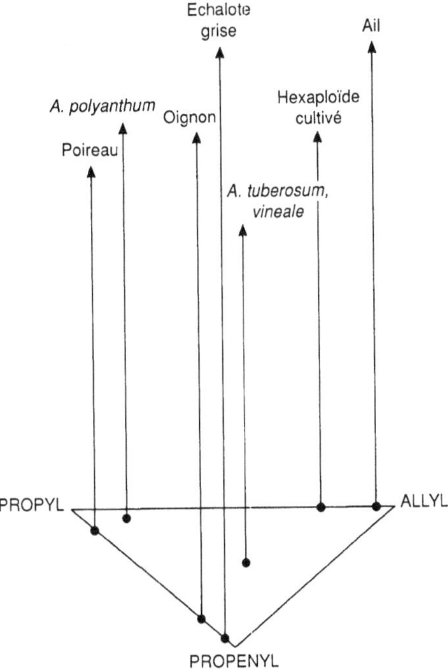

Figure 36. – Graphique exprimant de façon schématique la répartition des substances aromatiques chez quelques *Allium* (le dérivé « méthyl » est présent chez toutes les espèces).

Figure 37. – Formation de l'allicine à partir du précurseur « allyl » chez l'Ail.

Les précurseurs III et IV sont présents dans les cellules intactes d'Oignon et d'Ail. **L'alliinase,** enzyme capable de susciter l'apparition du principe lacrymatoire et de l'allicine à partir de leurs précurseurs est elle aussi présente dans les cellules, mais supposée contenue dans un autre « compartiment cellulaire ». Mis en présence, l'enzyme et le substrat réagissent chez l'Ail et chez l'Oignon suivant les figures 37 et 38.

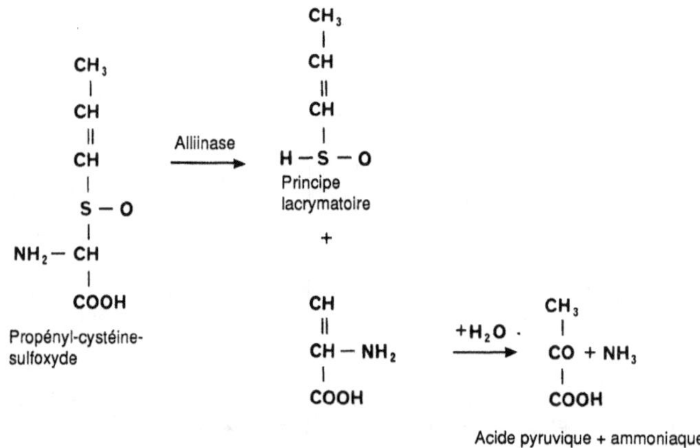

Figure 38. – Formation du principe lacrymatoire à partir du précurseur « propényl » chez l'Oignon et l'Échalote.

L'acide pyruvique engendré dans les deux réactions peut être dosé pour en déduire une estimation du pouvoir aromatique global de tissus de bulbes d'Ail, d'Oignon ou d'Échalote. A 131g de précurseur correspondent 88g d'acide pyruvique. D'après les résultats de SWIMMER et WESTON (1961) et DEMBELE et DUBOIS (1973), on peut estimer les teneurs en précurseurs à 0,15 % pour un Oignon à 14 % de matière sèche, 0,35 % pour une Échalote grise à 30 % de matière sèche, et 0,6 à 0,8 % chez l'Ail – ce qui correspond à des teneurs comprises entre 1 et 2 % par rapport à la matière sèche.

Mais cette voie majeure de réaction n'est pas la seule. Les deux précurseurs, surtout en conditions alcalines, peuvent se cycliser pour donner la **cycloalliine,** inactive (fig. 39).

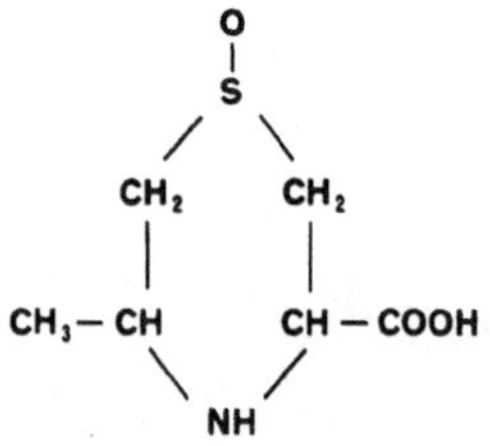

Figure 39. – La cycloalliine.

Le principe lacrymatoire et l'allicine sont normalement produits à des températures de l'ordre de 0° à 20 °C. Les précurseurs ne peuvent être extraits qu'à des températures inférieures à 0 °C, dans l'alcool.

Le principe lacrymatoire est instable, l'allicine un peu moins, puisqu'après extraction à l'eau elle présente une « demi-vie » d'environ 100 h à 20 °C, et peut se conserver en forte proportion dans des poudres d'ail préparées par lyophilisation.

Par perte de la fonction sulfoxyde, les deux substances se transforment en divers sulfures ou disulfures d'allyle ou de propényle (exemple : fig. 40).

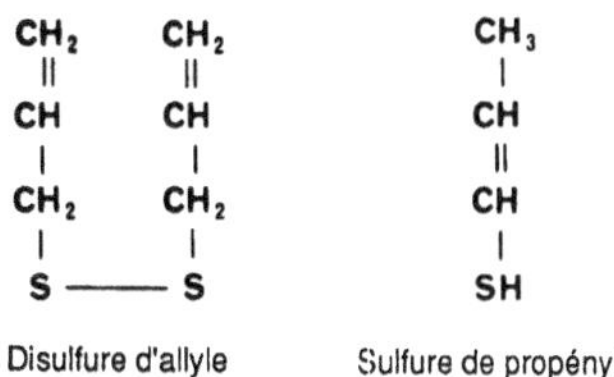

Figure 40. – Produits de dégradation du principe lacrymatoire et de l'allicine.

C'est à ce type de sulfures que conduisent les extractions à chaud, par distillation – ou le processus culinaire : c'est à la différence sulfoxyde-sulfure qu'est due la **différence de goût** entre l'Oignon ou l'Ail **crus** ou **cuits.**

Les activités « biocides » des composés à fonction sulfoxyde sont multiples : bactéricides, fongicides, vermicides, insecticides.

La production de l'allicine et du principe lacrymatoire, leur dégradation en sulfures ne sont pas les seuls avatars auxquels soient sujets les précurseurs de type III et IV.

Bien qu'il s'agisse d'un processus postérieur à l'extraction, on doit signaler l'importance qu'attribue BLOCK (1985) à la transformation de trois molécules d'allicine en deux molécules d'**ajoène,** dont la formule est la suivante (fig. 41) :

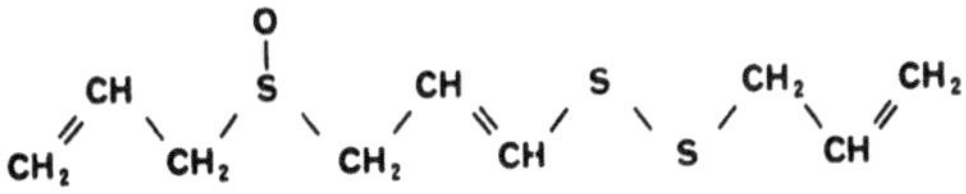

Figure 41. – L'ajoène.

L'ajoène, qui apparaît en particulier quand on chauffe l'allicine dans un mélange d'eau et d'acétone serait, d'après BLOCK, l'agent anticoagulant des extraits d'Ail (mais attention : KOMINATO attribue cette action à la scordinine... v. ci-dessus). Deux autres molécules isomères, elles aussi dérivées de l'allicine auraient, d'après BLOCK, une action également anticoagulante, ce sont les « **vinyldithiines** » 1.2 et 1.3 (fig. 42) :

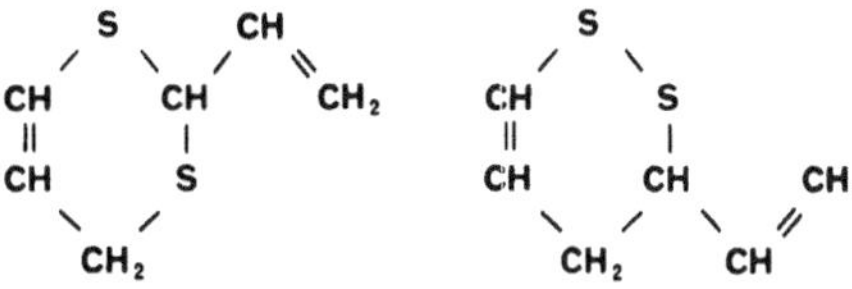

Vinyl 2 - dithiine 1.3.   Vinyl 3 - dithiine 1.2.

Figure 42. – Les vinyldithiines.

Des méthodes biologiques très simples peuvent mettre en évidence les teneurs des diverses espèces et variétés d'*Allium* en principes antibiotiques. Nous mentionnerons quelques résultats obtenus dans les années 60, à la Station de Pathologie végétale de l'INRA-Montfavet par deux méthodes. L'extrait frais de bulbes* est, soit incorporé directement au milieu de culture des organismes-tests, soit appliqué dans des « puits » au centre de la boîte de Pétri pour obtenir des zones d'inhibition.

Le tableau 15 concerne la croissance de *Fusarium roseum* var. *culmorum* sur milieu additionné d'extraits de bulbes et le tableau 16 concerne l'obtention de zones d'inhibition.

Tableau 15. *F. roseum* var. *culmorum* – croissance en mm/jour

Espèce	Variété	Dose d'extrait de bulbes ou caïeux			
		1 %	2 %	5 %	10 %
Allium cepa var. *aggregatum*	Échalote grise Éch. Jersey longue	– –	– –	7,75 6,90	7,71 6,50
Allium porrum *A. polyanthum*	Poireau bulbeux (spontané)	5,12* 5,58*	4,52* 3,71*	4,25* 3,90*	4,41* ?**
Allium sativum	Blanc de la Drôme Fructidor	6,71 6,48	6,41 5,31	3,79 3,50	0,0 0,0
Témoin sans extrait de bulbe : 8,34					

*   Nombreuses contaminations bactériennes.
**   Contaminations bactériennes rendant la notation impossible.

Les deux modes d'expérimentation font apparaître la faiblesse de l'action bactéricide de l'extrait de caïeux d'*Allium porrum* (poireau bulbeux). *A. polyanthum* se comporte mieux vis-à-vis de *Bacillus subtilis,* mais non vis-à-vis des contaminations bactériennes spontanées.

Ce sont au contraire les extraits d'Ail *(Allium sativum)* et ceux obtenus à partir de l'hexaploïde cultivé qui montrent les pouvoirs bactéricide et fongicide les plus élevés.

Parmi les *Allium* à feuilles cylindriques, l'Échalote grise ne se distingue pas particulièrement des « Jersey ». Par contre, c'est la « Ciboule vivace de la Drôme » qui montre le pouvoir antibiotique le plus élevé.

Un autre essai, avec extraction par broyage dans des tampons à divers pH met en évidence une plus grande stabilité des principes antibiotiques d'*Allium sativum* et de l'hexaploïde cultivé, à pH élevé, comparés à ceux des *Allium* à feuilles cylindriques (tabl. 17), et révèle mieux l'activité antibactérienne des extraits d'Échalote grise.

---

* Bulbes ou caïeux pelés, passés au mixer dans l'eau stérile, filtrage sur étamine, incorporé à raison de 10 ml d'extrait à 10 ml de gélose nutritive tiède en boîte de Pétri, ou appliqué à raison de 0,2 ml dans des « puits » au centre de la boîte de Pétri de gélose-nutritive.

D'une façon générale, les inhibitions ou réductions de croissance plus faibles obtenues avec les *Allium* à feuilles cylindriques ne doivent pas faire conclure forcément à une plus forte activité antibiotique pour l'allicine que pour le principe lacrymatoire, mais peut-être seulement à une plus grande stabilité.

Tableau 16. Zones d'inhibition (en mm) autour de 0,05 ml d'extrait

Espèce	Variété	*Bacillus subtilis*	*F. culmorum*	*Colletotrichum graminicola*
Allium cepa var. *aggregatum*	Éch. ronde bretonne	5,16	8,30	7,50
	Éch. Jersey longue	4,97	8,40	11,70
	Éch. grise	4,53	5,60	7,70
	Ciboule vivace Drôme	–	10,70	13,00
Allium porrum	Poireau bulbeux	1,81	9,30	10,00
Allium polyanthum	(spontané)	4,00	5,30	4,00
Allium sativum	Blanc de la Drôme	12,70	23,90	19,70
	Fructidor	13,63	27,10	20,30
(Hexaploïde cultivé)		7,90	19,20	17,60

Tableau 17. Extraits de bulbes ou de caïeux – Zones d'inhibition à différents pH

Espèce	Variété	*Fusarium culmorum* pH			*Bacillus subtilis* pH		
		4	6	8	4	6	8
Allium cepa	Oignon jaune du commerce	–	–	–	4,5	4,2	3,2
	Éch. Jersey longue	10,3	6,9	4,3	6,2	5,0	4,7
	Éch. grise	–	–	–	8,0	6,0	5,7
A. polyanthum	(spontané)	–	–	–	5,5	4,0	5,5
(Hexaploïde cultivé)		17,8	15,4	14,2	9,2	8,6	8,2
A. sativum	Blanc de la Drôme	18,7	18,1	18,6	11,2	10,7	10,0
	Fructidor	22,9	19,2	18,4	13,0	13,0	12,2

Références bibliographiques

AUBERT S., 1988. *Les saponosides des* Allium. Poster exposé au Congrès International des Bulbes, Clermont-Ferrand, juin 1988.

BLOCK E., 1985. La chimie de l'Ail et de l'Oignon. *Pour sci.,* 91, 66-72.

BOSCHER J., AUGÉ J., 1991. *Qualitative and quantitative variations of secondary sulfur volatiles in some wild and cultivated* Allium. Abstracts Symposium Genus *Allium,* Gatersleben,' June 1991, 15.

DARBYSHIRE B., STEER B. T., 1990. *Carbohydrate biochemistry.* In R & B, 1990, III, 1, 1-17.

DEMBELE S., DUBOIS P., 1973. Composition des essences d'Échalotes (*Allium cepa* var. *aggregatum*). *Ann. Technol. Agric.,* 22 (2), 121-129.

FENWICK G. R., HANLEY A. B., 1990. *Chemical composition.* In R & B, 1990, III, 2, 17-32.

KOMINATO, 1969. Studies on a biological active component in Garlic. II. Chemical studies of scordinin A_1. *Chem. Pharm. Bull. Japan,* 17 (11), 2198-2200.

LANCASTER J. E., BOLAND M. L., 1990. *Flavor biochemistry.* In R & B, 1990, III, 3, 33-72.

LINK K. P., ANGELL H. R., WALKER J. C., 1929. The relation of protocatechunic acid from pigmented onion scales and its signification in relation to resistance. *J. biol. Chem.,* 96, 369-375.

LINK K. P., ANGELL H. R., WALKER J. C., 1933. The isolation of catechol from pigmented onion scales and its signification in relation to disease resistance. *J. biol. Chem.,* 100, 379-383.

LUTOMSKY J., 1983. *Inhalts und Wirkstoffe der* Allium *arten.* 1ste *Allium* Konferenz. Freizing, 19-23 Juli 1983, 164-187.

STOIANOVA I. B., TZUTZULOVA A., CAPUTTO R., 1980. On the hydrocarbon and sterol composition in the scales and fleshy part of *Allium sativum. Rivista italiana EPPOS,* LXII, n° 7, 373-376.

SCHWIMMER S., WESTON W. J., 1961. Enzymatic development of pyruvic acid in Onion as a measure of pungency. *J. agric. Food. Chem.,* 9 (4), 301-304.

WALKER J. C., 1921. Onion smudge. *J. agric. Res.,* 20, 685-721.

VI
MALADIES ET ENNEMIS DES *ALLIUM*

1. Originalité des parasites des *Allium*

Nous avons achevé le chapitre précédent par la description des substances biocides libérées par les *Allium* à la moindre agression.

Malgré leur présence, ces plantes paient, comme bien d'autres végétaux, un lourd tribut aux maladies parasitaires et aux insectes.

Plusieurs solutions ont été sans doute trouvées par ces parasites et ravageurs pour ne pas être inhibés dans leur développement aux dépens des *Allium* par ces substances biocides :

— exploiter les cellules sans pour cela mélanger le contenu de leurs compartiments, donc sans mettre en présence l'alliinase et les précurseurs des substances biocides. C'est la solution probablement retenue par les parasites « biotrophes », comme les Rouilles ou le Mildiou de l'Oignon. Peut être est-ce aussi le cas du nématode endoparasite *Ditylenchus dipsaci,* dont on voit les individus mourir en se convulsant brusquement, par libération d'allicine, lorsqu'on dilacère les tissus envahis (observation due à R. LAFON) ;

— développer des résistances vis-à-vis des biocides, au même titre que des champignons deviennent résistants aux fongicides ou les insectes aux insecticides fournis par la synthèse chimique industrielle.

Le tableau 18 compare des espèces ou souches fongiques parasites des *Allium* avec des champignons voisins isolés d'autres plantes, sur milieux additionnés de diverses concentrations d'extrait d'Ail.

Ce tableau incite à penser que la spécificité « *Allium* » des souches de *Fusarium roseum* var. *culmorum* virulentes sur Poireau, ou celle de *Sclerotium cepivorum* doivent beaucoup à leur résistance aux biocides des *Allium*. Par contre, il faudra sans doute chercher ailleurs la spécificité des *Botrytis* parasites des *Allium* puisque leur homologue polyphage *B. cinerea* est lui-même très tolérant à l'allicine.

De façon encore plus étonnante les biocides des *Allium* sont devenus des stimulants ou des attractifs pour certains de leurs parasites ou ravageurs : c'est le cas de *Sclerotium cepivorum* ou d'*Acrolepiopsis assectella* (v. ci-après).

Tableau 18. Croissances fongiques sur milieu additionné d'extrait d'Ail

Espèces ou souches fongiques	Croissance en mm/jour à 18 °C sur extrait d'Ail			
	témoin	à 1 %	à 2 %	à 5 %
Fusarium roseum var. *culmorum** moy. de 5 souches isolées de Poireau	4,7	3,7	2,9	2,3
Fusarium roseum var. *culmorum* moy. de 5 souches isolées de céréales	5,1	2,6	1,0	0,1
Sclerotinia sclerotiorum	11,8		0,0	0,0
Sclerotinia minor	8,3		2,0	0,0
*Sclerotium cepivorum**	5,7		6,7	6,6
Botrytis cinerea	6,3		6,1	5,3
*Botrytis allii**	8,1		6,8	6,4
*Botrytis squamosa**	10,5		8,6	7,3
*Botrytis porri**	9,2		7,6	6,6

* Pathogènes sur *Allium*.

2. Avantages et inconvénients de la multiplication végétative

Chez les *Allium* reproduits par graine, le stade « plantule » est sujet à un certain nombre d'attaques parasitaires :

– **fontes de semis** provoquées soit par des champignons peu spécifiques, soit par *Botrytis allii* ;

– **charbon,** provoqué chez l'Oignon et le Poireau par *Urocystis cepulae,* à la pénétration duquel les plantules ne sont sensibles que jusqu'au stade « 2 feuilles » (les symptômes pouvant n'apparaître que beaucoup plus tard).

La **multiplication** végétative nous épargnera ces ennuis. Par contre, elle favorisera la transmission par les bulbes ou caïeux de semence de champignons et nématodes parmi lesquels les plus redoutables sont *Sclerotium cepivorum,* divers *Botrytis* et *Ditylenchus dipsaci,* discrètement présents dans les « plateaux » ou les écailles externes de ces organes.

De plus, la **multiplication** végétative assurera à 100 % des individus de la génération suivante la transmission de tous les virus présents dans la plante-mère.

Le bon développement d'une culture reposera donc sur l'usage de **semences saines,** aussi bien chez l'Ail que chez l'Échalote.

Cela explique la mise au point, en particulier en France, de protocoles de **sélection sanitaire.**

3. Parasites d'origine tellurique

La Pourriture blanche (*Sclerotium cepivorum*)

• Le parasite

S. cepivorum, bien qu'on ne lui connaisse pas de forme parfaite, se rattache de façon évidente aux *Sclerotinia* proprement dits, dépourvus de forme conidienne *Botrytis,* par la structure de ses petits **sclérotes** (diam. 0,5 mm), l'aspect micro et macroscopique du mycélium, et sa forme microconidienne.

C'est le champignon le plus redoutable chez les *Allium,* il est capable de détruire les racines, les « plateaux », la base des gaines foliaires, et les bulbes en voie de grossissement.

Les sclérotes se conservent dans le sol jusqu'à 5 ans, parfois plus. Un à cinq sclérotes par kilogramme de terre suffisent à provoquer de graves dégâts.

La germination des sclérotes dormants dans le sol est stimulée par le passage des racines d'*Allium,* du fait des substances volatiles (sulfoxydes et sulfures) qu'elles émettent en faible quantité, jusqu'à 1 cm de distance (COLEY-SMITH, 1969). Les températures cardinales pour l'infection des racines sont 10-**18**-24 °C.

Les attaques seront donc estivales en Europe du Nord, automnales et printanières en Provence ou en Aquitaine, et hivernales plus au sud (Egypte). En conditions tropicales, on peut rencontrer *S. cepivorum* au-dessus de 1 500 m d'altitude.

Les conditions les plus favorables à la croissance des racines : sol humide mais non gorgé d'eau, sont aussi les plus favorables au développement de la pourriture blanche.

• Description des dégâts

– **Sur l'Ail,** les dégâts apparaissent à 3 stades, en particulier sur les variétés du groupe III, plantées à l'automne dans le Midi de la France.

Aussitôt après la plantation : les premières feuilles jaunissent et deviennent molles. On observe à l'arrachage des plantes malades une pourriture du caïeu planté, les tuniques externes restées intactes présentent quelques sclérotes. A ce stade les plantes attaquées sont le plus souvent réparties au hasard.

Entre le début du renflement des bulbes et la récolte, les plantes atteintes jaunissent, souvent de façon unilatérale*. Elles deviennent flasques et sèchent prématurément. Les gaines foliaires sont recouvertes à leur base d'une croûte de sclérotes se prolongeant par un mycélium cotonneux (fig. 43 A).

A l'intérieur du bulbe on observe la progression, entre les caïeux et suivant les tuniques internes, de palmettes d'un mycélium blanc-grisâtre.

Comme pour les attaques de **Sclerotinia** sur dicotylédones les tissus des gaines foliaires et des caïeux présentent une pourriture translucide à distance par rapport au mycélium, signe de pectinolyse.

---

* Il ne s'agit cependant pas d'une trachéomycose, mais simplement d'une attaque ne concernant qu'une partie du plateau.

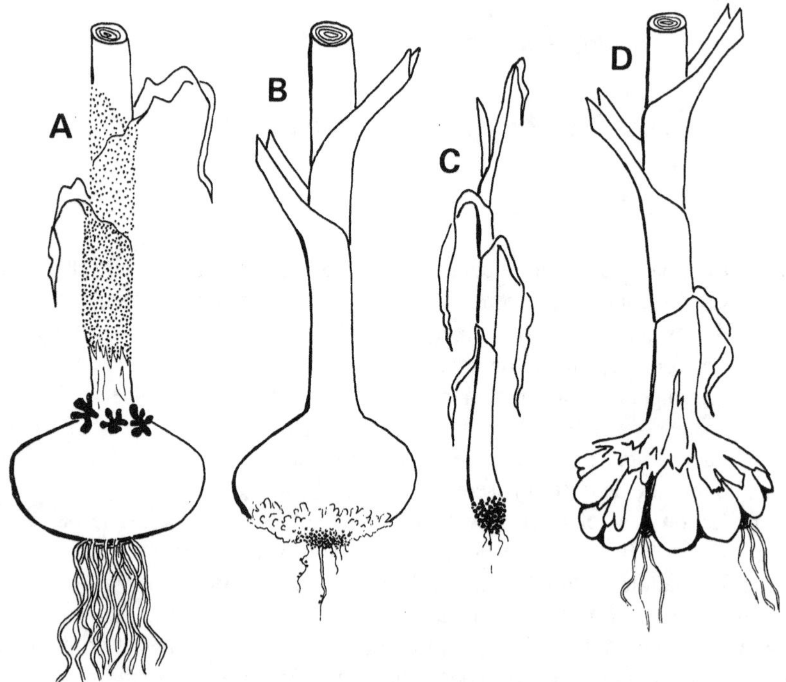

Figure 43. – Pourritures des bulbes d'ail au champ.
A - *Botrytis porri* (attaque débutant au collet, gros sclérotes contournés, le *Botrytis* fructifie les gaines foliaires).
B - Pourriture blanche (*Sclerotium cepivorum,* souches courantes ; mycélium blanc puis sclérotes à la base du bulbe).
C - Pourriture noire printanière (souches à gros sclérotes de *S. cepivorum*).
D - Maladie vermiculaire (*Ditylenchus dispaci,* éclatement du bulbe par le bas).

Ce type de dégâts apparaît souvent dans les parcelles suivant des ronds ou des zones de quelques dizaines de m^2.

En conservation, des bulbes qui n'avaient eu que quelques racines atteintes peuvent être stockés avec les bulbes sains. Les tuniques extérieures restent intactes, le mycélium progresse lentement à l'intérieur du bulbe, en attaquant les caïeux par la base avec production de sclérotes.

– Les **Échalotes de Jersey** sont plus rarement atteintes que l'Ail par la pourriture blanche. Par contre l'**Échalote grise** s'y montre extrêmement sensible. Plantée à l'automne dans le Midi de la France, elle peut être atteinte dès la germination, avec pourriture complète de la base de la jeune plante à l'intérieur de la tunique coriace, ou au printemps en cours de grossissement, avec jaunissement des plantes, pourriture de la base des bulbes, qui se disjoignent. Les dégâts peuvent se poursuivre en cours de conservation.

• Origine de l'inoculum

Les sclérotes présents dans le sol peuvent avoir pour origine les racines des plantes malades des cultures précédentes, mais aussi être amenés par les eaux de ruissellement ou les pratiques culturales (fumiers ou composts n'ayant pas suffisamment chauffé).

Chez l'Ail et l'Échalote, des contaminations discrètes des bulbes ou caïeux de semence peuvent être à l'origine des dégâts automnaux, et entraîner la contamination de parcelles jusque-là indemnes.

Certains faits restent inexpliqués : pourquoi, par exemple, voit-on apparaître des contaminations de *S. cepivorum* à l'emplacement de vieux arbres éliminés lors des remembrements* ?

• Méthodes de lutte

On adoptera des mesures préventives, en y ajoutant éventuellement l'usage de fongicides.

– **Rotations.** Bien que la survie des sclérotes puisse être plus longue, une rotation de 5 ans excluant pendant 4 ans tout *Allium* est préconisée. On n'observe pas d'effet particulier des autres précédents culturaux, sinon dans le cas du **glaïeul** (TICHELAAR, 1961, vérifié par VERGNIAUD dans le Vaucluse). Dans les régions, comme en France le Vaucluse, où les producteurs d'Ail peuvent aussi souscrire des contrats de multiplication de bulbes de glaïeul, on constate que cette culture fait régresser la contamination des terrains par *S. cepivorum*. Les racines de glaïeul induisent la germination des sclérotes, mais sans permettre le développement ultérieur du mycélium.

– **Usage de semences saines :** l'usage de semences certifiées, ou d'un lot issu d'une parcelle où l'on aura vérifié *de visu* l'absence de maladie est indispensable, surtout pour les exploitations où la maladie ne s'est pas encore manifestée.

– **Lutte chimique :** elle peut être envisagée, chez l'Échalote grise ou chez l'Ail par **enrobage fongicide** des caïeux de semences (cette méthode est décevante chez les Échalotes de Jersey, dont les tuniques externes se détachent facilement une à une, faisant disparaître l'effet du traitement).

On appliquera les produits par **poudrage humide,** dans des appareils opérant un brassage sans brutalité (bidon, tonneau excentré, bétonnière...). On ajoutera, après un premier brassage à sec avec la poudre fongicide mouillable, autant de ml d'eau par kg de semences que de grammes de poudre, on brassera à nouveau.

Les produits seront utilisés, en matière active, à des doses de l'ordre de 5 g/kg de semence pour le quintozène, 1,5 g pour les produits plus récents.

Après ce traitement des bulbes ou caïeux, on les fera sécher en couche mince, on plantera le lendemain ou le surlendemain.

Si l'on veut conserver plus longtemps des bulbes ou caïeux traités, on peut remplacer, dans le mode d'emploi ci-dessus, l'eau par du **plastifiant** pour papiers peints (méthode imaginée par J. MARROU, comm. pers.).

L'usage des produits pour ces traitements de semences a suivi la même évolution que dans le cas des pulvérisations sur laitues et scaroles pour lutter contre *Sclerotinia minor* :

– dans les années 60 : **quintozène****, puis **dicloran ;**

---

* Observation due à R. ROUX.
** ou « PCNB » (pentachloronitrobenzène). Le « TCNB » (tétrachloronitrobenzène) n'a jamais été commercialisé à grande échelle en France.

– **bénomyl** à partir de 1970, avec des résultats tout d'abord remarquables, en particulier en durée d'activité jusqu'au printemps, puis échecs de plus en plus fréquents ;

– dicarboximides dans les années 80, avec de très bons résultats de l'**iprodione** et de la **vinchlozoline,** suivis de baisse d'activité. La figure 44 résume cette évolution sur une parcelle suivie en monoculture d'Ail par l'INRA-Bordeaux.

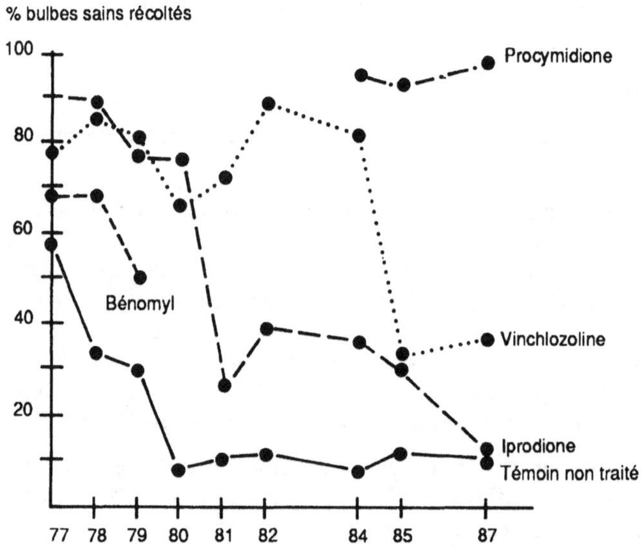

Figure 44. – Évolution des dégâts de *Sclerotium cepivorum* dans une parcelle conduite en monoculture d'Ail : le bénomyl a été abandonné après 1979, la procymidione introduite en 1984 (résultats INRA-Bordeaux).

Plutôt qu'à une acquisition directe de résistance aux fongicides par *S. cepivorum,* qui serait décelable *in vitro,* on doit attribuer cette évolution aux mécanismes suivants :

– le bénomyl est fongistatique plutôt que fongicide, il est par ailleurs très actif sur les *Trichoderma* dégradateurs de sclérotes : il leur assure à long terme une meilleure conservation (DAVET, 1979) ;

– l'usage répété de l'iprodione et de la vinchlozoline stimule dans le sol l'apparition de microflores aptes à les dégrader. Ces microflores semblent relativement spécifiques de chaque produit, ce qui sur laitues, pour *S. minor,* conduit à préconiser leur alternance (MICHEL, 1988). Mais sur *Allium* la **procymidione** semble le produit de type « dicarboximide » le plus efficace et le plus persistant.

Sclerotium cepivorum n'est cependant pas le seul parasite d'origine tellurique sur *Allium* (v. ci-dessous). Nous préférerions à l'usage de la seule procymidione celui d'un mélange où elle serait associée à un fongicide à large spectre*.

---

* Pour la maintenance de notre collection d'*Allium* à Montpellier, nous utilisons un mélange de procymidione (pourriture blanche) et de thiabendazole (fongicide à large spectre, également actif vis-à-vis de *Ditylenchus dipsaci,* cf. tabl. 19).

– **Possibilités de lutte biologique :** *Sclerotium cepivorum* est sensible aux mêmes agents spécifiques (*Coniothyrium minitans, Sporidesmium sclerotivorum*) ou généraux (*Trichoderma* spp. *Gliocladium virens*) de destruction de sclérotes que les *Sclerotinia*.

Leur mode d'emploi et la fourniture d'inoculum par l'industrie restent cependant à mettre au point. COLEY-SMITH (1990) suggère un moyen de lutte fondé sur la biologie des sclérotes. L'application au sol de **sulfure d'allyle** (en anglais diallyl disulphide) provoque la germination de ceux-ci, qui, en l'absence de racines d'*Allium* à proximité, se décomposent dans le sol par « mycolyse » ainsi que le mycélium qui en est issu. C'est vers 10-15 °C de température du sol que la méthode est la plus efficace ; on doit éviter les mois les plus chauds de l'année pendant lesquels le produit s'évapore trop vite. Une émulsion moitié sulfure d'allyle, moitié mouillant est diluée dans un fort volume d'eau (COLEY-SMITH va jusqu'à 25 l/m², mais espère la mise au point de granulés à enfouir mécaniquement). Les doses de sulfure d'allyle efficaces sont de l'ordre de 25-50 kg/ha. Encore faudrait-il que l'industrie s'y intéresse et le fournisse à un prix acceptable.

– **Résistance variétale :** nous avons signalé ci-dessus la différence de sensibilité entre Échalotes de Jersey et Échalotes grises. Aucune variété d'Ail ne semble résistante. Des clones obtenus dans les années 60 par R. LAFON à partir de plantes de « Rose de Lautrec » ayant survécu au milieu de zones attaquées n'ont pas confirmé leur résistance en inoculation artificielle.

Le même R. LAFON avait démontré la sensibilité des *Allium vineale* et *sphaerocephalum* (section *allium* du sous-genre *Allium*) et la résistance d'*Allium paniculatum** (section *codonoprasum* de ce sous-genre), parmi les espèces sauvages les plus courantes en France.

Autres champignons à sclérotes

Beaucoup plus rarement que la pourriture blanche, on observe parfois sur l'Ail une **pourriture noire,** provoquée par une souche particulière de *Sclerotium cepivorum,* pourvue de sclérotes plus gros (1 mm) que ceux des souches communes, et ne produisant pas de mycélium blanc – aussi bien sur les plantes que sur gélose.

Cette pourriture noire intervient plus tôt au printemps que la pourriture blanche, elle transforme en un résidu noirâtre la base des plantes d'Ail en début de renflement (fig. 43 C).

Cette souche de *S. cepivorum* semble liée aux terrains infestés d'*Allium* sauvages (*A. vineale, A. sphaerocephalum*).

On ne doit pas confondre avec *S. cepivorum* un inoffensif *Sclerotinia* du sol (décrit par SNYDER, 1957) qui se borne à envahir les tuniques externes de l'Ail, symptôme analogue à celui du « Fly-speck » des pommes.

Une anthracnose sclérotique, provoquée par *Colletotrichum circinans* macule les écailles extérieures des *Allium cepa* à tuniques externes blanches. Parmi les plantes évoquées dans cet ouvrage, seules les Échalotes de Louisiane (p. 199) peuvent être atteintes.

---

* On peut remarquer que, d'après les travaux récents de BOCHER et AUGÉ (v. réf. bibl., chap. 5) cet *Allium* est pratiquement dépourvu de précurseurs de substances aromatiques et antibiotiques.

Macrophomina phaseoli peut provoquer une fine ponctuation noire (microsclérotes) sur les tuniques externes de l'Ail et de l'Échalote grise mûrissant en conditions exceptionnellement chaudes.

Sclerotium rolfsii est rarement signalé sur *Allium*. On conseille même en Israël la culture de l'Oignon pour faire régresser l'infection des sols.

Nous l'avons cependant observé sur Échalotes tropicales en Guadeloupe, sur des touffes issues de bulbes traités avec un mélange difolatan + carbendazime, dans le but d'éliminer *Aspergillus niger* : de subtils équilibres dans la microflore du sol doivent intervenir. L'addition d'un antibasidiomycète (carboxine) à ce mélange fongicide a permis de rétablir une situation normale pour la génération suivante, nous avons ensuite supprimé tout enrobage fongicide.

La maladie des racines roses due à *Pyrenochaeta terrestris*

Ce champignon, à pycnides pourvues de *setae,* n'attaque que les racines. Il les colonise d'abord superficiellement sans les tuer, en les colorant en rose. Elles se dessèchent ensuite en prenant une couleur rouge-violacé.

P. terrestris peut se perpétuer sur les racines de nombreuses plantes, en particulier sur celles de Maïs, qu'il colore de la même façon. Les températures cardinales pour l'infection sont 16-**26**-35 °C.

Il est donc peu à craindre dans les pays océaniques de l'Europe du Nord. Dans le Midi de la France il n'interviendra sur Ail et Échalote qu'en fin de maturation des bulbes (les dégâts les plus graves sont observés sur cultures estivales de Poireaux).

Par contre il prendra de l'importance soit aux « basses latitudes » (pays méditerranéens méridionaux, climats tropicaux de plaine), soit en climat continental à été chaud (ex. : au Wisconsin aux États-Unis).

La sécheresse aggravera les dégâts, ainsi que toute crise contribuant à compromettre la nutrition des racines. Par exemple, dans un essai de recontamination de clones d'Ail par l'OYDV (pratiquée mi-mars) nous avons constaté à Montpellier que la crise virale conduisait à des symptômes de « racines roses » beaucoup plus graves que sur plantes saines, ou infectées de façon chronique.

Chez l'Oignon reproduit par graines, la résistance à *P. terrestris* a été étudiée de façon approfondie aux États-Unis, en Israël et au Brésil (résistance birécessive, gènes modificateurs). *Allium fistulosum* est beaucoup moins sensible qu'*Allium cepa,* d'où son intérêt en régions chaudes, ainsi que celui des hybrides ou rétrocroisements *fistulosum × cepa* (p. 39).

Fusarioses

Nous avons fait allusion page 91 aux souches de *F. roseum* var. *culmorum* provoquant la **Fusariose basale du Poireau.** Elles n'attaquent l'Ail qu'en contamination artificielle. Par contre, les caïeux de Poireau bulbeux en cours de maturation y sont très sensibles. La pourriture des racines est d'un rouge plus franc que dans le cas de *P. terrestris ;* elle se propage à la base de la plante et aux caïeux.

La **Fusariose basale de l'Oignon** provoquée par *F. oxysporum* f. sp. *cepae* a été très étudiée aux États-Unis. Elle se caractérise par une pourriture incolore des racines suivie de l'envahissement du plateau, puis de la pourriture de la base du bulbe, avec apparition d'un mycélium blanc-rosé.

Deux cas de cette fusariose ont été observés en Europe :

– au nord de l'Italie, sur la très belle variété d'Oignon « Cipolla dorata di Parma », particulièrement sensible, et sur laquelle cette crise a entraîné un effort de sélection pour la résistance ;

– sur Échalote de Jersey demi-longue en Bretagne, où la généralisation de la thermothérapie sur bulbes avant plantation, qui élimine les *Botrytis,* a permis à cette maladie de se révéler.

Les chlamydospores de *Fusarium* sont en effet très résistantes à la chaleur et survivent facilement au passage à 44 °C. Le formol classiquement ajouté au bain ne semble pas les détruire non plus. On ajoute aujourd'hui en Bretagne des fongicides de type benzimidazole (bénomyl, carbendazime), ou mieux encore du prochloraze : c'est le fongicide moderne le plus actif vis-à-vis des *Fusarium* dont nous disposions*.

F. oxysporum f. sp. *cepae* a été récemment signalé sur Ail en Grèce. Il faudrait cependant vérifier s'il ne s'agit pas d'un envahissement par des *F. oxysporum* saprophytes de bulbes produits sur des terrains carencés (THANASSOPOULOS, 1987 et p. 109).

La « suie » des bulbes d'Ail provoquée par *Helminthosporium allii*

Ce champignon doit plutôt être considéré comme un commensal que comme un parasite. Il est très souvent présent sur les bulbes d'Ail (surtout sur les variétés à gros bulbes du groupe III) dont il noircit les tuniques extérieures à partir de la base.

Ce noircissement devient très important et difficile à éliminer au « nettoyage » manuel des bulbes, si l'on tarde trop à récolter des bulbes mûrissant en sol humide (orages de juin ou début juillet). Cela contribue à rendre délicat le choix de la date de récolte, car des bulbes récoltés trop tôt (1/3 seulement de la surface foliaire sèche) resteront blancs, mais flotteront dans leurs tuniques externes, caractère défavorable à la commercialisation, et se conserveront mal. *H. allii* peut aussi se développer sur les bulbes en début de stockage s'ils sont emmagasinés en couches trop épaisses (p. 190).

Les traitements fongicides des caïeux peuvent restreindre la survie du mycélium porté par les caïeux de semence et, éventuellement, exercer un effet jusqu'à la récolte (quintozène et, peut-être, iprodione).

Les Nématodes

Bien que certaines souches de *Meloidogyne incognita* puissent induire de petites galles sur racines d'*Allium* (Afrique, Antilles), c'est le **Nématode des tiges et des bulbes,** *Ditylenchus dipsaci,* qui constitue la plus grande menace.

---

* Dans les années 60, nous avions constaté l'efficacité des fongicides organomercuriques vis-à-vis de la fusariose des bulbes de Glaïeul, mais ils ont aujourd'hui disparu de la pharmacopée, leur usage aurait été de toutes façons exclu pour des bulbes alimentaires.

• *D. dipsaci*

Ce nématode attaque plus de 400 espèces végétales : dicotylédones, graminées, liliacées. L'espèce est subdivisée en **races** attaquant des gammes d'hôtes plus restreintes. Celle qui intéresse les *Allium* peut se perpétuer sur Avoine, Betterave, Haricot, Pois, Fève, Épinard.

Les adultes de *Ditylenchus* (fig. 45) peuvent atteindre 1 mm de longueur. *D. dipsaci* est un *endoparasite* se déplaçant activement dans les tissus végétaux : tiges, gaines foliaires.

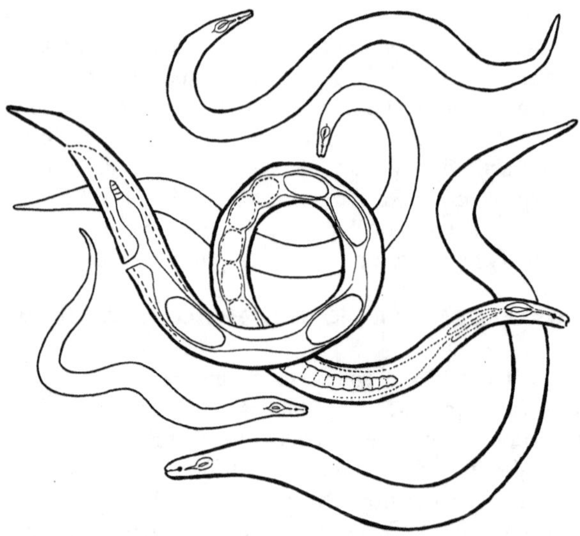

Figure 45. – Le « Nématode des tiges et des bulbes » *Ditylenchus dipsaci* : femelle adulte et individus de diverses tailles

Chez les *Allium,* il pénètre la base des gaines foliaires au point d'émergence des racines, et peut envahir les gaines de bas en haut, ainsi que le plateau.

Chez l'**Échalote,** c'est le symptôme « attaque sur gaines foliaires charnues » qui prédomine. Elles entrent en pourriture en prenant un aspect jaunâtre farineux.

Chez l'**Ail,** l'attaque se manifeste soit avant le grossissement des bulbes, avec pourriture des gaines foliaires externes puis du plateau, conduisant à la mort prématurée des plantes, soit au cours du grossissement. Elle touche alors la base des gaines foliaires externes et le plateau. Cela provoque un éclatement des bulbes par la base accompagné d'une pourriture rougeâtre (fig. 43 D). Le feuillage des plantes attaquées prend une coloration violacée (et non jaune comme pour *S. cepivorum*).

Les températures cardinales pour l'infection et le développement des dégâts sont 10-22-30 °C. Dans le sol les *Ditylenchus* ne survivent pas longtemps à 35 °C.

L'**inoculum** peut se perpétuer de 2 façons :

– larves du 4e stade quittant les tissus de l'hôte pour se conserver dans le sol où elles restent viables plus de 5 ans. Les sols argileux sont les plus favorables à leur conservation ;

– larves au même stade se conservant en état d'**anhydrobiose,** enroulées sur elles-mêmes dans les tuniques ou le plateau de bulbes ayant subi des attaques discrètes passant inaperçues à la récolte.

Dans le premier cas, les attaques apparaissent par plages ovales pouvant atteindre quelques dizaines de m², dans le second cas par foyers plus nombreux, de taille restreinte.

Chez les *Allium* reproduits par voie végétative, l'infection peut rester latente pendant plusieurs années dans un lot de semences puis se révéler de façon explosive en année favorable (printemps précoces et pluvieux, températures longtemps comprises entre 15 et 25 °C).

• Moyens de lutte contre *Ditylenchus dipsaci*

L'élimination de *D. dipsaci* suppose un certain nombre de mesures concernant le terrain et les semences.

– **Rotations :** nous avons signalé ci-dessus les précédents suspects. Par contre les précédents Blé, Orge, graminées fourragères, Pomme de terre, Tomate, Poivron, Laitue, Luzerne, Tournesol, Crucifères peuvent être conseillés. L'élimination des mauvaises herbes est elle aussi indispensable.

– La **désinfection du sol** au moyen de dichloropropène ou de metam-sodium permet d'augmenter fortement les récoltes en sol contaminé. Elle n'élimine pas cependant de façon totale la population de *Ditylenchus,* qui peuvent se remultiplier en fin de culture, et n'assure donc pas forcément la production de semences saines. On évitera les néematicides contenant du Brome, toxique pour les *Allium.*

Certains traitements insecticides du sillon, pratiqués pour l'Échalote contre la Mouche de l'Oignon peuvent avoir un effet sur les *Ditylenchus :* carbofuran, trichloronate, terbufos. Leur sensibilité aux températures supérieures à 35 °C permet de conseiller la **solarisation** pour les éliminer du sol, en conditions méditerranéennes ou tropicales.

– **Mesures concernant les semences :** pour les *Allium* reproduits par voie végétative, l'achat de **semences certifiées** (dans les pays où se pratique une sélection sanitaire) est indispensable. Les lots de semences sont, en France, suivis en analyse nématologique (tolérance zéro) de génération en génération de multiplication, et les champs de production vérifiés indemnes.

Dans le doute, on pourra appliquer la **thermothérapie à l'eau chaude.**

Les *Ditylenchus* mobiles sont tués en 2 heures à 43 °C, en une heure à 44,5 °C. Ce sont les températures que l'on choisira pour le traitement des **Échalotes** qui devra être pratiqué entre la récolte et la sortie de dormance (août à février pour le Nord de la France). On ajoute à l'eau de trempage 1 % de solution de formol du commerce (à 35-40 %). Le formol est souvent remplacé aujourd'hui par un fongicide, moins irritant pour le personnel (bénomyl, carbendazime, prochloraze) à une dose double de celle indiquée pour les bouillies à pulvériser.

Après l'opération, qui se pratique couramment dans des bacs de plusieurs m³ avec circulation d'eau et thermostat, on fait sécher les bulbes en couche mince.

La sélection sanitaire de l'Échalote ayant débuté en France plus récemment que celle de l'Ail, et l'investissement en semences à l'hectare étant très élevé, certains producteurs, dans les années 70-80, traitaient systématiquement chaque année leurs semences « fermières » avant plantation.

– Chez l'**Ail** la plupart des *Ditylenchus* sont en état d'anhydrobiose. L'époque idéale pour la thermothérapie (de peur de phytotoxicité en fin de dormance) se situe un mois après la récolte : fin juillet – début août dans le Midi de la France. On la pratique sur bulbes entiers.

Après avoir dans les années 60 déterminé les températures phytotoxiques pour les bulbes d'ail trempés dans l'eau chaude* (dans l'espoir d'éliminer l'OYDV, mais ce fut un échec...), nous avions tiré parti de ces résultats pour préconiser la méthode suivante pour la thermothérapie anti-nématodes.

On amène un volume donné d'eau à 55 °C (ex. : 100 l), on y plonge la moitié en poids de bulbes (ex. : 50 kg). La température s'abaisse en 5 mn à 50 °C, puis descend lentement jusqu'à 44 °C en une heure : on se trouve donc toujours au-dessus de la température léthale pour les *Ditylenchus* mobiles.

Mais G. Caubel nous fit remarquer que les *Ditylenchus* en anhydrobiose sont beaucoup plus résistants, et préconisa la méthode suivante, qui a remplacé celle décrite ci-dessus :

On pratique un **prétrempage** de **12 h** dans l'eau avant d'appliquer une **thermothérapie d'une heure à 48 °C** dans de l'eau additionnée de formol ou de fongicides.

Si l'on désire pratiquer la thermothérapie sur caïeux séparés avant plantation, on appliquera les mêmes normes que pour les échalotes, mais en faisant là aussi précéder la thermothérapie par un prétrempage.

On ne doit pas négliger l'effet « nématostatique » que peuvent exercer certains fongicides de la famille des « benzimidazoles » utilisés en enrobage des semences.

Le tableau 19 donne à ce sujet des résultats obtenus par G. Caubel en terrain fortement infesté de *Ditylenchus*.

– **Possibilités de lutte biologique :** le champignon nématophage *Arthrobotrys irregularis* est celui qui présente, d'après G. Caubel, le pouvoir capteur le plus important vis-à-vis de *D. dipsaci*.

Appliqué expérimentalement au sol, il réduit les populations en sol fortement contaminé, il empêche complètement l'attaque en cas de contamination légère.

---

* Essais réalisés à l'INRA - Montfavet par Melle Marcelle Clément.

Tableau 19. Résultats d'essais sur Ail rose, terrain fortement contaminé
par *Ditylenchus dipsaci*

Traitement des semences	Dose g/100 kg	% plantes atteintes	Récolte t/ha	Nématodes par plante en mai
Thiabendazole	300	28	8,55 a	6
	600	32	8,40 ab	13
Bénomyl	300	48	8,60 a	50
	600	27	8,05 bc	22
Iprodione	300	70	4,85 bc	353
	600	77	3,60 c	211

4. **Bactérioses**

Plusieurs types de pourritures bactériennes ont été signalées sur Oignon : pourriture des écailles charnues externes attribuée à *Pseudomonas cepacia* (« sour rot »), pourriture d'une ou deux écailles à l'intérieur du bulbe à *P. gladioli* var. *alliicola* (« slippery skin »).

Les Échalotes semblent moins souvent affectées par ces accidents que les gros oignons reproduits par graines.

Pseudonomas syringae pv. *porri,* parasite spécifique du Poireau en culture intensive décrit par R. SAMSON serait sans doute capable d'attaquer les formes bulbeuses d'*Allium porrum*.

Pseudomonas fluorescens bien que considéré comme saprophyte, et non agressif pour la plupart des plantes, a été reconnu capable par R. SAMSON (1984) de provoquer sur l'Ail la « **maladie café au lait** » : pourriture des gaines extérieures de la fausse-tige, souvent unilatérale, apparaissant au printemps par temps humide, de consistance visqueuse et de couleur beige.

S'étendant vers le bas, la pourriture peut colorer en marron les tuniques extérieures et les cloisons internes du bulbe, dépréciant la récolte, mais n'entraînant pas la pourriture des caïeux.

P. fluorescens peut attaquer les bulbes à lui seul, mais plus gravement encore en association avec de faibles effectifs de *Ditylenchus* colonisant les gaines extérieures (CAUBEL et SAMSON, 1984).

La thermothérapie en bain additionné de formol semble tout indiquée sur les lots de semences ayant présenté des attaques légères – bien que la transmission du « café au lait » par les semences soit assez irrégulière.

Les cultures de variétés à gros bulbes du groupe III ayant reçu des fumures azotées excessives (plus de 300 kg N/ha) semblent les plus attaquées.

(Nous reviendrons à la fin de ce chapitre sur l'association des asticots de Mouche de l'Oignon avec des bactéries pectinolytiques).

5. Maladies cryptogamiques des feuilles et des gaines, pouvant éventuellement contaminer les bulbes

Les Mildious

On rencontre sur *Allium* deux mildious différents, l'un qui attaque les *Allium cepa* : *Peronospora destructor,* et l'autre, *Phytophthora porri,* qui attaque surtout le Poireau, et occasionnellement l'Oignon en Hollande. Il provoque l'apparition de plages blanches (bourrées d'oospores) à l'extrémité et à la marge des feuilles de Poireau. Il pourrait éventuellement attaquer les Poireaux bulbeux (l'Ail semble indemne d'attaques de Péronosporales).

Le **Mildiou de l'Oignon** et de l'**Échalote,** *Peronospora destructor* (syn. *P. schleideni*) apparaît comme un velouté mauve sur les feuilles cylindriques et éventuellement sur les hampes florales creuses de ses hôtes.

Ses températures cardinales sont 3-**11**-25 °C.

A des températures voisines de son optimum, il peut envahir des feuilles entières sans que se manifeste de nécrose.

A des températures plus élevées (ex. : 11 °C la nuit, 20 °C la journée), sa croissance devient moins rapide, les taches apparaissent ovales avec une discrète zonation, leur centre se dessèche avec une coloration beige clair, tandis qu'elles continuent à s'accroître à leur périphérie. La sporulation et l'infection ont lieu en général la nuit, à la faveur des gouttes de rosée ou de l'humidité saturée. L'incubation dure au minimum 10 jours. Quelques heures de temps sec et chaud durant la journée (> 25 °C) suffisent à tuer les conidies et arrêter une épidémie.

Les lésions desséchées se recouvrent des fructifications noir-verdâtre de *Stemphylium vesicarium,* envahisseur secondaire très régulièrement présent.

Le *Peronospora* se conserve d'une saison à l'autre de deux façons : par ses **oospores** formées dans les tissus foliaires en fin d'épidémie quand la température approche 20 °C : elles peuvent se conserver 4 à 5 ans dans le sol, ou sous forme de **mycélium dans les bulbes.** La thermothérapie proposée ci-dessus pour les nématodes éliminera ce mycélium interne.

On luttera contre le mildiou sur Échalotes :

– en cherchant à réduire le nombre des foyers primaires : rotation de 5 ans, éloignement vis-à-vis de porte-graines d'Oignon, thermothérapie des bulbes-mères ;

– et éventuellement par des traitements chimiques en végétation, répartis sur les périodes où les températures moyennes sont comprises entre 10 et 15 °C, et où les écarts de température nuit-jour sont inférieurs à 10 °C (mars-avril pluvieux dans le Midi de la France, mai-juin en Bretagne).

La qualité de la pulvérisation est une condition essentielle de réussite. La **pulvérisation pneumatique** bien employée permettra une meilleure adhérence des produits sur les feuilles.

Avec des produits non systémiques (Manèbe, Mancozèbe classiquement conseillés) les traitements seront espacés de 8 à 10 jours en période favorable à la maladie.

Les associations comportant des antimildious systémiques (ex. : cymoxanil + oxadyxil + manèbe) rendront l'efficacité plus sûre en cas de pluies répétées.

Les plantations denses, l'excès d'azote et le mauvais drainage (germination des oospores en bordure des flaques) favoriseront le mildiou.

L'Échalote grise, aussi bien que les « Jersey » sont sensibles au mildiou. Les Échalotes tropicales (au même titre que l'Oignon « Violet de Galmi ») le sont encore plus.

Aucun espoir de résistance de haut niveau n'est en vue à court terme chez *Allium cepa*. KOFOET et ZINKERNAGEL (1988) proposent d'utiliser à long terme une résistance provenant d'*Allium roylei*, en se servant d'*A. fistulosum* comme « espèce-pont ». DE VRIES *et al.* (1991) sont plus récemment arrivés à réaliser le croisement direct *A. roylei* × *A. cepa*, et ont entamé un programme de rétrocroisement (v. référence au chap. 7).

Les *Botrytis*

Les *Allium* peuvent être attaqués par divers *Botrytis*. L'espèce polyphage *B. cinerea* peut provoquer de petites taches foliaires blanches qui, le plus souvent, ne prennent pas d'extension. Quatre espèces de *Botrytis* spécialisés aux *Allium* ont été décrites, dont trois peuvent provoquer des dégâts importants, soit en végétation, soit au cours du stockage des bulbes : *B. squamosa* et *B. allii* sur les *Allium cepa*, *B. porri* sur Ail et Poireau*. Suivant les espèces, c'est l'attaque sur feuilles et gaines, ou les dégâts en conservation qui seront prédominants.

• *Botrytis squamosa*

Ce *Botrytis*, dont la forme parfaite *Botryotinia squamosa* a été décrite par VIENNOT-BOURGIN (1953), est un sérieux parasite foliaire des *Allium cepa*, échalotes comprises.

A partir de lésions initiales analogues à celles de *Botrytis cinerea* se développent des taches foliaires blanches pouvant atteindre 4 mm de diamètre, plus nombreuses à l'extrémité des feuilles, qui finissent par se dessécher. Les fructifications de *B. squamosa* sont fugaces, blanchâtres, visibles par temps humide à l'extrêmité des feuilles nécrosées.

L'infection est favorisée par les périodes humides et fraîches (pluies, rosées, températures voisines de 18 °C). L'optimum pour la germination des conidies se situe vers 14 °C, celui de la croissance mycélienne à 24 °C.

B. squamosa se perpétue par ses sclérotes, qui se forment sur les gaines foliaires mortes et les écailles extérieures des bulbes infectés. Ils germent le plus souvent par voie conidienne, parfois en produisant des apothécies.

Contrairement à *B. cinerea*, *B. squamosa* peut être combattu par une large gamme de fongicides : éthylènebisdithiocarbamates, thirame, cuivre (attention à la phytotoxicité), ainsi, bien sûr que par les benzimidazoles et dicarboximides.

---

* La quatrième espèce, *B. byssoidea*, mycélienne et sclérotique, a été décrite aux États-Unis (Wisconsin, Illinois), provoquant des dégâts sur bulbes analogues à ceux de *B. allii*. L'*European handbook of plant diseases* la donne comme synonyme de *B. porri* (?)

Sur Échalotes, les programmes de traitement en végétation doivent tenir compte de ce *Botrytis* tout autant que du mildiou.

• *Botrytis allii*

On ne connaît pas sa forme parfaite. Ce n'est pas un parasite agressif du feuillage. Il se borne en végétation à envahir les feuilles sénescentes à partir de lésions initiales analogues à celles de *B. cinerea*. Il peut surtout envahir les bulbes d'Échalotes en fin de végétation, à la suite de contaminations du col du bulbe au moment où il se ramollit – ou de sa blessure si on le sectionne à la récolte.

La pourriture débute au sommet des bulbes, et envahit les tuniques extérieures. Le velouté conidien de *B. allii* est plus compact, plus ras, et d'un gris plus clair que celui de *B. cinerea.*

A la suite du développement conidien se forment des sclérotes en forme de croûte, bombés, de 2 à 3 mm qui peuvent assurer la conservation du *Botrytis* au champ, si les déchets y retournent, ou dans les cagettes, sacs, locaux de conservation mal nettoyés. Bien entendu le mycélium et les sclérotes de *B. allii* peuvent être hébergés par les lots de semences. Des bulbes partiellement envahis peuvent germer, souvent plus rapidement que les bulbes sains, ou pourrir dès leur plantation en se recouvrant de conidies.

La **situation sanitaire des lots de semence,** en ce qui concerne les *Botrytis* peut être considérablement améliorée :
– chez les Échalotes de Jersey par la thermothérapie,
– chez l'Échalote grise par l'enrobage fongicide avant plantation (même méthode et produits que pour *Sclerotium cepivorum*).

A la récolte, l'amélioration principale dans la lutte contre *B. allii,* dans les pays où elle a lieu en conditions humides (en Bretagne, à l'imitation de ce qui se fait en Hollande pour l'Oignon) a été l'adoption du séchage à l'air chaud en silos ventilés (voir détails de la méthode page 208).

Les Échalotes grises sont encore plus sensibles à *B. allii* que les Jersey, ce qui explique leur réputation de « mauvaise conservation ». En réalité, des Échalotes grises indemnes de *Botrytis* se conservent au moins aussi bien que les variétés d'Ail du groupe III, si elles ont été récoltées dans le Midi de la France par temps ensoleillé et conservées en cagettes sans précautions particulières.

• *Botrytis porri* (fig. 43 A)

Ce *Botrytis* possède une forme parfaite : *Botryotinia porri*. Il attaque les gaines foliaires de l'Ail et du Poireau (velouté gris analogue à celui de *B. allii*). Sur Ail il provoque de plus des pourritures de bulbes débutant par le haut (à l'inverse de *S. cepivorum*) avec formation au niveau du sol de sclérotes de forme contournée, de consistance d'abord gélatineuse puis carbonacée (fig. 43 C). *B. porri* peut être transmis par les caïeux et attaquer les jeunes plantes.

Alternaria porri

L'alternariose des *Allium* attaque aussi bien les espèces à feuilles cylindriques que celles à feuilles plates. Les « Cives » antillaises, qu'elles soient *cepa* ou *fistulosum,* sont cependant beaucoup moins sensibles que le Poireau, l'Ail ou les *A. cepa* bulbeux.

Les taches sur les feuilles (ou sur les hampes florales) sont ovales, plus ou moins zonées, et se recouvrent d'un velouté de conidies d'*Alternaria*. La lésion est souvent colorée de pourpre (pigment produit par certaines souches du champignon, d'où le nom anglais de « purple blotch »). Les températures cardinales d'*A. porri* (15-**26**-34 °C) sont beaucoup plus élevées que celles du mildiou ou des *Botrytis*.

On ne l'observe guère en France que sur cultures estivales ou sur hampes florales de Poireau dans le Sud-Ouest. Au contraire, en conditions tropicales humides, *A. porri* devient le principal parasite foliaire des *Allium* bulbeux (Oignon, Échalote, Ail) et du Poireau.

A l'action favorable du climat sur le parasite s'ajoute en sol ferrallitique décalcifié une action sensibilisatrice sur la plante. On améliore au moins autant la situation en ajoutant 100 g de calcaire broyé au mètre de sillon de plantation d'Ail ou d'Échalote qu'avec des traitements fongicides (captafol, mais il est aujourd'hui prohibé, ou iprodione).

Les Rouilles (photo 16)

Les *Allium* peuvent héberger un certain nombre d'Urédinales, par exemple, d'après VIENNOT-BOURGIN (1956) : *Puccinia asparagi* (Rouille de l'Asperge), et des formes écidiennes *Caeoma* correspondant à des *Melampsora* des Saules et des Peupliers.

Les plus importantes sont des *Puccinia* et des *Uromyces* autoïques inféodés aux *Allium* : *Puccinia allii, Puccinia porri, Uromyces ambiguus*. Sur Ciboulette, *Puccinia mixta* produit en mélange des téliospores bicellulaires de type *Puccinia* et des unicellulaires de type *Uromyces*.

Les *Allium* cultivés ne sont pas forcément les plus sensibles aux Rouilles. *A. polyanthum* est beaucoup plus sensible que les Poireaux cultivés ou l'Ail. Cette situation lui est peut être utile : cultivé en collection, protégé de la Rouille par des traitements fongicides, *A. polyanthum* produit des caïeux de très gros calibre, mais qui l'année suivante donnent des plantes très virosées, n'arrivant pas à terminer leur cycle. Peut-être dans la nature la Rouille dessèche-t-elle les feuilles suffisamment tôt pour éviter les contaminations de virus ?

Sur *Allium* cultivés, les deux rouilles les plus souvent signalées sont *P. allii* et *P. porri* :

– *Puccinia allii* n'attaque en principe que les *Allium* cultivés à feuilles plates,

– *Puccinia porri* attaque feuilles plates et feuilles cylindriques, par exemple au Japon.

Une certaine confusion règne cependant. En Californie, le *Puccinia porri* signalé par SHERF et MC NAB n'attaque pas l'Oignon. A Montpellier, où domine *Puccinia allii,* la Ciboule de Brazzaville (p. 38) est fortement rouillée.

Certains *Allium fistulosum* sont donc probablement des hôtes communs pour les deux espèces, qui se distinguent en principe aisément :

– par la taille des urédospores, plus arrondies chez *P. porri* (28-45 × 18-27 µ contre 33-66 × 12-26 µ pour *P. allii*),

– et surtout par la structure des téleutosores, cloisonnés en logettes par des paraphyses chez *P. allii,* et non chez *P. porri.*

Les dégâts de **Rouille** sont souvent importants sur **Ail** dans le Midi de la France. Ils apparaissent début mai et peuvent griller le feuillage, avec des pertes de rendement de l'ordre de 25 %. L'incubation est de l'ordre de 20 jours à températures moyennes de 15-20 °C, plus longue en début de printemps, ce qui permet de placer le début de l'épidémie vers le 15 mars, époque où l'on observe les premières pustules sur *A. polyanthum.* Les années à forts dégâts comportent sans doute deux cycles de multiplication de la Rouille.

Nous préconisons donc un programme de **traitements fongicides** débutant le 10 mars et comportant 4 traitements à 15 jours d'intervalle. L'efficacité du manèbe ou du mancozèbe est généralement suffisante, sauf au cours de printemps exceptionnellement pluvieux (ex. : printemps 88 et 92 dans le Sud-Est de la France).

Certains producteurs sont arrivés dans ce cas à stopper des épidémies déjà déclarées en utilisant des fongicides type « inhibiteur de synthèse des stérols » (ex. : propiconazole), dont l'usage n'est cependant pas encore officiellement autorisé sur Ail en France.

On observe des **différences de sensibilité** entre cultivars chez l'Ail. En collection à Montpellier, certaines variétés extrême-orientales et l'ail réunionnais « Vacoa » se montrent plus attaqués que la moyenne générale.

Stemphylium vesicarium se comporte en envahisseur secondaire des pustules de Rouille, et peut les élargir par une zone blanchâtre desséchée.

Parasites foliaires divers

Nous avons cité à deux reprises *Stemphylium vesicarium* comme envahisseur secondaire. Est-il capable d'induire des taches foliaires à lui seul ? Il est bien difficile de répondre à cette question, d'autant plus que des souches d'*Alternaria porri* à conidies dépourvues de bec filiforme et légèrement verruqueuses ont pu être confondues avec des *Stemphylium...* ou avec *Heterosporium allii*, dont les conidies sont de type *Helminthosporium,* mais hérissées de petits piquants. Cette espèce a été signalée comme parasite foliaire sur tous les *Allium* cultivés (taches elliptiques grises, feutrage olivâtre).

Cercospora duddiae envahit les gaines foliaires des *Allium* en conditions tropicales : nous l'avons observé sur Ail en Guadeloupe.

Une **anthracnose foliaire** attaque l'Oignon au Brésil (*« mal de sete Voltas »*) et l'Échalote en Indonésie. Elle est provoquée par un *Colletotrichum glœosporioides* à conidies cylindriques (et non falciformes comme celles de *C. circinans,* agent de l'anthracnose des bulbes d'Oignons blancs).

6. Conservation des bulbes physiologie, champignons, acariens

L'interaction entre le pouvoir pathogène, plus ou moins spécifique des champignons envahisseurs de bulbes, et l'état physiologique de ceux-ci est importante. Par ailleurs, sur Ail, certains projets de conservation de bulbes peuvent être compromis par la présence d'un acarien invisible à l'œil nu, dont la nocivité est probablement sous-estimée, *Aceria tulipae*.

Les espèces fongiques

Outre les *Botrytis* et les bactéries mentionnés ci-dessus, les bulbes d'*Allium* peuvent être envahis par des souches de moisissures banales, mais tolérantes aux principes antibiotiques qu'ils contiennent. Les plus souvent rencontrées sont *Aspergillus niger,* et des *Penicillium* (souches tolérantes à l'allicine de *P. corymbiferum* et *P. cyclopium,* SMALLEY et HANSEN, 1962).

L'optimum thermique de l'*Aspergillus* est élevé (30 °C), il est particulièrement agressif sur Échalotes tropicales cultivées et conservées dans leur pays d'origine.

Celui des *Penicillium* est plus bas (20-25 °C), ils peuvent se développer activement sur Ail en conservation à des températures aussi basses que 5 °C.

L'inoculum de ces moisissures est d'origine très variée : sol, poussières atmosphériques, cagettes, parois des locaux, semences contaminées.

Les traitements par enrobage fongicide des bulbes ou caïeux de semence avant plantation peuvent exercer une influence sur la contamination de la récolte. Nous avons ainsi « blanchi » des lots d'Échalotes haïtiennes très attaquées par l'*Aspergillus,* avec un mélange commercial captafol + carbendazime.

C'est en pensant aux *Penicillium* que nous avons toujours conseillé d'ajouter un fongicide à large spectre au traitement des semences d'Ail (ex. : captafol, aujourd'hui interdit, captane...).

En effet l'usage répété d'un seul produit peut conduire là aussi à des déconvenues : on trouvait dans les années 70, dans le Tarn-et-Garonne, des souches de *Penicillium* résistantes non seulement à l'allicine, mais aussi à de fortes doses de bénomyl.

Une forte infestation d'un lot de semences d'Ail par les *Penicillium* peut se traduire par une **pourriture verte** de la chair du caïeu planté. Le feuillage des jeunes plantes jaunit. Elles peuvent mourir, ou survivre en accusant un retard de végétation.

On ne doit pas baptiser toute souche de ***Fusarium oxysporum*** isolée sur *Allium* « f. sp. *cepae* » sans l'avoir vérifié par inoculation. Il est très probable, en particulier sur Ail, que des *F. oxysporum* saprophytes puissent envahir les bulbes dont la résistance est affaiblie, soit au cours d'un mauvais séchage après thermothérapie, soit par suite de carences (v. ci-après).

Interaction entre conservation des bulbes et nutrition des plantes

Au début de l'installation de cultures pour production de semences certifiées dans l'Ardèche, certains lots de « Blanc de la Drôme » se sont montrés très sensibles à des pourritures combinant des *Penicillium* et des *Fusarium oxysporum,* dès le troisième mois après la récolte.

Ils provenaient de plantes ayant végété normalement, mais cultivées sur des terrains présentant des **carences en bore** et **molybdène,** révélées par leurs symptômes sur d'autres plantes : betteraves, melons.

La correction de ces carences a permis d'obtenir, les années suivantes, des bulbes se conservant normalement (observations dues à H. VENDRAN).

Physiologie des bulbes et conservation

La sortie de dormance entraîne des pertes, non seulement du fait de l'apparition des germes, préjudiciable du point de vue commercial, mais aussi, dès le début de leur croissance à l'intérieur des bulbes ou caïeux, d'une augmentation de leur sensibilité aux pourritures. L'interaction peut d'ailleurs jouer dans les deux sens : des bulbes d'Échalote grise, en réalité assez profondément dormants peuvent germer prématurément à la suite d'attaques de *Botrytis.* On peut imaginer trois hypothèses pour expliquer ces interactions :

— migration des cystéine-sulfoxydes de la chair du bulbe ou du caïeu vers le germe, ainsi que des saponosides ;

— modification des parois cellulaires, permettant la migration de substances de réserve vers le germe, les rendant plus fragiles vis-à-vis des enzymes pectiques des champignons ;

— production par ces derniers de métabolites à activité « kinétine » stimulant la croissance des germes (MIADEMA cité par CURRAH et PROCTOR, 1990).

Nous avons vu au chapitre IV que la dormance est la plus rapidement éliminée vers 7 °C chez l'Ail, vers 10-12 °C chez l'Oignon et l'Échalote grise, au-dessus de 20 °C chez les Échalotes de Jersey.

Chez l'**Ail,** des conservations de longue durée pourront donc être obtenues :

— soit au voisinage de 0 °C ou encore mieux à – 2 °C si la régulation thermique de la chambre froide est très précise, pour éviter tout risque de gel des bulbes (à – 4 °C),

— soit au-dessus de 20 °C, comme le montre l'excellente conservation de bulbes d'Ail, même de variétés peu dormantes (ex. : « Germidour ») en conditions tropicales humides : températures variant entre 20 et 31 °C, humidité comprise entre 80 et 100 %*.

Les deux solutions sont coûteuses... sauf bien sûr en conditions tropicales, où de jolis bénéfices pourraient être obtenus en important de France dès le mois d'août de beaux bulbes de « Thermidrôme », « Messidrôme » ou « Germidour » en bon état sanitaire, et en étalant leur vente sur 12 mois.

Ce coût de stockage soit au froid, soit au chaud explique les tentatives d'amélioration de la conservation par une manipulation artificielle de la physiologie des bulbes :

---

* Nous avons pu ainsi rapporter à un producteur de la Drôme une botte de bulbes qu'il nous avait confiée, un an plus tôt, après stockage dans une cuisine en Guadeloupe. Les bulbes ont pu être utilisés pour plantation, 16 mois après leur récolte.

– **pulvérisations d'hydrazide maléique** 15 jours avant récolte, beaucoup moins efficaces sur Ail que sur Oignon ou Échalotes ;

– **irradiation gamma des bulbes** (ou « ionisation », pour moins traumatiser le public !). Nous avons mentionné au chapitre IV les doses efficaces. Les résultats de conservation résumés figure 46 (MESSIAEN, PEREAU-LEROY et LEROUX, 1969) montrent bien, sur le lot artificiellement contaminé avec du *Penicillium,* l'interaction dormance-sensibilité des caïeux aux pourritures.

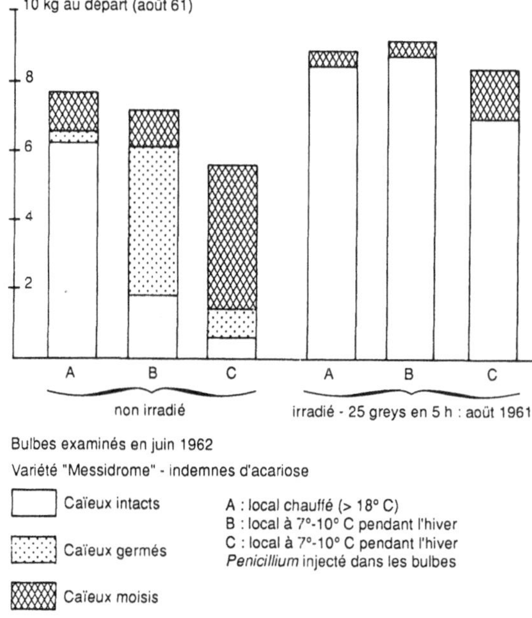

Figure 46. – Irradiation, température de stockage, *Penicillium* et conservation de l'Ail.

Une autre façon de jouer sur la physiologie des bulbes d'Ail et sur leur conservation est le **choix variétal :** on peut regretter en France la prédominance des cultivars à gros bulbes, très productifs mais peu dormants, du groupe variétal III (Thermidrôme, Messidrôme, Germidour). Cette prédominance a été renforcée du fait que c'est dans ce groupe que les premiers clones indemnes d'OYDV ont été proposés au public.

L'obtention de clones régénérés, susceptibles de forts rendements dans le groupe variétal II (ex. : Printanor, Cristo, Moulinor) et bientôt dans le groupe variétal I (clones régénérés de Rose de Lautrec ou de Morado) va sans doute permettre de renverser cette tendance.

– **Chez l'Échalote grise,** il est probable qu'on puisse donner les mêmes conseils que pour l'Ail : conservation au froid, ou au-dessus de 20 °C. La physiologie de ce cultivar est cependant encore trop mal connue pour que l'on puisse conseiller sans hésitation la conservation au chaud.

– **Chez les Échalotes de Jersey,** nous savons par contre que les températures comprises entre 20 et 30 °C sont celles qui évacuent le plus vite la dormance. On les conservera donc, soit dans des locaux non chauffés pour conservation jusqu'en mars, soit en chambre froide au voisinage de 0 °C pour stockage de plus longue durée.

L'acarien des bulbes, *Aceria tulipae*

Les indications que nous venons de donner sur la conservation des bulbes d'Ail, en particulier à des températures supérieures à 10 °C, ne sont valables que si ceux-ci sont indemnes d'acariose (LANGE et MANN, 1960).

Aceria tulipae (fig. 47) est un Ériophyidé qui se multiplie abondamment à la surface de la chair des caïeux, sous leur tunique coriace. Le caïeu devient mat et se rétracte en se détachant de la tunique dans laquelle il « flotte ». A température élevée les bulbes se dessèchent rapidement. A la loupe binoculaire, on décèle une énorme prolifération d'acariens vermiformes, blanc-jaunâtre, mobiles.

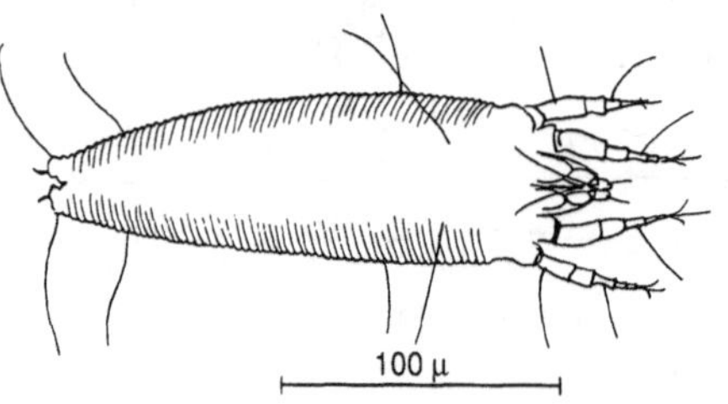

Figure 47. – *Aceria tulipae.*

Les *Aceria* peuvent être tués dans les bulbes récoltés par fumigation au bromure de méthyle (40 g/m³ pendant 10 à 20 h – traitement à réaliser sur bulbes dormants).

On peut freiner leur prolifération dans des bulbes conservés en cagettes par poudrage au **soufre.**

Avant plantation, on peut assainir des lots de semence attaqués par addition de **dicofol** (25 à 50 g de m.a./100 kg de caïeux) à l'enrobage fongicide.

Nous n'avons malheureusement pas expérimenté, comme fongicides à large spectre participant à l'enrobage des bulbes, les **éthylènebisdithiocarbamates** (manèbe, propinèbe), connus pour freiner la prolifération des Ériophyidés.

En début de végétation les plantes issues de caïeux envahis par les *Aceria* peuvent présenter sur le feuillage des déformations et des lésions jaunâtres. Mais nous ignorons comment se réalise ensuite la pénétration des acariens jusqu'aux bourgeons axillaires et sous la tunique des caïeux.

A. tulipae attaque aussi d'autres plantes à bulbes – les caïeux de Tulipe comme son nom l'indique – et les graminées, sur lesquelles il peut être vecteur de virus.

On observe des différences de sensibilité à l'acariose des bulbes suivant les cultivars d'Ail. Ceux des variétés des groupes variétaux I et II sont moins souvent attaqués que les variétés à gros bulbes du groupe III, elles-mêmes moins sensibles que les variétés du groupe IV (Europe de l'Est) ou certaines variétés extrême-orientales. Les variétés d'Ail les moins « fortes » du point de vue aromatique (les moins productrices d'allicine) sont apparemment les plus sensibles.

7. Insectes et acariens ravageurs des *Allium*

Les deux insectes les plus nuisibles aux *Allium* dans les pays tempérés sont la **Teigne du Poireau** et la **Mouche de l'Oignon,** auxquelles les Poireaux et Oignons reproduits par graines paient un lourd tribut. Heureusement, la récolte relativement précoce des deux principaux *Allium* reproduits par voie végétative, Ail, Échalote, leur permet d'échapper aux générations estivales de ces insectes, dont les effectifs sont plus élevés que ceux de la première génération au printemps. Quelques autres insectes, que nous décrirons ci-dessous, provoquent des dégâts occasionnels.

La Teigne du Poireau, *Acrolepiopsis assectella* Zeller

Cet insecte a suscité en France des travaux de recherche importants aussi bien à l'Université (V. LABEYRIE puis J. BOSCHER à Tours) qu'à l'INRA (B. RAHN à Rennes).

Ce Lépidoptère (Hyponomeutidae-Acrolepiinae) sous sa forme adulte atteint une envergure de 16 mm. Les ailes antérieures, diversement maculées suivant les populations, sont plus foncées que les postérieures. L'œuf est ovoïde (0,55 × 0,25 mm), à surface réticulée. La larve, mesurant 1,4 mm de long à l'éclosion, peut atteindre 10 mm au 5ᵉ stade, précédant la nymphose. La chrysalide mesure 7 × 1,5 mm ; elle est entourée d'un cocon lâche.

Les adultes hivernent cachés sous les écorces ou les débris végétaux, et résistent facilement au gel. Leur reprise d'activité printanière est liée à l'élévation des températures : fin avril-début mai en Hollande, début mars dans le Sud de la France. Une température diurne de 14 °C constitue le seuil de la reprise d'activité.

Le nombre annuel de générations est très variable suivant les climats, et même suivant les années dans un même lieu. A la température optimum de 27 °C le cycle complet de l'insecte (de l'œuf à l'adulte capable de se reproduire) peut ne durer que 22 jours, alors qu'il peut atteindre 138 jours à 13-14 °C. On observera donc deux ou trois générations au maximum en Russie ou en Suisse, trois en général dans le Nord de la France, et jusqu'à cinq à Bordeaux. C'est à partir de la deuxième génération, qui débutera fin juillet en Hollande, mi-juin dans le Sud de la France, que les dégâts peuvent devenir catastrophiques.

L'Ail et l'Échalote, les Oignons à récolte précoce ne souffriront donc que des dégâts de la première génération. RAHN (1988) n'observe de dégâts importants sur Oignons en Bretagne que dans le cas de variétés à maturation tardive semées au printemps.

De plus, pour une génération donnée, l'importance des attaques sera plus ou moins grande suivant l'attractivité des espèces et variétés d'*Allium* pour la Teigne.

Les stimulus olfactifs jouent en effet un grand rôle dans la vie de cet insecte. Le comportement des mâles est gouverné par une **phéromone** émise par les femelles ; un produit de synthèse, l'hexadécène « Z11H DAL » exerce une action analogue, et s'utilise pour le piégeage des mâles dans un but d'avertissement agricole (RAHN, 1981).

Les femelles (les mâles aussi d'ailleurs) sont, de plus, attirées par les substances odorantes émises par les *Allium* (sulfoxydes et sulfures : p. 83).

D'après les résultats obtenus par l'équipe de J. BOSCHER grâce à un **olfactomètre***, on peut classer divers *Allium* de la façon suivante pour leur pouvoir attractif vis-à-vis de la population de teigne qu'ils étudient :

$$\text{Poireaux reproduits par graine} \quad > \quad \text{Poireaux bulbeux, Oignon} \quad > \quad \textit{A. polyanthum} \quad > \quad \text{Ail}$$

... Ce dernier n'exerçant pratiquement aucun pouvoir attractif. Cela laisserait supposer, puisque la même équipe a mis en évidence l'attractivité du **sulfure de dipropyle** vis-à-vis de la Teigne, le classement suivant par « radicaux » pour les sulfures et sulfoxydes émis par les *Allium* :

$$\text{propyl} \quad > \quad \text{propényl} \quad > \quad \text{allyl}$$

Les larves de Teigne du Poireau provoquent des dégâts de type « mineuse ». Les galeries qu'elles pratiquent dans les feuilles à partir du point où l'œuf a été déposé** peuvent se transformer en déchirures provoquant la distorsion de la feuille en voie d'accroissement. Si la mine atteint la fausse-tige, ces distorsions deviennent très importantes. Si la larve atteint le point végétatif, la plante meurt (cas du Poireau, qui différencie difficilement des axillaires) ou voit son développement très compromis. Sur Oignon, la Teigne peut se développer au dépens des tuniques charnues du bulbe.

Dans les années 60, nous observions dans la zone Drôme-Vaucluse-Bouches-du-Rhône des **dégâts de Teigne sur Ail** (variétés du groupe III : Blanc de la Drôme, Violet de Cadours), avec distorsion de feuilles, éclatement de la fausse-tige et malformation des bulbes – qui arrivaient cependant à former quelques caïeux. Nous appuyant sur les données bibliographiques disponibles, nous avons alors préconisé l'adjonction d'un insecticide (à l'époque parathion ou diméthoate) aux quatre pulvérisations à base de manèbe ou mancozèbe conseillées contre la Rouille (15 mars-1er avril-15 avril-1er mai).

Cette pratique a entraîné la disparition de ce genre d'attaque, bien qu'aujourd'hui les producteurs utilisent de moins en moins d'insecticide. L'absence d'études scientifiques sur le sujet à l'échelle régionale laisse subsister des questions sans réponse : s'agissait-il d'une population « normale » de Teigne, alternant entre Ail et Poireau ? S'agissait-il au contraire d'une population spécialisée d'*Acrolepiopsis* ayant appris à surmonter sa répulsion pour le parfum « allyl » ? Seule une reprise des attaques et l'étude de la population de Teignes par un Laboratoire de Zoologie permettraient de répondre...

---

* Tube dans lequel circule de l'air ayant éventuellement passé sur des morceaux de feuilles d'*Allium* : les papillons remontent le courant si ces morceaux émettent des substances attractives.
** Un stimulus tactile correspondant à la microstructure de surface des feuilles de Poireau déclenche le réflexe de ponte chez la femelle (BONNET et BOSCHER, 1978).

Sur Échalotes, dans la zone de production Val-de-Loire-Bretagne, les dégâts provoqués par la première génération de Teigne sont de peu d'importance.

Les plantes susceptibles de souffrir les plus graves dégâts de Teigne, parmi celles qui nous concernent, sont les **Poireaux bulbeux.** La mauvaise conservation des caïeux conduit à les planter fin septembre-début octobre, ils peuvent alors, dans le Midi de la France être attaqués par la dernière génération d'automne et, au printemps suivant, subir des dégâts dus à la première génération, juste avant la fin du renflement des caïeux.

La Mouche de l'Oignon, *Delia antiqua** Meigen

Cet insecte fait partie des Diptères *Anthomyidae.* Les adultes éclosent au printemps à partir de pupes ayant hiverné dans le sol, la température de 10 °C constituant le seuil au-dessous duquel les adultes et les larves restent inactifs. Une température comprise entre 15 et 25 °C représente l'optimum pour l'activité et la ponte chez les adultes. Au-dessus de 30 °C la ponte est inhibée.

La première génération se situe pour la Mouche de l'Oignon 10 à 15 jours plus tard que pour la Teigne du Poireau : BRUNEL (1990) indique fin mai-début juin pour le Nord de la France, où trois générations peuvent se succéder (mai-juin, juillet-août, septembre-octobre).

Les pontes de Mouche de l'Oignon sont déposées en fin de journée à l'aisselle des feuilles les plus basses ou sur le sol au voisinage du collet des plantes. Contrairement à celles de Teigne, qui restent longtemps « sèches », les lésions des asticots de Mouche de l'Oignon dans les fausses-tiges ou à la base des bulbes entrent rapidement en pourriture sous l'action de bactéries pectinolytiques (*Erwinia, Pseudomonas* spp.). Les tissus ainsi macérés servent de nourriture aux larves.

Les *Allium* à feuilles cylindriques (*A. cepa*, *A. fistulosum*, Échalote grise) sont plus attractifs que les *Allium* à feuilles plates pour les femelles de *Delia antiqua* – et d'autant plus qu'ils sont plus aromatiques : la « Cive jaune » de Guadeloupe est plus attaquée que la « Ciboule de Brazzaville » ou le « Cebollin » cubain. Le Rak'kyo *(A. chinense)* se révèle lui aussi très attractif pour la Mouche de l'Oignon.

Sur Échalotes, qu'elles soient plantées en novembre dans le Midi de la France, ou en février-mars dans la vallée de la Loire ou en Bretagne, les dégâts sur les bulbes plantés sont très rares, sauf dans le cas de parcelles plantées à proximité d'autres parcelles où des oignons ont été très attaqués. Un traitement insecticide du sillon ou du trou de plantation ne se justifie pas de façon systématique.

En revanche, tout au moins dans le Midi de la France, on peut souvent observer des dégâts d'asticots de *Delia antiqua* à la base de bulbes d'échalotes en voie de grossissement. A ce stade, en effet, les bulbes se repoussant réciproquement, écartent la terre, et permettent l'accès des mouches à leur base.

Un traitement insecticide visant le centre des touffes, au début de grossissement des

---

* Autrefois *Hylemia antiqua.*

bulbes (parathion, diethion, chlorpyriphos, chlorfenvinfos, deltaméthrine*) permettra d'éviter ces dégâts. On tiendra compte de la persistance de l'insecticide utilisé pour éviter qu'il ne subsiste des résidus au moment de la récolte (ex. : 3 semaines pour le parathion, que nous préconisions dans le Midi de la France).

A la base des bulbes attaqués, les asticots de petite taille de *Delia antiqua* sont souvent accompagnés par des asticots beaucoup plus gros, correspondant à des *Eumerus* spp. (« Mouches des bulbes »).

Les traitements chimiques ne sont d'ailleurs pas la seule façon de lutter contre *Delia antiqua* : la lutte par stérilisation des mâles est à l'étude en Hollande, on expérimente aussi des répulsifs ou, à l'inverse, des attractifs mélangés avec un insecticide que l'on ne pulvérise que sur certaines lignes.

De façon plus immédiate, un labour profond enfouissant les pupes à plus de 30 cm réduit leur éclosion printanière. Les jardiniers amateurs pourront essayer d'associer sur la ligne ou en lignes alternées des cultures appartenant à des familles différentes et émettant des substances aromatiques pouvant provoquer la « confusion » de leurs parasites spécifiques : Échalotes/Carottes, ou Échalotes/Céleri, par exemple.

Autres Diptères et Lépidoptères

A. assectella et *D. antiqua* ne sont pas les seuls Lépidoptères et Diptères ravageurs des *Allium* : nous nous bornerons à citer quelques exemples.

– Aux alentours du Teil (**Ardèche**), les Poireaux bulbeux que nous conservons dans nos collections sont gravement attaqués par des larves mineuses depuis la plantation jusqu'à la récolte. Les dégâts sont, à première vue, de type « Teigne ».

Il en est de même pour les Poireaux classiques chez nos voisins, qui déclarent que « Le Ver du Poireau ne se combat plus aussi facilement qu'autrefois ». En effet, les traitements doivent se poursuivre pendant tout l'hiver en période non gélive si l'on veut préserver les plantes.

Observées au binoculaire, ces larves, de couleur jaune et pouvant atteindre 1 cm se révèlent de type « Diptère » (fig. 48). Dans la nature on peut retrouver les mêmes larves sur *Allium polyanthum,* dont l'association avec l'insecte se révèle plus équilibrée : malgré quelques déchirures et déformations foliaires, les plantes se développent normalement.

On retrouve les pupes en juin, au moment de la maturité des caïeux, nichées entre les gaines de la fausse-tige, ou entre les tuniques externes du bulbe. L'insecte semble donc parfaitement adapté au climat méditerranéen, se développant au cours d'hivers doux, et atteignant sa forme de repos juste avant la grande sécheresse d'été.

L'hexaploïde cultivé est encore moins attaqué que les *Polyanthum* : on retrouve quelques pupes cependant, entre gaines ou tuniques à maturité.

---

* A la suite de l'usage répétitif des insecticides organochlorés dans les années 50-60, la plupart des populations de *D. antiqua* leur sont devenues résistantes. Des phénomènes de résistance commencent à se manifester vis-à-vis des organophosphoriques et des carbamates.

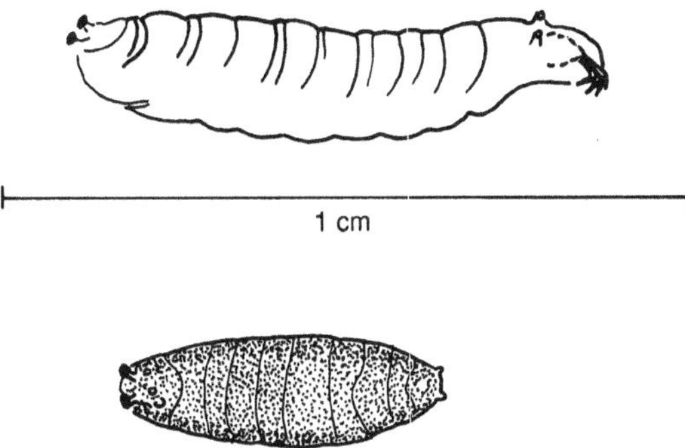

Figure 48. – Larve et pupe de la « Mouche ardéchoise hivernale du Poireau ».

Nous n'avons observé que très rarement des attaques sur Ail, elles concernaient des variétés extrême-orientales (peut-être moins odorantes – donc moins répulsives – que les nôtres ?).

– En Espagne, cependant, on observe des attaques d'un Diptère sur Ail : ***Suilia univittata*** (Héliomyzidae), dont les périodes de développement coïncident avec celles de notre Mouche ardéchoise : ponte dès février (dans la province de Cuenca, au climat assez rude). Les Truffes (*Tuber* spp.) sont signalées comme hôte alternatif de cette Mouche et de sa larve. Remarquons à ce propos la présence de chênes truffiers dans les quartiers où sévit la « Mouche ardéchoise ». La « Mouche de la Truffe » de la vallée du Rhône est *Suilia gigantea*.

– Toujours en **Espagne,** depuis quelques années, on redoute sur l'**Ail en magasin** des attaques de microlépidoptères (« mariposillas » ou « polillas »). Les chenilles de ces insectes s'insinuent entre les caïeux, puis rongent les tuniques externes et la chair de ceux-ci, la lésion étant accompagnée de quelques fils de soie.

Ces attaques conduisent les négociants en Ail à pratiquer des fumigations au tétrachlorure de carbone avant de rentrer l'Ail en magasin : il est donc probable que les pontes de la « mariposilla » aient lieu au champ, au moins pour partie. Une conservation de ces insectes en magasin serait également possible, des chrysalides pouvant être rencontrées entre les bulbes ou caïeux d'Ail, sur les parois des emballages ou sur les murs.

Les agronomes praticiens espagnols, qui ont signalé ce type d'attaque à leur correspondant H. Vendran, attribuent généralement, à la suite de Vares-Megino (1987) le nom de ***Dyspessa ullula*** à cette teigne, tout au moins dans le Centre de l'Espagne (Castilles, Manche).

Le papillon est d'assez grande taille, atteignant 25 à 28 mm d'envergure, les chenilles, poilues, pouvant mesurer jusqu'à 3 cm, avec une coloration rouge dans leur partie antérieure, d'où le nom de « *gusano rojo* ». Les chrysalides se retrouvent en principe sous terre, encloses dans une logette mêlant soie et particules terreuses. Elles tentent de construire le même type d'abri dans les magasins.

– En Andalousie, d'après MANSILLA-SOUSA, la Teigne dominante n'est pas *D. ullula,* mais au contraire une petite chenille jaunâtre de 12 à 15 mm, d'où dérive une chrysalide puis un papillon de 20 mm d'envergure, grisâtre, avec des ailes postérieures plus claires que les antérieures.

J. BOSCHER et B. RAHN, consultés à ce sujet, n'écartent pas la possibilité qu'il puisse s'agir d'*Acrolepiopsis assectella* – mais il s'agirait alors d'une population aberrante de cette espèce, que ce soit pour sa taille ou son comportement...

– N'oublions pas enfin les dégâts de mouches mineuses produisant sur les feuilles de fines galeries sinueuses. BRUNEL signale *Liriomyza nietzkei* (Spencer) dans l'Est de la France. Un **Liriomyza** sp. est le seul insecte dont nous ayions observé des dégâts sur Ail, Échalote ou Cive dans la zone antillaise.

Les Brachycères

Ces insectes appartenant aux Curculionidés (charançons) sont des parasites de bulbes ou de cormes (*Allium,* Scilles, Muscaris, Narcisses, Arums), fréquents en climat méditerranéen.

HOFFMANN (*in* BALACHOWSKY, tome II) signale sur *Allium* cultivés en France 3 espèces : *Brachycerus algirus, B. undatus, B. albidentatus,* mais ne figurent que les 2 premiers. Il leur attribue une répartition typiquement méditerranéenne : Sud de la France, Italie, Corse, Espagne, Grèce, Afrique du Nord.

Ces insectes dont la reprise d'activité est printanière pondent à l'aisselle des feuilles inférieures ou dans la tige. La larve s'installe dans le bulbe en voie de grossissement et y creuse une logette où elle se nymphose. L'adulte sort du bulbe par un trou caractéristique.

Une recrudescence d'attaque de Brachycères dans le Sud de l'Ardèche a conduit H. VENDRAN à s'intéresser à cet insecte ces dernières années. Observé à la loupe, il évoque la « Tarasque » de Ste Marthe ! (fig. 49).

L'espèce observée en Ardèche est probablement *B. algirus* F. H. VENDRAN détecte la reprise d'activité des adultes au printemps en les piégeant dans des assiettes plastiques jaunes affleurant au niveau du sol, remplies d'eau additionnée de détergent. Ces assiettes sont placées en bordure de champ. Les premiers adultes sont détectés fin mars après un hiver doux, vers le 10 avril après un hiver gélif. Les captures d'adultes peuvent se prolonger jusqu'à début juin.

H. VENDRAN préconise, à partir du début de sortie des adultes, des traitements alternant deltaméthrine et « Pacol » (parathion + huile) que l'on peut facilement faire coïncider avec les traitements Rouille-Teigne.

L'attractivité pour l'insecte de tout objet émettant une odeur d'ail pourrait suggérer des méthodes de lutte moins « chimiques ». On pourrait imaginer placer en bordure de champ des bandes collantes imprégnées d'extrait d'ail, par exemple, puisque les adultes semblent venir de l'extérieur*. Ils proviennent sans doute des parcelles d'Ail de l'année précédente, s'ils ont eu le temps de sortir les bulbes avant la récolte, ou des *Allium* sauvages : nous avons observé des dégâts sur *A. polyanthum*.

---

* Leurs élytres étant soudées, les Brachycères sont incapables de voler.

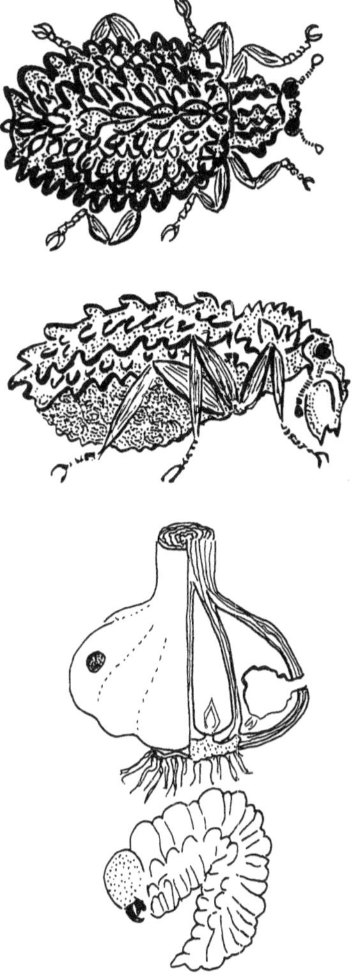

Figure 49. – Le brachycère - De haut en bas : adulte vu au-dessus et de profil,
schéma de l'attaque sur bulbe d'Ail et larve.

Thrips tabaci Lind.

Ce petit insecte piqueur de 1 mm de long prolifère à l'aisselle des jeunes feuilles de tous les *Allium,* en général à température élevée. Les feuilles qui ont été attaquées à l'état jeune prennent en se développant un aspect strié de gris-sale, correspondant à des groupes de 20 à 40 cellules épidermiques nécrosées par les piqûres de l'insecte.

Les *Thrips* sont en principe facilement tués par des pulvérisations d'insecticides phosphoriques réalisées avec un grand volume d'eau, visant le cornet des feuilles. Mais les déboires observés avec d'autres espèces de *Thrips* (ex. : *T. palmi* sur Aubergine et

Cucurbitacées dans la zone antillaise), aboutissant à la prolifération de l'insecte malgré, et même à cause des insecticides, doivent inciter à la prudence quant à la multiplication des traitements. Avec *T. tabaci* sur Oignon une situation rappelant celle que nous venons de décrire pour *Thrips palmi* a été observée dans le Nord de la France pendant l'été 1989.

Sur Ail et Échalote, les attaques de Thrips n'apparaissent en France qu'en fin de végétation, un seul traitement est nécessaire et ne correspond guère qu'à un souci de perfectionnisme. En conditions tropicales, le Thrips peut proliférer dès le début de la végétation.

Nous avons observé en Guadeloupe une bien meilleure tolérance aux Thrips de la part des Échalotes tropicales (origines « Guadeloupe », « Haïti », et descendances de croisements à 75 ou 87,5 % « Échalote ») que de la part de leurs congénères « Oignons-basses latitudes ».

Les « Cives », quelle que soit leur nature botanique, sont encore moins attaquées.

Acarioses

Nous avons évoqué ci-dessus l'importance des attaques d'*Aceria tulipae* sur caïeux d'Ail, et souligné notre ignorance des conditions de son développement en végétation.

De plus grande taille, *Rhizoglyphus echinatus* est en général considéré comme un saprophage envahissant des bulbes présentant des débuts de pourriture dont les causes peuvent être diverses.

Nous n'avons jamais observé en France d'attaques d'acariens sur feuillage d'*Allium*. Par contre, en Espagne, des nécroses microscopiques et très nombreuses provoquées par un tétranyque ponctué de deux taches rouges et présentant de longues pattes anté-rieures *(Petrobia latens)* peuvent provoquer un dessèchement prématuré du feuillage sur Ail. Cet acarien attaque aussi l'Oignon, le Blé et la Carotte. Il apparait en mars dans le Centre de l'Espagne, sa multiplication est favorisée par la chaleur, et la disparition de ses ennemis naturels sous l'effet d'abus de pesticides (*Chrysoperla carnea*, *Coccinella septempunctata*, et acariens carnivores *Abropholus* et *Tarsolarkus* sp.).

8. Virus

La situation virologique est assez simple chez les *Allium* reproduits par graines : Oignon, Poireau, attaqués chacun par un **potyvirus.** Elle sera plus compliquée chez les espèces ou cultivars à reproduction végétative, chez lesquelles le potyvirus peut être escorté par un cortège de **virus latents** appartenant soit aux potyvirus*, soit aux carla-virus.

On n'observe pas de pullulations de pucerons sur les *Allium* en végétation (*Myzus ascalonicus* colonise seulement les germes d'Oignon et d'Échalotes en conservation).

---

* Tout au moins par la morphologie de leurs particules et les inclusions de type « *pinwheels* ». Nous savons aujourd'hui que des souches « *potyvirus-like* » peuvent, chez d'autres plantes être transmises par acariens. Un rôle vecteur d'*Aceria tulipae* ne saurait être exclu pour certains de ces virus latents.

Cela n'empêche pas les virus les plus graves sur *Allium* d'être transmis par les « piqûres d'essai » de pucerons ailés à la recherche de leurs hôtes, appartenant à des espèces très variées.

La bigarrure de l'Oignon (*Onion yellow dwarf virus* ou OYDV)

Ce potyvirus se traduit sur les feuilles et hampes florales d'*Allium cepa* par une **striation** irrégulière vert-foncé/vert jaunâtre. Les feuilles gravement atteintes présentent des « cloques en creux » et se déforment en s'inclinant vers le sol (symptôme « **pattes d'araignée** »).

C'est l'OYDV qui produit les symptômes virologiques graves sur Échalotes de Jersey. Le virus qui produit la « Mosaïque de l'Ail » (striation plus ou moins intense, non cloquée) est considéré aujourd'hui comme une souche d'OYDV par les virologues français.

La Striure du Poireau (*Leek yellow stripe virus* ou LYSV)

Le Poireau ne manifeste pas de symptômes avec l'OYDV, même inoculé artificiellement. Ses symptômes virologiques forts (striation non cloquée) sont provoqués par le LYSV, qui réciproquement n'attaque pas l'Oignon. Ce potyvirus, parmi les plantes décrites dans cet ouvrage, pourrait intéresser les Poireaux bulbeux.

Le rôle respectif de l'OYDV et du LYSV dans la dégénérescence d'*Allium polyanthum* et de l'hexaploïde cultivé conservés en collection à côté d'autres *Allium* n'est pas éclairci pour le moment.

En Angleterre, WALKEY (1990) a signalé le LYSV sur l'Ail, ce qui est en contradiction avec les observations réalisées en France.

Situation virologique des Échalotes

L'**OYDV** est très préjudiciable aux **Échalotes de Jersey** longues et demi-longues. Les symptômes peuvent évoluer de façon cyclique au cours des générations végétatives, avec alternance de simple striure, et de symptômes « pattes d'araignée ».

De plus, l'examen au microscope électronique révèle chez toutes les échalotes cultivées en Europe la présence d'un **carlavirus** latent, le ***Shallot latent virus*** (SLV) initialement décrit en Hollande par BOS (1982). Il ne provoque aucun symptôme.

Un examen approfondi des particules de type potyvirus par immunoélectromicroscopie (INRA-Montfavet) a révélé de plus la présence de particules de type potyvirus ne réagissant pas avec le sérum OYDV, auxquelles ont été attribuées provisoirement les initiales « **SLX** ». Il ne semble pas que les virus SLV et SLX exercent une quelconque influence sur le rendement, comme le montrent les résultats d'expériences récentes, obtenus avec des versions diversement recontaminées de clones débarrassés de l'OYDV par culture de méristème.

Au contraire, l'OYDV induit des pertes de rendement de 30 à 50 %, suivant la gravité des symptômes au cours des générations.

On a tout d'abord cherché en France à sélectionner des clones à symptômes faibles (ex. : « Jersud » pour la Jersey longue, « DLGK3 », « Limador » pour la demi-longue). Le travail était compliqué par l'alternance des symptômes entre générations, entraînant souvent sur les parcelles de production de semences des épurations allant jusqu'à 50 %. Les rendements de ces clones ne dépassaient pas 25 t/ha.

Les années 80 ont vu apparaître des clones sans OYDV, issus de méristèmes, comme « **Jermor** » ou « **Mikor** » (respectivement issues de « Jersud » et « DLGK3 »). Le rendement de ces clones peut atteindre 40 t/ha.

L'Échalote grise semble immune à l'OYDV. Le clone « **Griselle** » multiplié en France sous sélection sanitaire depuis les années 60 est porteur du SLV. En sélection sanitaire on élimine de temps en temps des familles plus chétives et faiblement striées, ne réagissant pas au sérum OYDV. La cause (virologique ?) de ce symptôme n'est pas encore déterminée.

Situation virologique de l'Ail

Elle est étudiée en France depuis les années 60, plus récemment ou de façon plus épisodique dans d'autres pays. Sa compréhension sera rendue plus facile par un exposé chronologique.

• Années 60

Nous observions à Montfavet en 1960 deux types de plantes dans la population « Blanc de la Drôme », les unes à feuillage vert uni, les autres à feuilles fortement striées de jaune, plus chétives (photos 17 et 18).

Cette « striure » semblait plus épidémique dans le Vaucluse ou les Bouches-du-Rhône (Cavaillon, Châteaurenard) que dans la Drôme, où les producteurs provençaux venaient se fournir en semences.

Les cultivateurs drômois, soucieux de préserver leur belle variété, ne conservaient que les plus gros caïeux quand ils préparaient leurs semences*.

Nous avons alors établi une population homogène « feuillage vert uni » par sélection massale, et démontré la transmissibilité de cette striure, ou « Mosaïque de l'Ail » par inoculation mécanique classique (tampon phosphate, carborundum ou, mieux encore, célite).

Nous sommes ensuite passés à une sélection clonale aboutissant au choix des clones « BD6 » et « BD10 », rebaptisés depuis « Thermidrôme » et « Messidrôme ». Soulignons ici que ces clones, parmi ceux qui sont multipliés aujourd'hui sous contrôle officiel, sont les seuls qui ne soient pas issus de culture de méristème.

Une sélection sanitaire était alors mise sur pied, en collaboration entre l'INRA et l'UCCS (Union des coopératives de céréales de semences), garantissant moins de 1 % de plantes mosaïquées dans la parcelle de production, et l'absence dans celle-ci de *Sclerotium cepivorum* et *Ditylenchus dipsaci*. Des zones favorables à cette production étaient délimitées dans la Drôme et dans l'Ardèche.

---

* Mesure efficace, car chez le « Blanc de la Drôme » les poids moyens des caïeux issus des plantes « saines » ou « striées » sont séparés par plus d'un écart-type.

Nos observations étaient étendues en 1962 aux autres zones productrices d'Ail de France, mettant en évidence dans le Tarn-et-Garonne (populations « Blanc de Lomagne » et « Violet de Cadours »), dans le Tarn (population « Rose de Lautrec ») et dans le Puy-de-Dôme (clones « Perle d'Auvergne » et « Fructidor » sélectionnés par J. PAQUET à l'INRA-Clermont-Ferrand) une situation bien différente : 100 % de plantes présentant des symptômes de striure, mais plus faible (Blanc de Lomagne, Rose de Lautrec) ou beaucoup plus faible (Violet de Cadours, Perle d'Auvergne, Fructidor) que chez les plantes virosées de « Blanc de la Drôme ». Ces variétés étaient donc postulées **tolérantes :** appartenant au même groupe variétal III (p. 175) que le « Blanc de la Drôme », le clone « VC6 » (issu des « Violets de Cadours ») présentait des rendements presque égaux à ceux de « Messidrôme » et « Thermidrôme », bien qu'il contienne une souche de « Mosaïque de l'Ail » très agressive vis-à-vis de ces clones « sains ».

• Années 70

Des virologues de haut niveau (J. MARROU, J. B. QUIOT) abordent alors à l'INRA-Montfavet l'étude de la situation virologique de l'Ail. MARROU démontre la transmission par pucerons de la « Mosaïque de l'Ail » (avec difficulté : *Myzus persicae* ne pique pas l'Ail volontiers) et la coïncidence des contaminations survenant dans la nature avec la vague de circulation de pucerons ailés du mois de mai (MARROU *et al.,* 1972).

Afin de vérifier l'idée de « tolérance » des variétés à symptômes faibles, J. P. LEROUX pratique la culture de méristème dès 1967. Deux méthodes sont successivement mises au point : prélèvement d'ébauches de bulbilles à l'intérieur de la spathe – chez les variétés productrices de hampes florales – puis (plus difficile !) de méristèmes recherchés à l'intérieur des caïeux. On dispose ainsi de la version « sans virus » de « VC 6 », diffusée aujourd'hui sous le nom de **« Germidour ».** Le tableau 20 précise son niveau de « tolérance » (v. aussi fig. 50).

Le succès de « Germidour » auprès des producteurs incite alors J. P. LEROUX à pratiquer aussi la culture de méristème sur « Fructidor », opération qui donnera naissance à « Printanor » au début des années 80.

Par contre, l'acquisition d'un **microscope électronique** à l'INRA-Montfavet, piloté par B. CADILHAC (qui deviendra par la suite Mme DELÉCOLLE) sema le doute dans les esprits : aussi bien les versions « saines » que « virosées » de Thermidrôme, Messidrôme, Germidour ou Fructidor contenaient deux types de particules : potyvirus et carlavirus !

La sélection sanitaire ne fut cependant pas abandonnée, étant donnés les résultats pratiques obtenus et la satisfaction des agriculteurs. Les lots de semences étaient soumis à un contrôle par « préculture » (prélèvement d'échantillons, levée de dormance par le froid, observation en serre). On n'arrivait cependant pas à obtenir les résultats avant commercialisation des lots, pour plantation en novembre des variétés à gros bulbes du groupe III.

• Années 80

Les méthodes d'étude des virus se sont perfectionnées, en particulier à l'INRA-Montfavet entre les mains de H. LOT et B. DELÉCOLLE.

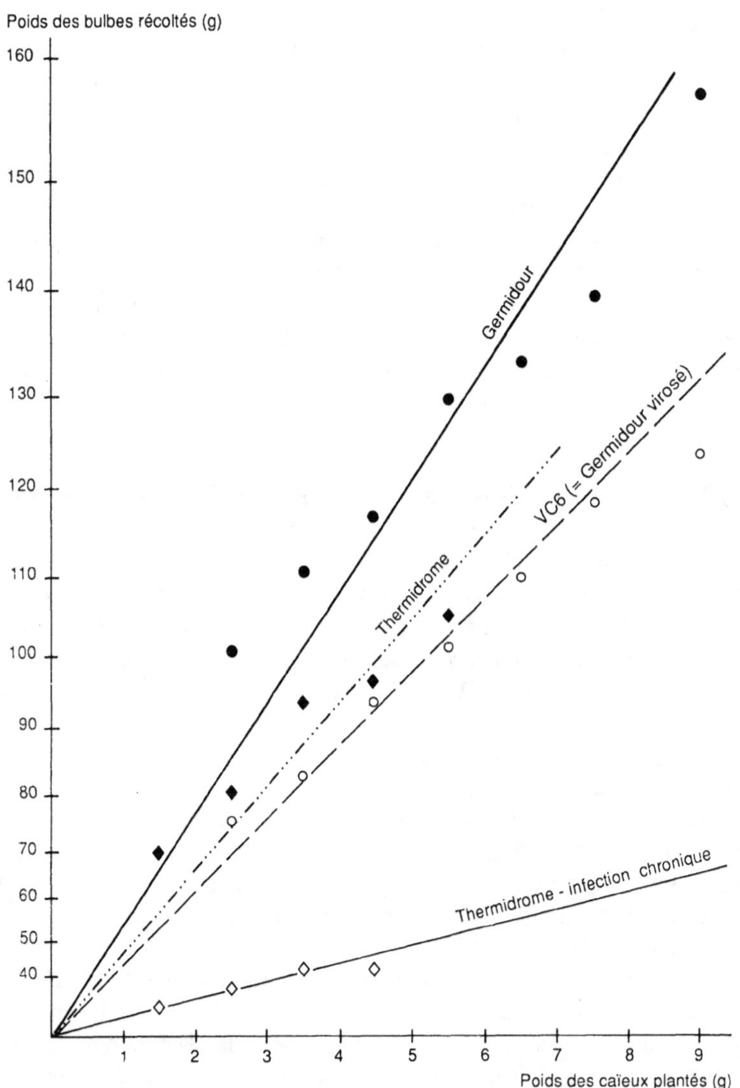

Figure 50. – Tolérance à l'OYDV (souche VC6) de « Germidour » comparé à Thermidrôme ».

L'usage d'un sérum spécifique de l'OYDV (au début envoyé de Hollande par Bos) et de l'**immunoélectromicroscopie** (« I.E.M. ») permettent de démontrer que les clones « sains » contiennent deux **virus latents :** un **carlavirus** (différent de celui de l'Échalote) et un **potyvirus** qui ne réagit pas avec le sérum OYDV.

Les plantes « virosées » contiennent de plus des particules réagissant avec le sérum OYDV, responsables des symptômes.

De nouveaux types d'Ail sont soumis à culture de méristème, en particulier des clones du groupe I (avec hampes florales, provenant d'Espagne, d'Italie et d'Algérie),

Tableau 20. Tolérance à la « Mosaïque de l'Ail » de Germidour

Clones	État virologique	Rendement t/ha	Chlorophylles a + b (mg/g de feuille)
Thermidrôme	« sain »	12,7	0,83
	infection chronique	5,4	0,28
	inoculé le 15 mars	6,4	0,25
Germidour	« sain »	16,6	1,19
	infection chronique	12,4	0,80
	inoculé le 15 mars	13,1	0,64

un clone provenant de Tachkent (variété précoce « Sprint ») et des clones subtropicaux et tropicaux.

La sélection privée entre en concurrence avec l'INRA : régénération par l'UCCS-Top Semences d'un Rosé du Var (clone « Cristo ») et de deux « Blancs de Lomagne » par « SICALOMAIL ».

Un test ELISA est mis au point pour détecter l'OYDV, à l'INRA-Montfavet. Son coût est encore élevé, mais il présage la possibilité d'un contrôle des lots antérieur à la commercialisation.

D'autres pays (États-Unis, au sein de firmes privées, Canada, Japon) suivent les mêmes voies. En Italie, la culture de méristèmes est proposée à très grande échelle pour améliorer la production du « Bianco piacentino », mais semble-t-il sans clonage préalable, ni choix des meilleurs mériclones. Des « Morado » sont régénérés en Espagne par PEÑA-IGLESIAS.

En 1991-92, seule la France, semble-t-il, dispose d'une organisation réunissant tous les échelons conduisant à la production et au contrôle de semences certifiées d'Ail et d'Échalotes.

• Points restant à éclaircir

Cet exposé quelque peu triomphaliste résume-t-il tout ce que nous désirerions savoir sur la situation virologique de l'Ail ?

– Les études réalisées dans d'autres pays, si elles font toutes état de particules de type « poty » et « carla » ne les assimilent pas toujours à l'OYDV et aux virus latents signalés ci-dessus.

MOHAMED et YOUNG (1981), en Nouvelle Zélande, appellent **« *Garlic yellow streak* »** (GYSV) le potyvirus pathogène contenu dans leur clone « Malborough White » (dérivé de « California late » – groupe variétal II), du fait qu'il n'infecte pas l'Oignon, bien qu'il réagisse avec le sérum OYDV.

WALKEY (1990) signale comme pouvant être hébergés par l'Ail toute une série de potyvirus de Liliacées.

Nous-mêmes avons observé, dans notre collection de Montpellier, où sont réunies des variétés provenant du monde entier, quelques plantes présentant des symptômes forts sur le clone « VC6 ». Ces symptômes étaient transmissibles à des plantes « normales » du même cultivar, déjà porteur d'une souche d'OYDV agressive sur les « Blancs de la Drôme », et des deux virus latents.

Un quatrième virus pourrait donc se superposer aux trois virus classiques (v. également tabl. 21).

– Dans la pratique de l'épuration au champ sur « Thermidrôme » et « Messidrôme » les producteurs drômois et ardéchois sont souvent confrontés à des « symptômes faibles » qui compliquent leur travail.

S'agit-il de l'expression des virus latents en conditions de stress transitoire (refroidissements printaniers) ou d'excès d'azote ? - ou, véritablement d'un nouveau virus ?

– La culture de méristèmes permet d'obtenir des plantules « saines » qui sont, soit encore pourvues de virus latents, soit entièrement dépourvues de virus (ex. : « Printanor » à ses débuts).

Doit-on s'efforcer de maintenir des clones régénérés totalement indemnes, au prix d'efforts coûteux (pas d'épuration visuelle possible au champ, nécessité de tester sérologiquement famille par famille jusqu'à la dernière génération de multiplication)... ou se résigner à la recontamination par les virus latents, dont aucune expérience n'a pu prouver qu'ils réduisaient le rendement ?

Peut-être, de plus, la « niche » qu'ils occupent dans la cellule est-elle moins facilement envahie par divers virus de Liliacées tels que ceux que signale WALKEY ?

Cela entraîne à spécifier prudemment « indemnes d'OYDV » et non « sans virus » les semences exportées dans des pays pourvus de microscopes électroniques.

• Interactions entre clones d'Ail et souches d'OYDV

A l'époque (années 60) où nous tentions de définir des « phylums » en nous basant sur l'intensité de la dormance et la précocité, dans une collection restreinte, mais représentative des groupes variétaux occidentaux I, II, III, V et VI, les deux phylums se définissaient comme : [III-V], cultivars peu dormants par rapport à leur précocité, et [I-II-VI], plus profondément dormants*. Nous avions eu la curiosité d'inoculer, à partir des variétés de cette collection, des « Blancs de la Drôme », seules plantes sans OYDV dont nous disposions alors. Nous obtenions des transmissions à 100 %, avec symptômes forts, à partir des cultivars du « phylum » [III-V], des transmissions en faible proportion à partir des cultivars du « phylum » [I-II-VI], et des symptômes faibles ou douteux.

Nous avons au contraire observé en 1990, grâce à des inoculations pratiquées par B. ALLIOT une transmission à 100 % sur « Printanor », avec symptômes typiques, à partir de « Fructidor » et d'« Ibérose » recontaminé, l'hôte et les sources appartenant au phylum [I-II-VI]. On pouvait donc éliminer l'hypothèse de la présence dans les plantes du phylum [I-II-VI] d'un inhibiteur non spécifique de transmission de virus.

---

* voir aussi figure 31.

Nous avons repris en 1991, avec le concours de B. ALLIOT et de Mme G. MONET des inoculations sur « Thermidrôme » à partir d'un certain nombre de clones appartenant à divers groupes variétaux. Nous avons obtenu des symptômes forts, à 100 % de réussite, à partir des clones :

Vendéen 14
Issoudun · · · · · · · · · · · · · · groupe III
Violet de Cadours 6

Jamaïque (origine)
Ail d'Afrique · · · · · · · · · · · · groupe V

Pékin
Shan-hai-wase · · · · · · · · · · · · Extrême-Orient (zone tempérée)

et par contre des symptômes faibles ou douteux, d'apparition échelonnée, à partir des clones :

BA IV (Espagne)
Chili · · · · · · · · · · · · · · · · groupe I

Fructidor
Brignoles 4 · · · · · · · · · · · · · groupe II

Mexique
Tachkent M · · · · · · · · · · · · · · groupe VI
et « Jamaïque-méristème » · · · · · · (centre d'origine)
(recontaminé à symptômes faibles)

Nous retrouvons donc 30 ans plus tard les résultats des années 60.

Les résultats obtenus avec les deux clones extrême-orientaux d'origine tempérée montrent que, pour les virus qu'ils contiennent comme pour leur rapport dormance/précocité, ils peuvent peut-être se rattacher au même « phylum » que les groupes III et V, sans pour cela pouvoir être classés dans l'un ou l'autre d'entre eux.

L'exemple de « Jamaïque-méristème recontaminé » nous montre que, débarrassé de sa souche d'origine, un clone peut être recontaminé par une souche d'OYDV non caractéristique de son groupe.

Nous avons cherché à mieux comprendre cette situation en contaminant en 1990, à la mi-mars, des plantes de « Thermidrôme » et « Germidour », soit avec la souche de « Violet de Cadours 6 » (clone d'origine de « Germidour »), soit avec celle que contient « Égypte 5 recontaminé », clone présentant une situation analogue à celle de « Jamaïque-méristème recontaminé »*.

Quarante jours après l'inoculation, des symptômes sont apparus sur les plantes inoculées avec la souche « VC6 », forts sur « Thermidrôme », moyens sur « Germidour ». Sur les plantes inoculées avec la souche « Égypte 5 » les symptômes ont été soit nuls, soit douteux, et avaient disparu début juin. Testées le 10 juin par V. CHOVELON et J. P. LEROUX, par la méthode ELISA, ces plantes donnaient une réponse négative, alors que le test répondait positivement à 100 % pour les plantes inoculées avec la souche « VC6 ».

Huit bulbes de « Thermidrôme », 8 de Germidour ont été conservés dans chaque cas et leurs caïeux replantés en familles en novembre 90, ainsi que ceux de 8 bulbes-témoins dont les plantes-mères avaient végété sous cage grillagée.

Le tableau 21 résume les résultats de l'essai 1990-91.

Tableau 21. Comportement en 1990-91 de « Thermidrôme » et « Germidour », sains, ou inoculés l'année précédente avec deux souches de virus différentes, en comparaison avec « Violet de Cadours 6 », à symptômes « normaux » ou « forts »

Clone	Situation virologique	Symptômes le 15 mai (échelle 0 à 10[a])	Coefficient k^2	Poids (g) d'un bulbe provenant d'un caïeu de 5 g[b]
Thermidrôme	sain	0	1 718	92,6
	inoc. souche Égypte 5	4,5	505	50,3
	inoc. souche VC6	7	155	27,8
Germidour	sain	0	1945	98,6
	inoc. souche Égypte 5	2	1285	80,2
	inoc. souche VC6	3	906	67,3
Violet de Cadours 6	« normal »	3	986	70,2
	« symptômes forts »[c]	6	407	45,1

(a) : de 0, vert uni, à 10, entièrement jaune
(b) : calculé à partir de la moyenne des coefficients k^2 des 8 répétitions
(c) : voir p. 126

---

* Rappelons que « Thermidrôme », « Germidour », « Violet de Cadours 6 » appartiennent au groupe variétal III, Égypte 5 au groupe variétal V.

Quelle interprétation donner à ces résultats ? Constatons tout d'abord que la plantation 1990-91, comparée à celle de l'année précédente, a subi un sérieux « coup de froid » (tabl. 22) à la période critique de fin de croissance végétative et début de croissance des bulbes.

Tableau 22. Températures d'avril à juin (moyennes décadaires) (LE TEIL, 1990 et 1991)

	Mars			Avril			Mai			Juin		
	1	2	3	1	2	3	1	2	3	1	2	3
1990	9,1	13,2	11,3	10,3	10,3	**13,1**	**17,3**	**19,5**	17,7	17,1	19,4	23,4
1991	12,0	12,7	10,4	12,7	11,7	**9,8**	**11,1**	**13,8**	18,2	18,6	18,8	21,9

Cela nous amènera à formuler l'hypothèse suivante : il existerait, parmi les souches d'OYDV, une tendance générale à l'atténuation des symptômes avec l'augmentation printanière des températures. Mais cette atténuation serait plus ou moins accusée suivant les souches.

Les souches les plus « **thermosensibles** » caractériseraient les variétés traditionnellement cultivées dans des régions à climat frais, que ce soit en conditions tempérées ou tropicales (groupes I, II et VI), les souches « **thermorésistantes** » seraient hébergées par les cultivars végétant en plaine (groupes III, V et variétés extrême-orientales). Cette hypothèse est, bien sûr, très schématique et nécessiterait, pour être vérifiée, de nombreuses expériences complémentaires réalisées en pièces climatisées.

En ce qui concerne la **tolérance variétale,** nous retrouvons dans nos essais 1990-91 la sensibilité extrême de « Thermidrôme », comparée à la moindre sensibilité de Germidour et de son clone d'origine VC6, même à la suite d'un printemps particulièrement froid accentuant les symptômes.

Existe-t-il des niveaux de tolérance plus élevés que celui de « Germidour », ou même une véritable résistance à l'OYDV chez l'Ail ? Signalons à ce propos que le clone « 211 » de la collection séminifère de T. ETOH est resté indemne de symptômes nets de mosaïque après 5 ans de culture à Montpellier à proximité de cultivars hébergeant des souches de virus du monde entier. Les divers organes d'une plante prélevée début juin se sont révélés négatifs au test ELISA-OYDV à l'INRA-Montfavet en 1991 – alors que, dans les mêmes conditions « Fructidor » se révèle positif, malgré ses symptômes faibles.

Autres virus

On a signalé çà et là sur *Allium* des virus n'appartenant pas aux poty- et carlavirus, en particulier sur Poireau en Hollande avec des **nepovirus** comme le ***Tomato black ring.*** Le virus à particules sphériques signalé par PELET en Suisse sur Échalote pourrait appartenir à cette catégorie.

Un symptôme de **Nanisme de l'Ail** (que nous appellerions en anglais *« Garlic stunt »*) se manifeste sur une certaine proportion de plantes (jusqu'à 5 %) dans le Sud de la Drôme et de l'Ardèche.

Les gaines foliaires des plantes atteintes s'allongent peu, les feuilles deviennent violacées. A la récolte, on observe des bulbes soit totalement stériles, soit pourvus d'un ou deux caïeux chétifs.

Dans les cultures de super-élites pour semences, plantées en lignées issues d'un seul bulbe, la maladie se manifeste le plus souvent par lignées entières, suggérant une contamination de la plante-mère l'année précédente (observations dues à H. VENDRAN).

Un examen en coupe ultra-fine au microscope électronique, réalisé par J. GIANOTTI a révélé dans les plateaux et les racines des plantes malades la présence d'un **réovirus***.

Dans la même zone on rencontre aussi un réovirus sur Maïs, le *« Maïze rough dwarf »*, dont le réservoir est constitué par des graminées sauvages abritant les cicadelles vectrices (*Laodelphax* spp.). Nous ne savons pas encore si le réovirus de l'Ail est identique au *Maize rough dwarf,* ou si les deux virus ont une évolution parallèle, mais indépendante.

9. Mycoplasmes

Aux Etats-Unis, le mycoplasme des ***Aster yellows*** a été signalé sur Oignon, avec des symptômes peu caractéristiques de jaunisse et striation la première année, beaucoup plus nets sur porte-graines, avec allongement des pédicelles floraux et virescence des fleurs. Une telle invasion pourrait survenir sur Échalotes, sans que le diagnostic soit évident.

Sur Ail, KONVICKA (1978) attribue à la présence d'un mycoplasme la stérilité des fleurs, et signale avoir rétabli une fertilité normale, et obtenu des graines, grâce à des traitements avec des tétracyclines. ETOH par la suite ne semble pas avoir retenu cette hypothèse. Mais il est fort possible qu'elle soit valable pour les cultivars du groupe variétal IV (Europe de l'Est). ETOH (1990 et comm. pers.) a d'ailleurs observé des mitoses normales chez le clone « Roumanie » de notre collection.

10. Maladies non parasitaires

La plus importante est le **dessèchement des pointes de feuilles,** très fréquent sur tous les *Allium* cultivés, à ne pas confondre avec les dégâts de *Botrytis squamosa* (lésions multiples) ou de *Phytophthora porri* (lésions aussi bien marginales que latérales). Cet accident est sans gravité quand le dessèchement ne dépasse pas un centimètre de long.

---

* Groupe de virus comprenant le « virus des tumeurs de blessure » du Trèfle, et un certain nombre de virus des graminées : « Maladie de Fidji » de la Canne à sucre, et *« Maize rough dwarf »* sur Maïs, transmis par cicadelles Delphacides.

Il est favorisé par la salinité excessive de la solution du sol, les alternances sécheresse-humidité, et en relation avec l'alimentation azotée.

Sur Ail, on peut l'éviter en poussant jusqu'à 300 unités d'azote, mais au détriment de la conservation des bulbes, et en favorisant la « maladie café au lait ». Aux États-Unis on considère que la cause principale de ce symptôme est l'excès d'**ozone** atmosphérique, dont la cause peut être aussi bien naturelle (passage de fronts orageux, voisinage de forêts) qu'industrielle ou automobile. Les dithiocarbamates utilisés pour combattre mildious, *Botrytis* et rouilles sont antagonistes de l'ozone.

On connaît chez l'Oignon une résistance monogénique récessive aux dégâts d'ozone. Il s'agit en fait d'une sensibilité des cellules-gardes des stomates, qui entraîne la fermeture de ceux-ci dès que la concentration en ozone s'élève.

Parmi les plantes qui nous intéressent, ce sont la « Ciboule vivace de la Drôme » et la « Cive rouge antillaise » (p. 36) qui présentent la plus grande sensibilité à ce symptôme.

Le **bleuissement des bulbes d'Ail** apparaît du côté exposé au soleil sur des bulbes récoltés avant maturité complète et laissés quelques heures sur le champ. On évitera cet

Figure 51. – Apparition de pousses axillaires chez l'Ail.

accident, soit en les rentrant aussitôt après récolte, soit en les disposant en « double chaîne » pour le séchage sur le sol en plein air, les feuilles d'une plante recouvrant le bulbe de l'autre.

L'apparition de **pousses axillaires sur l'Ail** au printemps (fig. 51) n'est pas un symptôme parasitaire. Si le « besoin de froid » pour la différenciation des bourgeons axillaires est déjà satisfait alors que les conditions thermophotopériodiques permettant leur renflement en caïeux ne sont pas encore atteintes, ils ont le temps d'émettre une ou deux feuilles qui apparaissent, pliées en zig-zag à leur sortie, à l'aisselle des feuilles principales.

Cet accident entraîne chez les variétés du groupe variétal II le « surgoussage », sur celles du groupe variétal III un éclatement du bulbe par le haut avec individualisation des caïeux. Il caractérise les printemps tardifs et trop frais. Il est aggravé par l'exposition des bulbes-mères à des températures comprises entre 0 et 10 °C avant plantation. Il est également caractéristique des plantes issues de gros caïeux en plantation peu dense : on peut imaginer que « l'effet Brewster » (p. 47) joue ici aussi, les plantations denses accélérant le renflement des caïeux, leur laissant moins de temps pour développer des feuilles axillaires.

Références bibliographiques

Nous n'avons pas mentionné dans le texte toutes les références utilisées pour rédiger ce très long chapitre : on les trouvera ci-dessous regroupées par catégories.

• **Généralités :** on consultera les chapitres « *Allium* » (ou « Onion ») des ouvrages suivants :

DIXON G. R., 1981. *Vegetable crop diseases.* Mc. Millan, London, 404 p.

MATTA A., GARIBALDI A., 1969. *Malattie delle piante ortensi.* Edizioni agricole, Bologna, 232 p.

MESSIAEN C. M., BLANCARD D., ROUXEL F., LAFON R., 1991. *Les maladies des plantes maraîchères** (3ᵉ édition). Éditions INRA, 552 p.

SHERF A. F., Mac NAB A. A., 1986. *Vegetable diseases and their control.* J. WILEY and Sons, 728 p.

WALKER J. C., 1952. *Diseases of vegetable crops.* Mc Graw Hill, New York, 529 p.

• **Pourriture blanche *(Sclerotium cepivorum)* et autres champignons à sclérotes.**

ABD EL MOVTY, STAHLA M. N., 1981. Biological control of white rot disease of Onion by *Trichoderma. Phytopathol. Z.,* 100, 29-35.

BUGARET Y., MARIN ., 1988. *La pourriture blanche de l'Ail : comment la combattre ?* Journées internationales des bulbes, Clermont-Ferrand, juin 1988, 7 p.

COLEY-SMITH J. R., 1990. White rot disease of *Allium* : problems of soil-borne diseases in microcosm. *Plant Pathol.,* 39, 215-222.

COLEY-SMITH J. R., 1990. *Control of* Allium *white rot with diallyl disulphide.* Proceedings IVth International workshop on *Allium* white rot, Neustadt-Weinstrasse, RFA, 5-7 June 1990, 133-139.

COLEY-SMITH J. R., KING J. E., 1969. The production by species of *Allium* of alkyl sulphides and their effect on germination of sclerotia of *Sclerotium cepivorum. Ann. appl. Biol.,* 64, 289-301.

DAVET P., 1979. Activité antagoniste et sensibilité aux pesticides de quelques champignons associés aux sclérotes de *Sclerotinia minor. Ann. Phytopathol.,* 11, 53-60.

EL YAMANI T., ABDEL RAHIM M. F., MICHAEL K. Y., GRINSTEIN A., KATAN J., 1983. *Soil solarization, a potential method for controlling white rot and other soilborne diseases in onions. In :* Proceedings of the second international workshop on *Allium* white rot, Wellsbourne U. K. 126.

GAUDINEAU M., LAFON R., 1958. Traitement de la pourriture blanche de l'Ail. *C. R. Acad. Agric. Fr.,* 178-183.

LAFON R., 1963. *Recherches de Laboratoire et essais culturaux relatifs au* Sclerotium cepivorum, *agent de la pourriture blanche de l'Ail.* Thèse Ingénieur DPE, Conservatoire National des Arts et Métiers.

LOCKE S. B., 1967. The role of temperature in the epiphytology of Onion white rot. *Phytopathology,* 57, 99-100.

MARTIN C., 1989. *Étude des variations d'efficacité pratique des imides cycliques sur* Sclerotinia minor. Thèse, USTL Montpellier, 87 p. + annexes.

SNYDER W. C., HANSEN H. N., 1957. A *Sclerotinia* sp. (imp. *Sclerotium*) with limited antifungal activity. *Phytopathology,* 47, 33.

TICHELAAR C. M., 1961. De invloed van *Gladiolus* op de kieming van sklerotien van *Sclerotium cepivorum. T. Pl. ziekten.,* 67, 290-295.

---

* Le chapitre *Allium* de cet ouvrage n'est pas très différent du chapitre 6 de celui-ci. Nous l'avons allégé de détails concernant l'Oignon, et avons essayé d'approfondir certains points, en particulier sur les virus.

WALKER A., 1987. Further observations on the enhanced degradation of iprodione and vinchlozolin in soil. *Pestic. sci.,* 21, 219-231.

• Autres champignons du sol

ABAWI G. S., LORBEER J. W., 1972. Several aspects of the ecology and pathology of *Fusarium oxysporum* f. sp. *cepae. Phytopathology,* 62, 1042-1048.

CAMPANILE G., 1924. Ricerche sopra le conditioni di attaco e di sviluppo di *Helminthosporium allii. Le stazioni sperim. Agric. Italia,* 57, 413-429.

FANTINO M. G., MARTINI M., BELTRAMI T., 1976. La fusariosi della cipolla : comportamento varietale. *Inform. fitopatol.,* 26, 17-20.

GORENTZ A. M. *et al.,* 1948. Morphology and taxonomy of the onion pink root fungus. *Phytopathology,* 38, 831-840.

GORENTZ A. M., LARSON R. H., WALKER J. C., 1949. Factors affecting pathogenicity of pink root rot fungus of Onion. *J. agric. Res.,* 78, 1-18.

HORTON J. C., KEEN T., 1967. Sugar repression of endopolygalacturonase and cellulase synthesis by *Pyrenochaeta terrestris* as a resistance mechanism in Onion. *Phytopathology,* 57, 908-916.

MOREAU M., LEFEVRE R., 1984. Échalotes. I Amélioration de l'état sanitaire des semences. *Aujourd'hui et demain,* (4), 1-5.

THANASSOPOULOS C. C., 1987. Outbreaks and new records. Greece. New diseases of various crops in Greece. *FAO plant prot. Bull.,* 35 (4), 164.

• Nématodes

CAUBEL G., 1973. Données nouvelles sur la lutte contre le Nématode des bulbes en culture d'Oignon et d'Échalote. *PHM,* 140, 1-4.

CAUBEL G., 1988. *Les nématodes des tiges,* Ditylenchus dipsaci *dans les cultures d'*Allium. Journées internationales des bulbes, Clermont-Ferrand, juin 1988, 20 p.

• Bactérioses

BURKHOLDER W. H., 1950. Sour skin, a bacterial rot of onion bulbs. *Phytopathology,* 40, 115-117.

CAUBEL G., SAMSON R., 1984. Influence du nématode des tiges *Ditylenchus dipsaci* dans le développement de la bactériose « Café au lait » occasionnée par un biovar de *Pseudomonas fluorescens. Agronomie,* 4, 311-313.

KAWAMOTO S. O., LORBEER J. W., 1974. Infection of onion leaves by *Pseudomonas cepacia. Phytopathology,* 64, 1440-1445.

SAMSON R., POUTIER F., RAT B., 1981. Une nouvelle maladie du Poireau : la graisse bactérienne due à *Pseudomonas syringae. PHM-Rev. hortic.,* 219, 20-23.

• Mildious

HILDEBRAND P. D., SUTTON J. C., 1984. Interactive effects of the dark period, light and temperature on the sporulation of *Peronospora destructor. Phytopathology,* 74, 1444-1449.

KOFOET A., ZINKERNAGEL V., 1988. *Resistance of* Allium cepa *and other* Allium *spp. against* Peronospora destructor. 4th EUCARPIA *Allium* symposium, Wellesbourne, 47-49.

SUTTON J. C., HILDEBRAND P. D., 1985. Environmental water in relation to *Peronospora destructor* and related pathogens. *Can. J. Plant Pathol.,* 7, 323-330.

VAN HOOF H. A., 1959. Oorzak en bestridjing van de papier-vlekkenziekte bij prei. *Tidschrift. Plant. ziekt.,* 65, 37-43.

VERGNIAUD P., MONTEGANO, 1988. *A propos du Mildiou de l'Oignon.* Journées internationales des bulbes, Clermont-Ferrand, juin 1988, 12 p.

TAYLOR J. C., 1985. White tip of leeks. *Plant Pathol.,* 14, 189.

TICHELAAR C. M., VAN KESTEREN A. A., 1967. Attack of Onion by *Phytophthora porri. Neth. J. Plant Pathol.,* 73, 103-104.

• **Les *Botrytis***

HARROW K. M., HARRIS S., 1969. Artificial curing of onions for control of neck-rot *(Botrytis allii). N. Z. J. agric. Res.,* 12, 592-604.

HENNEBERT G. L., 1963. Les *Botrytis* des *Allium. Meded. Landbouw Hoogesch. Gent.,* 28, 851-876.

LACY M. L., PONTIUS G. A., 1983. Prediction of weather-mediated relase of conidia of *Botrytis squamosa* from onion leaves in the field. *Phytopathology,* 73, 670-676.

LAFON R., 1961. Le *Botrytis* des semis d'Oignon. *BTI,* 162, 725-732.

SEGALL R. H., NEWHALL A. G., 1960. Onion blast or leaf spotting caused by species of *Botrytis. Phytopathology,* 50, 76-82.

TICHELAAR C. M., 1966. A leaf spot disease of *Allium* caused by *Sclerotinia squamosa. Neth. J. Plant Pathol.,* 72, 31-39.

VIENNOT-BOURGIN G., 1953. Un parasite nouveau de l'Oignon en France : *Botrytis squamosa* et sa forme parfaite *Botryotinia squamosa* n. sp. *Ann. Epiphyt.,* I, 23-43.

WALKER J. C., 1925. Control of mycelial neck-rot of onions by artificial curing. *J. agr. Res.,* 30, 365-373.

• **Les Rouilles**

GARDNER M. W., 1940. Garlic rust in California. *Plant dis. rep.,* 24, 298-299.

JENNINGS D. M., FORD-LLOYD B. V., BUTLER G. M., 1988. *Rust resistance in leek and other* Allium *species.* 4th. EUCARPIA *Allium* symposium Wellesbourne, 39-46.

VIENNOT-BOURGIN G., 1956. *Mildious, Oidiums, Charbons, Caries, Rouilles des plantes de France.* P. Lechevalier, Paris.

• **Conservation des bulbes**

LANGE W. H., MANN L. K., 1960. Fumigation controls microscopic mite attacking Garlic. *Calif. Agric.,* 14, 9-11.

MANN L. K., LEWIS D. A., 1956. Rest and dormancy in Garlic. *Hilgardia,* 26 (3), 161-189.

MESSIAEN C. M., PÉREAU-LEROY P., LEROUX J. P., 1969. Amélioration de la conservation des bulbes d'Ail par les rayons gamma. *C.R. Acad. Agric. Fr.,* 485-490.

SMALLEY E. B., HANSEN H. N., 1962. *Penicillium* decay of Garlic. *Phytopathology,* 52, 666-678.

• **Virus des *Allium***

BOS L., 1982. Viruses and virus diseases of *Allium* species. *Acta hortic.,* 127, 11-29.

DELÉCOLLE B., LOT H., 1981. Viroses de l'Ail. Mise en évidence et essai de caractérisation par immunoélectromicroscopie d'un complexe de trois virus chez différentes populations d'Ail atteintes de Mosaïque. *Agronomie,* 1, 763-770.

MARANI F., PIZZI L., OTTOLINI P., CHIUSA B., 1988. *Observations on field performance of virus-free micropropagated garlic plants.* 4th EUCARPIA *Allium* symposium Wellesbourne, 184-189.

MARROU J., LECLANT F., LEROUX J. P., 1972. *Épidémiologie de la Mosaïque de l'Ail.* Actas III Congreso Un. fitopat. Medit. Oeiras, 22-28 Outubro 1972.

MESSIAEN C. M., YOUCEF BENKADA M., BEYRIES A., 1981. Rendement potentiel et tolérance aux virus chez l'Ail. *Agronomie,* 1, 759-762.

MOHAMED N. A., YOUNG B. R., 1981. Garlic yellow streak virus, a potyvirus infecting Garlic in New Zeeland. *Ann. Appl. biol.,* 97, 65-74.

PELET F., 1988. Les virus de l'Échalote. *Rev. Suisse Vitic. Arboric. Hortic.,* 20 (4), 223.

PEÑA-IGLESIAS A., AYUSO P., 1982. Characterization of Spanish garlic viruses and their elimination by *in vitro* shoot apex culture. *Acta hortic.,* 127, 183-193.

QUIOT J. B., MESSIAEN C. M., MARROU J., LEROUX J. P., 1972. *Régénération par culture de méristèmes de clones d'Ail infectés de façon chronique par le virus de la Mosaïque de l'Ail.* Actes III. Congreso Un. fitopat. medit., Oeiras, 22-28 Outubro 1972.

WALKEY D. G. A., 1990. *Virus diseases. In :* R. & B. 1990, II, 9, 191-212.

WALKEY D. G. A., 1989. Agronomic evaluation of virus free and virus infected garlic *(Allium sativum). J. Hortic. Sci.,* 64 (1), 53-60.

• Mycoplasmes

KONVICKA O., NIENHAUS F., FISHEBECK G., 1978. Untersuchungen über die Urscachen der Pollensterilität bei *Allium sativum. Z. Pflanzenzucht.,* 80 (4), 265-276.

• Maladies non parasitaires

WUKASH R. T., HOFFSTRA, 1977. Ozone and *Botrytis* interactions in Onion die back : open top chamber studies. *Phytopathology,* 67, 1080-1084.

• Insectes

BONNET R., NIVIERE P., LABEYRIE V., 1974. Caractérisation d'amino-acides sulfoxydés dans la gaine et les limbes d'*Allium porrum. CR. Acad. Sci. Paris,* série D. 279, 1919-1920.

BONNET B., BOSCHER J., 1978. Importance écologique des structures superficielles de la feuille de Poireau pour l'un de ses consommateurs, la Teigne *Acrolepiopsis assectella. C.R. Acad. Sci. Paris,* serie D, 287, 479-482.

BOSCHER J., 1975. Recherches préliminaires sur les substances émises par le Poireau et stimulant la ponte de la Teigne *Acrolepia assectella. Ann. Zool. Ecol. anim.,* 1975, 7 (4), 499-504.

BOSCHER J., 1977. Mise en évidence du rôle du sulfure de dipropyle émis par les feuilles de Poireau dans la ponte de la Teigne *Acrolepiopsis assectella. C.R. Acad. Sci. Paris,* série D, 284, 635-637.

BRUNEL E., 1976. Biologie de la Mouche de l'Oignon, connaissances actuelles et méthodes de lutte. In « *L'Oignon* » édité par l'INVUFLEC, 87-93.

BRUNEL E., 1990. Faut-il encore lutter contre la Mouche de l'Oignon ? *Bull. FNAMS semences,* n° 114, 40-42.

HOFFMANN A., 1966. Sous famille des *Brachycerinae. In :* Balachowsky. *Traité d'Entomologie appliquée à l'Agriculture,* 948-952.

LABEYRIE V., 1966. La Teigne du Poireau. *In :* Balachowsky. *Traité d'Entomologie appliquée à l'Agriculture,* Masson et Cie. Paris 2 (1), 233-249.

LECOMTE C., THIBOUT E., 1981. Atrraction d'*Acrolepiopsis assectella* en olfactomètre, par des substances allélochimiques volatiles d'*Allium porrum. Ent. exp. et appl.,* 30, 293-300. Ned. Entomol. Ver. Amsterdam.

LECOMTE C., THIBOUT E., 1984. Le pouvoir attractif chez la Teigne du Poireau *Acrolepia assectella* de quelques *Allium* du complexe *ampeloprasum* consommés par l'homme. *Acta Œcol.-Œcol. appl.,* 5 (3), 259-270.

MANSILLA-SOUSA F. *Problemas sanitarios del cultivo del Ajo en Córdoba.* Junta de Andalucia-consejeria de Agricultura y Pesca. Dept. de mejora y agronomia de cultivos herbaceos. 27 p.

RAHN R., 1974. *Les déprédateurs animaux des cultures d'Ail autres que les nématodes.* Journ. nat. de l'Ail. Beaumont de Lomagne.

RAHN R., 1982. Piégeage sexuel de la Teigne du Poireau *Acrolepiopsis assectella* à l'aide du Z11H DAL, résultats de la campagne 1981. *Agronomie,* 2 (10), 957-962.

RAHN R., 1982. Influence du changement des méthodes culturales sur le développement des phytophages : cas de la culture de l'Oignon et de la dynamique de population de la Teigne du Poireau. *Agronomie,* 2 (8), 695-699.

RAHN R., 1988. La Teigne du Poireau, ravageur des poireaux et oignons porte-graines. *Bull. FNAMS semences,* n° 106, 34-37.

VARES-MEGINO F. *et al.,* 1987. Algunas enfermedades y plagas del Ajo en la zona productora castellano-manchega de la provincia de Cuenca. *Bol. San. veg. y plagas,* 13, 21-52.

VENDRAN H., 1990. *Le Brachycère, un parasite nouveau des cultures d'Ail en Bas-Vivarais.* Bulletin édité par la Ch. d'Agric. de l'Ardèche, 11 p.

VII
PRINCIPES DE SÉLECTION

1. Sélection massale

Les populations d'Ail ou d'Échalote que l'on cultive traditionnellement ne sont pas forcément homogènes. Pour augmenter la productivité, on peut être tenté de faire un choix avant la plantation, en éliminant les bulbes petits ou mal conformés, et les caïeux petits ou centraux (p. 179).

C'est ce que nous avons tenté de faire, imitant en cela les producteurs traditionnels eux-mêmes, sur la population « Violet de Cadours », dans les années 60. Cette « **sélection massale** » se révèle d'une faible efficacité. Ayant deux ans de suite réservé pour la plantation les bulbes les plus gros et de structure bien rayonnée, nous avons toujours retrouvé dans nos récoltes des bulbes petits ou difformes en forte proportion.

Les bulbes les plus gros ou contenant les plus gros caïeux ne sont pas forcément les individus les plus doués d'une population : ils ont pu bénéficier de circonstances accidentelles, terrain plus fertile à l'endroit où ils se trouvaient, disparition de la plante voisine, etc.

2. Sélection clonale pour le rendement

La constitution de **clones** à partir d'un **bulbe d'Ail** ou d'une **touffe d'Échalotes** sera le seul moyen d'obtenir des lots de plantes homogènes, que l'on pourra comparer entre eux pour ne conserver que les meilleurs.

Mais au départ, les gros caïeux d'Ail, ou les gros bulbes dans le cas des Échalotes, donnent une récolte supérieure à celle que donnent les plus petits.

Comment donc juger de façon valable, dans les premières générations végétatives, la productivité de familles d'une dizaine (1ère génération) ou d'une centaine de plantes (2e génération), issues de bulbes ou touffes de poids inégal, contenant des caïeux ou bulbes plus ou moins gros ?

Ce ne serait possible que si nous connaissions de façon précise la relation entre le poids planté p (caïeu ou bulbe) et le poids récolté P (bulbe ou touffe).

Si cette relation était de la forme $P = kp$, il suffirait d'adopter le coefficient k (taux de multiplication) comme critère de sélection...

Cas de l'Ail

Dans le cas de l'Ail, malgré un graphique de Couto (1958), reproduit par JONES & MANN, il ne semble pas que la formule $P = kp$ corresponde à la réalité.

En effet, à densité de plantation constante les plantes se font une concurrence d'autant plus forte que leur calibre au départ (fonction de la taille du caïeu) est plus important.

Il serait peu vraisemblable par ailleurs qu'il suffise chaque année de replanter les plus gros caïeux des plus gros bulbes pour augmenter indéfiniment la taille des bulbes récoltés.

En fait, dans la plupart des expériences que nous avons réalisées ou dont nous avons pu avoir connaissance, le calcul de la régression linéaire conduit à des droites coupant l'axe des ordonnées, avec une formule de type :

$$P = k_1 + k_2 p$$

... qui ne peut non plus être considérée comme satisfaisante, car il suffirait alors de ne rien planter pour récolter « k_1 ».

Au contraire, on obtient un alignement acceptable sur des droites passant par l'origine si l'on porte en ordonnée le carré des poids de récolte obtenus. La relation serait donc de la forme :

$$P = k\sqrt{p}, \text{ ou} : P^2 = k^2 p \quad \text{(fig. 52 ; p. 124 et 185)}.$$

On peut remarquer aussi que :

$$k^2 = \frac{P^2}{p} = P \times \frac{P}{p}$$

Ce coefficient « k^2 » est donc égal au poids moyen des bulbes récoltés, multiplié par le taux de multiplication. Il tient donc compte des deux points de vue qui peuvent intéresser le cultivateur, le prix de la semence entrant pour une bonne part dans le coût total de production : on peut donc le considérer comme un critère de « sélection sur index ».

Nous conseillerons donc, pour le démarrage d'une sélection clonale chez l'Ail de procéder de la façon suivante :

– Après choix d'une centaine de bulbes de belle apparence prélevés sur une population cultivée sur un terrain homogène, on cultivera la première année sur une ligne encadrée de deux lignes d'un clone de référence (caïeux calibrés à 1 gramme près) les groupes de 7 à 10 plantes issues des caïeux d'un seul bulbe, en notant pour chaque groupe le poids total planté. A la récolte, on corrigera le poids de bulbes produit par chaque clone en le multipliant par le coefficient :

$$\frac{\text{Poids moyen général des bulbes du clone de référence}}{\text{Poids moyen des bulbes des 2 portions de ligne du clone de référence encadrant le clone à évaluer}}$$

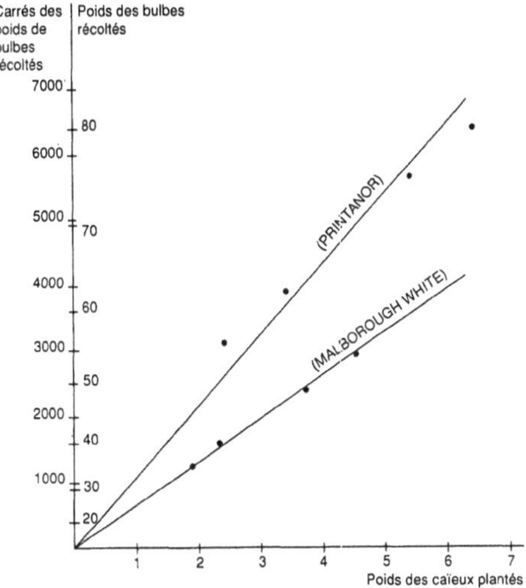

Figure 52. – Relation poids des caïeux plantés / poids des bulbes récoltés : l'échelle des abcisses est normale, celle des ordonnées modifiée de telle façon que les valeurs soient proportionnelles aux carrés des poids de bulbes récoltés (Résultats de Lammerink et Wallace, 1987 en Nouvelle-Zélande).

– L'année suivante on disposera de 50 à 80 caïeux pour chaque nouveau clone. On replantera les 30 clones dont les « k² corrigés » (par le coefficient ci-dessus) sont les plus élevés, et on pourra réaliser alors un essai avec 4 répétitions de 12 caïeux (les caïeux surnuméraires seront, bien entendu plantés eux aussi, hors-essai), avec, cette fois encore des lignes de référence du clone-témoin (une sur trois).

– En troisième année, avec des effectifs de l'ordre de 400 caïeux pour les 10 à 12 meilleurs clones, on peut installer des essais comportant 5 ou 6 répétitions de caïeux classés par calibres. Il sera sage de poursuivre sur 2 ou 3 ans les essais sur ces 10 ou 12 « meilleurs clones », afin de voir si leur hiérarchie se maintient d'une année sur l'autre.

A titre d'exemple nous pouvons retracer la sélection que nous avons réalisée à partir de 63 bulbes d'Ail de type « Bianco piacentino », en provenance de Rovigo (Ro) et Piacenza (Pi).

La première année les 47 familles qui avaient un k² (corrigé par rapport à un témoin « Fructidor ») inférieur à 650 ont été éliminées, sauf la plus mauvaise (PI2), conservée par curiosité.

Le tableau 23 nous montre la suite des opérations. Le choix final s'est porté sur « Rovigo 24 » (actuellement en cours de régénération, après un long purgatoire en collection virosée !).

Cas de l'Échalote

Dans le cas de l'Échalote, la relation entre le poids planté et le poids récolté s'avère beaucoup plus difficile à définir. D'après COHAT (1986), le rendement obtenu est fonc-

Tableau 23. Utilisation du coefficient « k^2 » pour la sélection clonale chez l'Ail,
sur des bulbes provenant d'Italie.

Clones	Coefficients « k^2 »			Conservés en 1968
	1964-65	1965-66	1966-67	
Ro3	937	1 798	668	+
Ro5	906	1 302	537	
Ro7	728	1 537	–	
Ro8	1 044	1 434	–	
Ro24	1 165	1 613	707	+
Ro28	680	1 747	–	
Ro29	1 000	1 281	–	
Ro32	780	1 350	–	
Pi2	390	1 072	395	
Pi9	869	814	–	
Pi11	904	1 981	606	+
Pi12	824	1 365	–	
Pi15	784	1 244	–	
Pi22	831	1 219	–	
Pi24	1 163	1 410	–	
Pi26	963	1 741	320	
Pi30	727	1 423	–	

Commentaire : Le terrain utilisé en 1965-66 était beaucoup plus riche et mieux arrosé que ceux utilisés les années précédente et suivante. Les meilleurs « k^2 » se poursuivent d'une année à l'autre, sauf pour « Pi26 » en 1966-67 (accident ?). De même, les mauvais « k^2 » de « Pi2 » se retrouvent d'année en année.

tion du nombre de bulbes récolté par unité de surface, lui-même fonction de la densité de plantation et du nombre prédéterminé, semble-t-il, de bourgeons par bulbe-mère. COHAT donne des régressions linéaires poids planté → poids récolté avec des ordonnées à l'origine considérables, de l'ordre de 20-25 t/ha, et précise bien entendu qu'elles ne sont valables que pour les valeurs de x comprises dans l'intervalle étudié...

Nous avons repris l'étude du cas de l'échalote, en commençant par exploiter les résultats d'un essai réalisé par M. PICHON à l'INRA-Clermont-Ferrand sur le clone régénéré de Jersey demi-longue « Mikor », avec un échelonnement considérable des calibres de bulbes plantés (15 à 100 g) et 3 densités de plantation.

Nos essais de transformation des données pour obtenir des droites de régression passant par l'origine aboutissent aux conclusions suivantes :

– Le calibre des bulbes récoltés est d'autant plus faible que celui des bulbes plantés est plus gros : effet probable d'une « compétition intra-touffes ».

Le tableau 24 concerne l'essai de Clermont-Ferrand, pour la densité de plantation 165 000 bulbes/ha.

Schématiquement, en plantant une petite échalote, on en récolte quelques grosses, en en plantant une grosse on récolte beaucoup de petites...

Tableau 24. Extrait d'un essai sur Échalotes « Mikor »
(Clermont-Ferrand, 1989, densité de plantation 165 000/ha)

Poids des bulbes plantés (g)	Nombre de bulbes/touffe	Poids moyen des bulbes récoltés (g)	Récolte t/ha
15	5,5	27,4	24,89
25	9,2	19,3	29,25
45	13,0	13,2	28,44
75	16,6	11,6	28,41
100	21,9	9,7	35,28

– La relation entre le poids des bulbes plantés p et le nombre n de bourgeons qu'ils contiennent – donc, plus tard, de fausses tiges puis de bulbes par touffe est de la forme :

$$n = k_1 \sqrt{p} \quad \text{(fig. 53)}$$

– La relation entre le poids de récolte/ha « P » et le nombre « N » de bourgeons/ha est de la forme :

$$P = k_2 \sqrt[3]{N} \quad \text{(fig. 54)}$$

Si l'on reprend dans le même esprit les chiffres de la publication de COHAT (1986), on peut aboutir à des conclusions analogues.

Ces expériences concernent l'Échalote de Jersey demi-longue et des plantations de printemps. Qu'en sera-t-il pour d'autres cultivars, et des cycles végétatifs plus courts ou plus longs ?

Des résultats concernant une Échalote tropicale, avec un cycle très court (60 j) et une densité de plantation très élevée peuvent être interprétés de la même façon que ceux obtenus en France avec les Jersey demi-longues en plantation de printemps : nombre de bourgeons par bulbe proportionnel à la racine carrée de poids de celui-ci, récolte à l'hectare (ou au m²) proportionnelle à la racine cubique du nombre de bourgeons à l'unité de surface (expérience réalisée en Guadeloupe avec l'Échalote « Guadeloupe »).

Par contre, en plantation d'automne dans le Midi de la France (ou dans le Nord, dans le cas d'hivers exceptionnellement doux), on peut entendre les planteurs d'Échalotes de

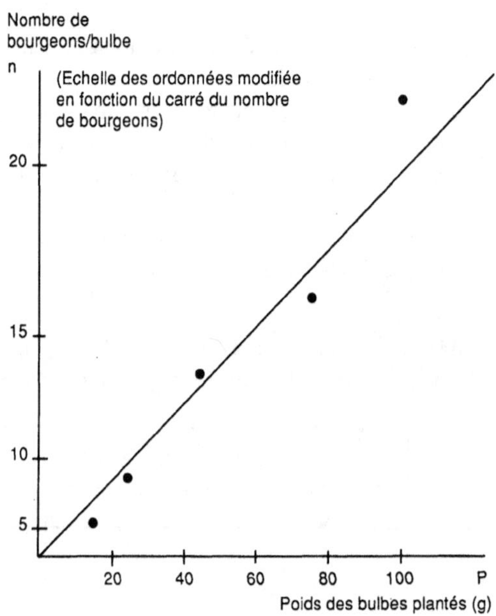

Figure 53. – Relation entre le poids des bulbes-mères et le nombre de bourgeons qu'ils contiennent.

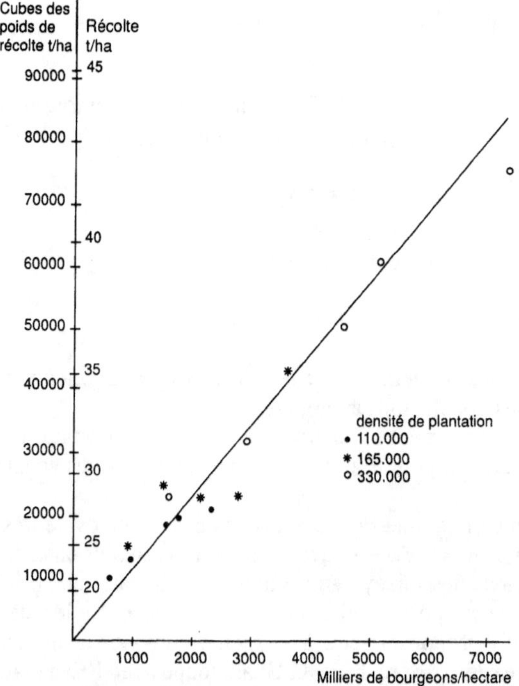

Figure 54. – Relation entre le nombre de bourgeons à l'hectare contenus dans les bulbes-mères et le rendement (Essai INRA Clermont-Ferrand, 1989 - Échalotes « Mikor ». Plantation de printemps).

Jersey longues ou grises, dire « en en plantant des grosses, on en récolte toujours des grosses ».

Sans aller jusque là, on peut penser qu'avec un cycle végétatif plus long, une augmentation du poids planté à l'unité de surface est mieux rentabilisée.

Pour une culture d'Échalotes grises à Versailles (1er novembre-1er juillet, hiver 1974-75, exceptionnellement doux) nous avions pu observer que, pour de petits calibres de bulbes-mères allant de 2 à 15 g :

– le nombre de bourgeons par bulbe était directement proportionnel au poids de celui-ci (fig. 55), et non à sa racine carrée (déjà 24 fausses-tiges issues de bulbes de 15 g) sans que nous puissions affirmer que cette règle resterait valable pour des Échalotes grises de 30 ou 40 g ;

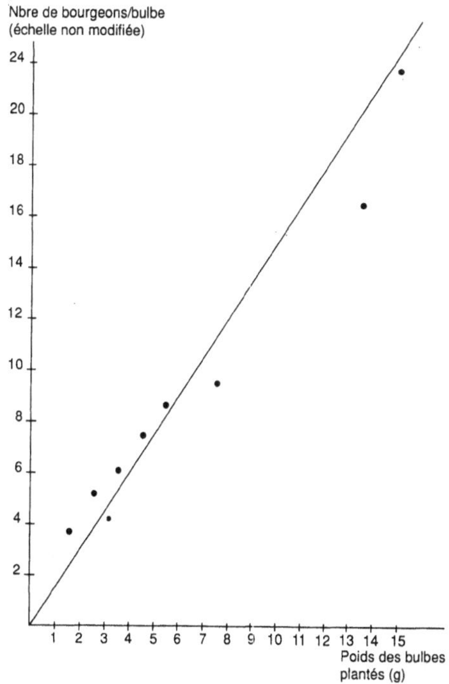

Figure 55. – Relation entre le poids des bulbes et le nombre de bourgeons
qu'ils contiennent pour l'Échalote grise (INRA Versailles, 1974-75).

– le rendement à l'unité de surface était proportionnel à la racine carrée du nombre de fausses-tiges (fig. 56), et non à sa racine cubique, comme dans les deux cas précédents.

Contrairement au cas de l'Ail, pour lequel la règle du « k^2 » semble valable pour tous les groupes variétaux et dans toutes les conditions de plantation, les formules varient sans doute chez les Échalotes suivant les cultivars et les cycles végétatifs.

Il semble donc prématuré de proposer pour les Échalotes des principes de sélection clonale permettant le choix entre des génotypes dont les bulbes plantés n'auraient pas été de même calibre au départ et, de plus, multipliés précédemment dans des terrains différents.

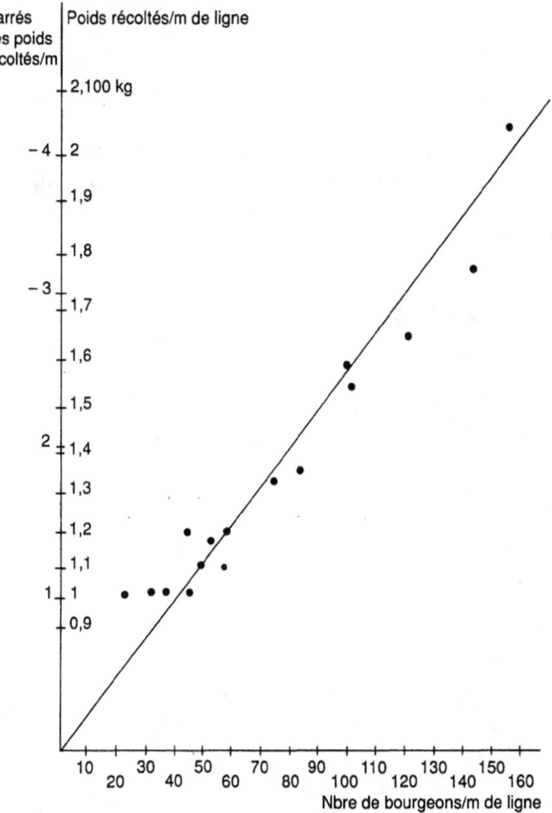

Figure 56. – Relation entre le nombre de bourgeons à l'unité de surface et la récolte chez l'Échalote grise (INRA Versailles, 1974-75).

Les différences constatées entre « clones » dans les premières générations sont souvent dues à des causes non génétiques : contaminations parasitaires d'intensité variable, interactions entre générations entraînant des états physiologiques puis des comportements légèrement différents. Ces différences peuvent s'atténuer au cours de cycles de multiplication côte-à-côte.

Ainsi, deux couples de deux souches, l'une considérée comme performante et l'autre comme médiocre, originaires d'une même zone et d'un état sanitaire apparemment équivalent, ont été introduits puis cultivés pendant 4 ans dans des conditions identiques. Les différences, importantes l'année de l'introduction, s'atténuent progressivement (tabl. 25). De même, les valeurs des taux de division (nombre de bulbes-fils par touffe), légèrement différents au départ, se rejoignent progressivement.

Des tentatives de sélection clonale pour le taux de division n'ont pas abouti (COHAT, non publié), et on peut le comprendre si on pense aux interactions qui existent entre générations. La prolificité d'un bulbe dépend essentiellement de son poids, mais aussi

Tableau 25. Évolution du rapport des rendements d'une « bonne souche » et d'une « mauvaise souche » chez deux couples cultivés dans les mêmes conditions

Années	Couple 1	Couple 2
1	1,35	1,54
2	1,04	1,20
3	0,97	1,02
4	1,02	0,99

des conditions subies par la plante-mère durant la génération précédente (calibre planté, intensité de la compétition ; COHAT, 1986).

Les relations que nous avons postulées précédemment entre le rendement observé et le nombre de bourgeons à l'hectare ne tiennent pas compte, de plus, du fait qu'un même nombre de bourgeons donne un rendement plus élevé s'il est obtenu par la plantation d'un plus grand nombre de petits bulbes (moindre compétition intra-touffe).

La comparaison rigoureuse des rendements de différents clones exige la plantation de bulbes de même calibre, produits par des bulbes-mères de calibre comparable cultivés sous les mêmes conditions et ce en nombre suffisant.

La sélection clonale dans les variétés actuelles offre beaucoup moins de possibilités de progrès et de diversification que la sélection créatrice faisant appel à la reproduction sexuée (p. 153).

3. Critères qualitatifs de sélection

La productivité n'est pas le seul critère sur lequel on doive s'appuyer pour conserver ou rejeter un clone. Des caractères qualitatifs entrent aussi en ligne de compte.

Sélection de l'Ail

Chez l'Ail, on devra prendre en considération :

– l'**aspect extérieur du bulbe** : les clones présentant la forme la plus arrondie, sans caïeux externes surnuméraires, sont à retenir ;

– la **régularité des caïeux** : il est souhaitable, dans un bulbe, de trouver le plus grand nombre de caïeux utilisables comme semences, même au centre. On peut se servir, comme critère de comparaison, à partir du moment où l'on dispose d'une dizaine de bulbes, de l'écart-type des poids de caïeux pesés un à un ;

– la **faible proportion de « doubles »** : certains caïeux à première vue simples peuvent renfermer deux ou trois caïeux élémentaires sous la même tunique (égaux ou non), ce qui aboutit à l'apparition de plantes jumelles ou triplées, donnant naissance à des bulbes dissymétriques. Toute famille donnant naissance à un nombre important de plantes doubles ou multiples sera à rejeter ;

– la **coloration** des tuniques extérieures du bulbe, et des caïeux... en se conformant au goût du public, qui peut évoluer : dans le Sud-Est de la France, comme en Italie, les consommateurs étaient traditionnellement attirés par le blanc pur des tuniques, et une couleur pâle (ivoire ou mauve) des caïeux.

« Germidour », à tuniques violacées et caïeux mauve foncé a cependant été très bien accepté, et se commercialise aujourd'hui sous filets de coloration violette pour souligner sa couleur !

Les Espagnols recherchent des caïeux de couleur rose vif.

Ce que l'on peut conseiller en fin de compte, c'est de rechercher des **colorations bien franches :** blanc pur, ou violet franc pour les tuniques externes, ivoire, mauve ou rose vif pour les caïeux, en évitant le grisâtre ou le beige...

On se méfiera des **colorations instables :** chez certains clones des variétés du groupe I (« Rose de Lautrec », « Morado », p. 166) on observe d'un bulbe à l'autre, ou à l'intérieur du même bulbe (fig. 57) des variations de couleur des caïeux, qui peuvent être blancs, blancs striés de rose, rose uni ou rose strié de pourpre. Le choix de bulbes-mères bien colorés ne permet pas de stabiliser la situation.

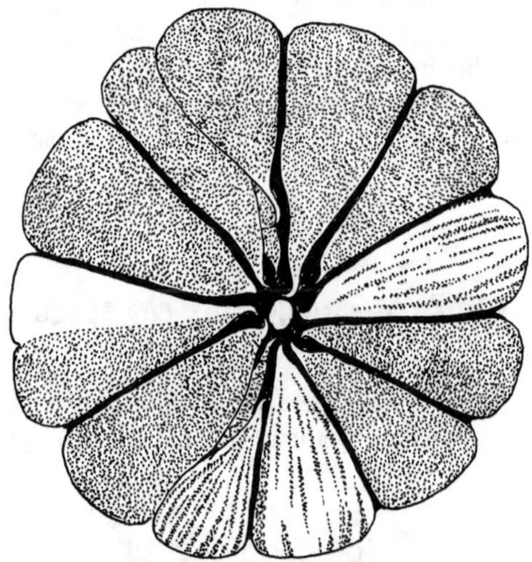

Figure 57. – Coloration instable chez un clone d'Ail de type « Morado » (groupe variétal I).

On peut avancer deux explications à ce phénomène :

– la coloration peut être liée à la pénétration de la lumière jusqu'aux caïeux : le groupe interne de caïeux, nés à l'aisselle de la dernière feuille, recouverts par une tunique de plus, est souvent moins coloré que le groupe externe, né à l'aisselle de l'avant-dernière feuille ;

– mais on ne doit pas non plus écarter une instabilité d'expression des gènes de coloration, analogue à celle qu'on observe chez certaines variétés de haricots*.

---

* Ex. : « Coco nain rose d'Eyragues », à grains striés de rouge sur fond blanc, mais qui produit 5 % de grains rouges. Ceux-ci, semés séparément, ne donnent pas une descendance différente de celle des grains striés.

Sélection de l'Échalote

Chez l'Échalote, on peut être tenté de définir ce que l'on considère comme la « variété idéale », de nombreux caractères sont à prendre en compte. On recherchera :

En végétation :
- une levée complète et groupée, nécessaire à l'homogénéité de la culture,
- un feuillage à port dressé (aération de la culture), de couleur vert franc,
- l'absence de floraison dans le cas de plantations précoces,
- une faible sensibilité aux maladies et brûlures du feuillage, et aux contaminations virales,
- un collet fin, pour faciliter le séchage et éviter les collets ouverts favorables aux pénétrations de parasites,
- une végétation normale dans différents types de sol.

A la récolte :
- l'absence de racines persistantes, pour la facilité d'arrachage puis de conditionnement,
- un **rendement élevé,** le plus constant possible sous diverses conditions agroclimatiques, mais accompagné d'un **taux de division élevé** (sinon on s'acheminera vers de trop gros calibres et un poids trop important de semences à l'hectare),
- une homogénéité de calibre des bulbes dans la touffe et entre les touffes,
- des bulbes de présentation attrayante : forme longue, régulière, absence de bulbes doubles, tuniques lisses, brillantes, solides, de couleur homogène, se distinguant nettement des bulbes d'Oignon,
- des bulbes fermes, résistant aux chocs, supportant la mécanisation des chaînes de conditionnement,
- une chair de couleur blanc-rosé ou rose violacé,
- une bonne qualité condimentaire.

Durant la conservation :
- absence de gonflement précoce du plateau racinaire, et de départ prématuré de germes (forte dormance),
- faibles pertes de poids,
- maintien de la fermeté du bulbe et de la qualité des tuniques,
- aptitude à supporter le traitement à l'eau chaude.

Cette liste de caractères à rechercher est impressionnante, et on peut penser que les obtenir tous à leur niveau optimum par sélection clonale est d'une probabilité très faible.

Trois caractères peuvent être considérés comme prioritaires :

– Le taux de division, c'est-à-dire le nombre de bulbes-fils formés par bulbe planté doit être élevé*.

---

* Si l'on adoptait la formule $n = k_1\sqrt{p}$ proposée par C. M. MESSIAEN (p. 143) le coefficient k_1 pourrait être adopté comme critère de sélection.

En effet, avec l'amélioration des techniques mises en œuvre : paillage plastique, généralisation du traitement des bulbes à l'eau chaude, traitements phytosanitaires, les rendements sont élevés et entraînent la récolte de bulbes souvent trop gros, trop proches de l'Oignon. Pour rester dans des calibres raisonnables, il est nécessaire d'avoir une densité élevée de bourgeons à l'hectare, entraînant une forte compétition. Avec les taux de division des variétés actuelles, il est alors nécessaire de planter des tonnages élevés de bulbes (plus de 3 t/ha) ce qui augmente les coûts de production : prix de la semence, coût du traitement à l'eau chaude, temps de plantation.

Le fait de disposer de variétés plus prolifiques limiterait le poids de ce poste « plants » – avec le risque, en cas de faibles rendements à la suite d'accidents divers, de récolter beaucoup de bulbes, mais trop petits.

– Les deux autres caractères devant être considérés comme prioritaires sont la bonne aptitude à la conservation et une belle présentation.

Les clones (« Jersud », longue et « DLGK3 », demi-longue) dont sont issus par culture de méristèmes « Jermor » et « Mikor », actuellement multipliés sous contrôle officiel, ont été sélectionnés de façon empirique, à une époque où une conscience nette n'avait pas encore été prise de tous les critères évoqués ci-dessus. « Jersud » avait été choisie au champ à Montfavet, pour sa vigueur et la faiblesse des symptômes de virus, dans un lot de « Longues » ramené de la presqu'île de Crozon par J. MARROU. « DLGK3 » est issue d'une tournée réalisée avec B. MOREAU, avec de nombreux arrêts d'Orléans à Brest, au cours de laquelle une cinquantaine de touffes avaient été marquées au champ. « DLGK3 » avait ensuite été retenue à l'INRA-Versailles (dans les conditions évoquées ci-dessus) parmi la vingtaine de clones issus des touffes envoyées par les cultivateurs à la suite du marquage.

Les essais de ces dernières années à l'INRA-Plougoulm semblent d'ailleurs indiquer que les rendements élevés et la qualité de conservation de « Jermor » et « Mikor » tiennent plus à l'élimination de l'OYDV qu'à une véritable supériorité génétique vis-à-vis des populations entretenues en sélection massale chez les meilleurs planteurs.

4. Régénération par culture de méristèmes

Nous avons déjà fait allusion à cette méthode au chapitre précédent (p. 122 et 129).

Parmi les méthodes de culture *in vitro,* la culture de méristèmes est considérée comme « conservatrice », n'entrainant ni modifications chromosomiques ni « somaclonales ».

En est-il bien ainsi pour les *Allium ?* Peut-on considérer que tous les **« mériclones »,** issus de différents méristèmes extraits du même clone virosé, sont équivalents et que, recontaminés par la souche d'OYDV du clone d'origine, on retrouve exactement les caractéristiques de celui-ci ?

Il semble que cela soit vrai dans certains cas pour l'Ail : rien ne distingue, à la génération qui suit la recontamination, « Germidour » recontaminé par la souche de « VC6 », du « VC6 » d'origine.

Tableau 26. Essais de comparaison de 17 mériclones extraits de « Fructidor »
avec le clone d'origine (INRA, Clermont-Ferrand, 1980)

T	Essai Puy-de-Dôme 1		Essai Puy-de-Dôme 2		
Mériclones	k^2	rang	k^2	rang	
F1	603	13	979	11	
F2	654	7	874	15	
F2/5	652	8	1 031	7	
F3/1	707	6	948	12	
F5*	584	15	864	16	
F6	525	16	817	17	
F9	519	17	908	14	
F11	722	5	1 061	4	
F12	603	14	1 051	6	
F14	724	4	1 068	3	
F17	732	3	1 061	5	
F18	637	10	1 030	8	
F19	609	12	938	13	
F20	637	9	980	10	
F21*	773	1	1 081	2	
F23	612	11	987	9	
F24	743	2	1 211	1	→ retenu sous le nom de « *Printanor* »
Fructidor (témoin)	442	18	625	18	

*   : indique les meilleurs mériclones.

De même, d'après les essais de l'INRA à Plougoulm, le rendement de « Mikor »
rejoint peu à peu celui de « DGLK3 » à mesure que les pourcentages de recontamination augmentent.

Mais d'autres cas sont plus troublants : « Printanor », choisi comme l'un des plus
vigoureux et mieux conformés parmi les 17 mériclones extraits par J. P. LEROUX de
« Fructidor » (tabl. 26) ne redevient pas exactement semblable à « Fructidor » quand il
est recontaminé.

M. PICHON donne à Clermont-Ferrand les chiffres suivants (tabl. 27) :

Tableau 27. Comparaison des rendements de « Printanor »,
« Printanor » recontaminé par l'« OYDV » et « Fructidor »

	Poids (t/ha)	
	Caïeux plantés	Bulbes récoltés
Printanor	0,917	13,3
Printanor recontaminé	0,910	10,2
Fructidor	0,929	8,7

Une variabilité pour des caractères qualitatifs peut aussi apparaître, comme le montre la présence de variants « émeraude », aux feuilles presque dépourvues de cire épidermique, parmi les mériclones issus de « Tachkent M » et donc frères de « Sprint ».

Il existerait donc pour certains clones d'Ail une possibilité de « variabilité induite » par la mise en culture de méristèmes. Nous ne tenterons pas ici d'en élucider la nature.

Dans la pratique, il serait donc peu sage de mélanger d'emblée, à la sortie des tubes, les plantes issues de plusieurs méristèmes prélevés sur le même clone. On ne pourra se risquer à le faire – pour gagner du temps sur les multiplications ultérieures, et de façon provisoire – que si l'on a vérifié que pour le rendement, les caractères qualitatifs, et le retour au type initial par rétro-inoculation ils sont semblables entre eux.

5. Obtention de nouveaux clones par semis de graines

Ail

Dans le cas de l'**Ail,** seuls les clones d'Asie centrale et du Caucase collectés par Eтон sont capables de produire des graines, à condition de pratiquer l'ablation des bulbilles d'inflorescence (p. 25). La variabilité des géniteurs semble *a priori* assez faible : deux types morphologiques seulement, différant par le nombre et la taille des caïeux (p. 176), ceux-ci restant toujours d'un mauve moyen.

L'observation des premiers bulbes composés issus de nos graines 1989 révèle cependant, en plus d'une variabilité morphologique reproduisant celle des parents, une intéressante diversité de coloration des caïeux, qui va du rouge vineux intense au gris-mauve clair. Si nous ajoutons à cela l'espoir de retrouver dans ces descendances la résistance à l'OYDV de « 211 » (p. 129), les perspectives sont encourageantes. On peut remarquer que T. Eтон, sur les clones provenant de régions plus éloignées du centre d'origine, n'a vérifié la stérilité de façon pratique et cytologique (méioses anormales) que sur ceux qui produisent régulièrement des hampes florales. En 1991, grâce à

R. Roux nous avons pu repiquer en pot et soumettre à l'ablation des bulbilles des plantes de « Cristo » et « Moulinor » (groupe variétal II) ayant produit des hampes florales. Les fleurs ont atteint une taille normale et pris une couleur rose, mais les anthères sont restées vides et les styles ne se sont pas allongés.

Des recherches cytogénétiques et physiologiques resteraient nécessaires pour déterminer si la cause initiale de cette stérilité (méioses anormales avec agglutination des chromosomes en paquets de 4 à 8) a pour origine une dégradation profonde de la structure de ceux-ci par des inversions et translocations multiples – ou un « empoisonnement » des mécanismes de la méiose par des déséquilibres hormonaux (p. 74).

Échalote

Chez l'Échalote, la floraison est facilement obtenue avec les « Jersey demi-longues » en plantation d'automne. Elle est plus rare, mais non impossible chez les « Jersey longues » et chez la « grise ».

Rien ne s'oppose donc à une sélection créatrice par semis de graines, sinon une objection de principe : les clones obtenus par cette voie n'auront-ils pas une tendance exagérée à la floraison ?

Deux arguments permettent de répondre à cette objection :

– il n'est pas nécessaire d'obtenir des clones totalement incapables de fleurir, mais seulement des clones ne fleurissant pas dans les conditions normales de culture (ex. : plantation de printemps pour les demi-longues) ;

– si le semis permet d'obtenir une **variabilité,** il est prévisible que celle-ci ait pour conséquence des **transgressions,** aussi bien dans le sens d'une moindre tendance à la floraison que dans l'autre.

J. Cohat s'est engagé dans cette voie. Ses différents objectifs de sélection ont été présentés page 149, ils sont les mêmes pour les clones issus de semis.

Le schéma de sélection appliqué dans un premier temps est simple : il s'agit d'exploiter la variabilité présente dans des descendances obtenues par voie sexuée, c'est-à-dire de détecter dans des populations issues de semis les combinaisons génétiques exceptionnelles, la multiplication végétative permettant ensuite une reproduction fidèle du génotype. Une **sélection multicaractères par niveaux indépendants** est pratiquée.

Il faut d'abord **obtenir des graines,** or certains cultivars ne fleurissent pas, en particulier l'Échalote grise, et dans une moindre mesure la Jersey longue : cela limite la variabilité génétique utilisable. Les conditions reconnues comme facilitant la floraison (utilisation de bulbes de gros calibre, conservation à température fraîche, plantation précoce) sont appliquées. Les plantes qui commencent à monter peuvent être transplantées sous abri pour leur assurer des conditions favorables à la pollinisation puis à la maturation des graines.

Les graines récoltées peuvent être d'origines diverses :

– **fécondation libre** (mélange d'autofécondations et de fécondations croisées),

– **mélange d'autofécondation et de croisement contrôlé,** par ensachage de 2 inflorescences de génotype différent dans le même sac en papier sulfurisé, avec addition de mouches,

   — **autofécondation** : ensachage d'une seule inflorescence, avec addition de mouches
– ou agitation manuelle du sac plusieurs fois par jour*;

   — **croisement contrôlé après castration manuelle :** compte tenu du faible nombre
de graines par capsule (max. 6), cette solution ne peut fournir qu'un nombre limité de
graines. La stérilité mâle, originaire de l'Oignon, est également utilisable, mais on se
heurte parfois à un manque de stabilité (plus en Bretagne qu'en Provence ou aux
Antilles).

   Après récolte, les graines sont conservées à basse température (3°-4 °C) jusqu'au
semis qui peut être réalisé de novembre à mars, sous abri, et à densité élevée (20 à
40 graines au mètre linéaire, lignes espacées de 20 à 30 cm).

   La levée est rapide en conditions favorables, on peut observer dans certaines descendances, en particulier celles issues d'autofécondation, un pourcentage élevé de plantes
albinos qui disparaissent, ou de plantes au feuillage vert clair au départ qui peuvent se
rétablir ensuite sous abri.

   Les plantes mûrissent en août, la grosseur des bulbes récoltés dépend de la date de
semis et de l'intensité de la compétition, des touffes de plusieurs bulbes, pesant jusqu'à
une centaine de grammes peuvent être obtenues. Les bulbes, à raison d'un par plante,
sont regroupés par calibre et par forme (rond, demi-long, long) et conservés à température ambiante. Après élimination de ceux dont les germes sont visibles, ils sont plantés
précocement (novembre à janvier) afin d'extérioriser leur aptitude à floraison.

   Durant la végétation, les plantes sont observées à plusieurs reprises et on élimine
celles qui présentent des défauts :
- plantes chétives, maladives,
- plantes à feuillage jaune,
- plantes à port retombant,
- plantes à feuillage grossier de type « Oignon »,
- plantes sensibles à la nécrose des pointes de feuilles,
- plantes sensibles aux *Botrytis,*
- plantes montées,
- plantes à gros collet,
- plantes à maturité tardive,
- plantes peu divisées (en tenant compte du calibre planté et du taux de division des
clones-témoins).

   A la récolte, les touffes produisant des bulbes de forme non satisfaisante (épaulés,
doubles...), de mauvaise présentation (tuniques grossières), de calibre hétérogène, ou
avec des racines persistantes, sont éliminées.

   A titre d'exemple le tableau 28 indique les pourcentages d'élimination, pour diverses
raisons, observés la première année de sélection dans une population de 2 500 bulbes
provenant de graines récoltées sur Échalote demi-longue en fécondation libre.On a
observé dans cette descendance une variation importante pour de nombreux caractères
comme la couleur et le port du feuillage, l'aptitude à la floraison, la forme du bulbe... et
une certaine indépendance entre ces caractères. L'observation de nombreux clones issus

---

* La récolte de graines sur une parcelle isolée plantée avec un seul clone revient elle aussi à une
  autofécondation.

de semis pendant plusieurs années montre que les caractères notés la première année restent ensuite relativement stables si les conditions de culture (calibre planté, densité) sont comparables.

Tableau 28. Différentes causes d'élimination en première année de sélection (descendance de 2 500 plantes provenant d'Échalote de Jersey demi-longue en fécondation libre)

Causes d'élimination	Nombre	%
Feuillage jaune	69	2,7
Plantes chétives	306	12,4
Feuillage à port retombant	257	10,3
Feuillage de type oignon	199	8,0
Plantes montées	361	14,4
Taux de division insuffisant	690	27,6
Forme ronde ou bulbes doubles	127	5,1
Mauvaise conservation	37	1,5
Total	2 046	81,8

L'observation de descendances issues d'autofécondation indique que l'Échalote demi-longue supporte bien la consanguinité, la vigueur de la majorité des plantes est normale, par contre la fréquence des albinos est plus élevée.

En deuxième année, tous les bulbes des touffes retenues sont replantés à époque normale (janvier à mars) pour un nouveau jugement et un début de multiplication. En troisième et quatrième année, les premiers essais comparatifs de rendement peuvent être mis en place dès que l'on dispose de 50 bulbes de calibre homogène. Pour l'évaluation de la récolte, on tient compte du rendement, de la composition de la récolte (nombre de bulbes par classe de calibre), de la présentation des bulbes, du comportement en conservation (pertes de poids, gonflement du plateau, départ de germes, évolution de l'aspect).

Chez l'Oignon, il a été montré (BEDFORD, 1984)* que l'intensité de la saveur (« force ») est liée à la richesse en matière sèche, on peut penser qu'il en est de même pour l'Échalote. La teneur en matière sèche des différents clones est évaluée par mesure de l'indice réfractométrique (degré BRIX) du jus de bulbes. Cet indice est bien corrélé avec le pourcentage de matière sèche déterminé à l'étuve, ce qui est logique si on se rappelle que la plus grande partie de cette matière sèche est constituée de glucides solubles.

L'appréciation gustative de la saveur sur de nombreux échantillons est difficile, à cause de la saturation rapide des papilles gustatives. On essaye cependant d'éliminer les clones au goût déplaisant.

---

* Voir aussi DEMBELE et DUBOIS, 1973.

A partir de la 4ᵉ année, des essais extérieurs dans différentes zones de production peuvent commencer en relation avec les partenaires professionnels. La synthèse des résultats des différents essais permet d'apprécier la valeur des clones expérimentés en comparaison avec des variétés de référence.

Le tableau 29 indique l'évolution du nombre de clones retenus à l'issue de chaque année de sélection clonale dans le cas des 2 500 semis du tableau 28*.

Tableau 29. Nombre de clones retenus à chaque cycle de sélection
à partir de 2 500 semis

Année de sélection	Nombre de clones	%
1	2 500	
2	390	15,7
3	158	6,3
4	77	3,1
5	36	1,4
6	13	0,5
7	4	0,16

Ce schéma de sélection, tel qu'il est présenté, paraît simple, mais dans la pratique on se heurte à différents problèmes ou contraintes :

– la variabilité génétique utilisable est faible ;

– c'est un travail laborieux : nombreuses observations, pesées, calibrages et comptages à la récolte et en conservation, préparation des plantations, etc. ;

– nécessité d'une expérimentation plurilocale et pluriannuelle pour tenir compte de l'interaction génotypes-milieu ;

– nécessité de cultures isolées à l'abri des contaminations, maintien d'un lot de pieds-mères pour les meilleurs clones sous abri grillagé pour ne pas perdre le bénéfice de la non-transmission de l'OYDV par graine.

Parmi le matériel retenu au cours du premier cycle de sélection la plupart des clones présentent des qualités intéressantes à un niveau élevé, mais accompagnées de défauts qui interdisent une sortie variétale**. L'exploitation de ces clones peut être envisagée dans un **second cycle de sélection** selon le schéma suivant :

– regroupement de clones possédant une qualité donnée (taux de division, forme longue et belle présentation, aptitude à la conservation, ou richesse en matière sèche) ;

– pollinisation croisée à l'intérieur de chacun des groupes, récolte des graines clone par clone ;

---

* A titre de comparaison, en Guadeloupe (1971-72, à raison de 3 générations végétatives par an) nous avions retenu, à partir de 100 plantules issues de graines du clone « EG1 », 2 clones à rendement égal ou supérieur à celui d'EG1, le clone « EG1S1 » produisant des bulbes mieux conformés.

** L'un d'entre eux cependant est en début de multiplication pour inscription parmi les clones certifiés.

– jugement des descendances, détection des meilleurs géniteurs ;

– croisements entre ces meilleurs géniteurs (intra-groupes ou inter-groupes) ;

– sélection dans la descendance comme présenté précédemment.

La réalisation de ce schéma se heurte au faible nombre de clones aptes à fleurir puis à produire des graines viables, l'efficacité de la sélection pratiquée contre l'aptitude à fleurir se révèle un obstacle pour progresser : une meilleure maîtrise de la floraison est à rechercher.

Les **Échalotes tropicales** peuvent-elles servir de géniteurs ? Des descendances de croisement avec les Échalotes de Jersey ont montré une totale inadaptation aux conditions de climat tempéré. On observe en effet :

– une montaison systématique, souvent dès l'année du semis ;

– un gain faible ou nul en précocité de maturation. On peut penser que les températures fraîches de printemps (12-16 °C) dans l'Ouest de la France sont le facteur limitant* ;

– une très faible dormance qui entraîne un départ très précoce de la végétation, parfois même avant maturité ;

– des bulbes souvent doubles et de vilaine présentation, avec souvent des racines persistantes.

Les possibilités de progrès par cette voie semblent donc limités à court terme.

Chez l'**Échalote grise,** il n'a pas encore été possible d'exploiter les très rares floraisons qui ont été observées. Regrouper la qualité condimentaire et l'immunité à l'OYDV de l'Échalote grise, et les qualités agronomiques, la moindre sensibilité aux *Botrytis* des Échalotes de Jersey constituerait un réel progrès.

6. Peut-on concevoir des systèmes alternant la reproduction par graines et la multiplication végétative ?

De tels systèmes ne pourraient être envisagés dans l'immédiat que pour l'Échalote, le processus d'ablation des bulbilles pour l'obtention de graines d'Ail étant prohibitif pour une production de graines commerciales**.

Précisons tout d'abord que, tout au moins en France, des bulbes allongés de petite taille appartenant à l'espèce *Allium cepa* ne peuvent être vendus comme « Échalotes » que s'ils sont issus de reproduction végétative*** – afin d'éviter des « contrefaçons », comme les « Échalotes de Turquie », en réalité issues de graines, qui avaient envahi nos marchés dans les années 80.

---

* La situation serait sans doute différente dans le Midi de la France. Mais les progrès pour la conservation de l'Échalote en Bretagne-Val de Loire ont été tels ces dernières années que l'intérêt de la précocité est devenu illusoire. Nous avions imaginé aussi une exportation d'Échalotes des Antilles vers la France en mai-juin...
** L'objectif ultime de T. Etoh reste cependant la reproduction de l'Ail par graines dans la pratique agricole.
*** Arrêté du 17 mai 1990. *Journal officiel.*

Échalotes tempérées

Pour les **Échalotes tempérées,** l'obtention récente de plantes haploïdes chez *Allium cepa* par **gynogenèse** (culture *in vitro* d'ovules non fécondés : CAMPION et ALLONI, 1986, 1990 ; MUREN, 1989 ; KELLER, 1990) ouvre des perspectives intéressantes.

La technique de MUREN appliquée à quelques clones d'Échalote a permis d'obtenir quelques plantes haploïdes (n = 8) dont certaines proviennent de plantes mâle-stériles (COHAT, non publié, 1990).

On peut espérer réussir le doublement chromosomique de ces plantes haploïdes, et au bout de quelques années disposer d'un assortiment de plantes diploïdes homozygotes d'origine diversifiée, dont certaines mâle-stériles. Il resterait alors à appliquer le schéma classique de création de **variétés hybrides F_1,** c'est-à-dire la recherche des meilleures combinaisons entre lignées ou clones homozygotes.

L'exploitation commerciale d'une telle variété ne se ferait pas directement sous forme de semis, mais par plantation de bulbes obtenus après quelques générations de multiplication végétative sous des conditions favorables au maintien d'un bon état sanitaire.

Ce type de variété et le schéma d'exploitation envisagé présenteraient quelques particularités intéressantes :

– on conserverait les avantages liés à la multiplication végétative – et en particulier le droit à l'appellation commerciale « Échalote » ;

– on limiterait les contraintes du système de production de plants certifiés ;

– l'obtenteur conserverait la maîtrise du matériel génétique ;

– une diversification rapide de la gamme variétale devrait être possible par exploitation de nouvelles formules hybrides. Un tel schéma est donc séduisant, mais son aboutissement ne pourrait être envisagé qu'à moyen ou long terme (15 ans ?).

Sa mise en œuvre suppose la réalisation d'un certain nombre de conditions :

– disposer d'un matériel diploïde homozygote suffisamment diversifié,

– les clones homozygotes doivent être faciles à multiplier, et le contrôle de leur floraison maîtrisé, étant bien entendu que dans les conditions normales de cultures les hybrides F_1 obtenus doivent être non florifères.

Les critères de sélection énumérés ci-dessus (p. 147 et 149) s'appliqueront bien entendu aussi aux hybrides F_1.

Échalotes tropicales

Pour les **Échalotes tropicales** (et pour leur culture en milieu tropical), nous nous sommes engagés dans une voie d'un niveau scientifique moins élevé (faute de moyens matériels).

Nous avons tout d'abord introduit la stérilité-mâle de l'Oignon dans des croisements Oignon × Échalote.

Nous avons pour cela utilisé des plantes mâle-stériles d'un oignon jaune tropical sélectionné par G. ANAÏS et C. VINCENT à partir de l'Oignon hollandais « Rinsburger » et de l'oignon africain de jours courts « Violet de Galmi ». Nous désignerons cette population par « OA ».

Les graines du croisement

$$\text{OA} \times \text{Échalote Guadeloupe} \tag{1}$$

donnent des bulbes puis des clones encore trop proches du type « Oignon » : tendance exagérée à la floraison, division insuffisante, trop grande sensibilité aux *Thrips*.

Nous avons ensuite entrepris un programme de rétrocroisements tels que :

$$(\text{OA} \times \text{Échalote Guadeloupe}) \times \text{Échalote Guadeloupe} \tag{2}$$

$$(\text{OA} \times \text{Éch. Guadeloupe}) \times \text{Éch. Haïti} \tag{3}$$

$$(\text{OA} \times \text{Éch. Guadeloupe}) \times \text{Éch. Haïti]} \times \text{Éch. Haïti} \tag{4}$$

Notre but est de constituer ainsi par rétrocroisement des clones mâle-stériles de type « Échalote », contenant 75 ou 87,5 % de gènes d'un type d'Échalote tropicale, puis, en les fécondant par d'autres clones tropicaux d'origine (ceux-là fertiles, comme « Abidjan » ou « Réunion ») de produire des graines **« hybrides de clones »** donnant une descendance à la fois vigoureuse et relativement homogène*. Diverses combinaisons pourraient être obtenues, de colorations variées, et plus ou moins fortement dormantes.

Ces graines seraient produites, soit en cours de saison sèche en conditions tropicales, soit en conditions méditerranéennes (ex. : Midi de la France, où la floraison de ces clones est très bonne). Elles seraient semées en pépinière en conditions tropicales en fin de saison des pluies pour donner des bulbes ronds pouvant être utilisés soit comme petits oignons, soit comme point de départ de plusieurs générations d'Échalotes (1 génération ou 2 générations par an, suivant l'intensité de dormance des clones parentaux et de l'hybride obtenu).

La relative homogénéité des bulbes obtenus à partir des graines du croisement :

$$[(\text{OA} \times \text{Éch. Guadeloupe}) \times \text{Éch. Haïti]} \times \text{Échalote Réunion}$$

$$\underbrace{\phantom{[(\text{OA} \times \text{Éch. Guadeloupe}) \times \text{Éch. Haïti]}}}_{\text{♂ stérile}} \quad \underbrace{\phantom{\text{Échalote Réunion}}}_{\text{fertile}}$$

est une indication encourageante, car la structure peu homogène du parent femelle aurait pu laisser présager le pire...

7. **Hybridations interspécifiques**

Nous n'avons fait allusion, jusqu'ici, qu'aux hybrides *(A. cepa × A. fistulosum)* et à l'intérêt que pourraient présenter des **triploïdes** à 75 % *cepa* comme Échalotes, à l'instar de ce qui a été fait en Louisiane ou en Extrême-Orient (p. 39 et 199).

---

* L'idée n'est ni nouvelle, ni absurde, car elle a été appliquée à l'Asperge pour fournir des « hybrides de clones », qui ont précédé les hybrides de lignées pures.

Le retour sur *Allium cepa* par back-cross à partir des hybrides F_1 *cepa* × *fistulosum* n'est pas en effet chose facile, et d'autres espèces à première vue plus éloignées d'*Allium cepa* pourraient être plus prometteuses.

C'est le cas d'**Allium roylei** Stearn (section *Rhizirideum*) que DE VRIES *et al.* (1991) sont arrivés à hybrider avec l'Oignon, et qui présente une **résistance** absolue au **mildiou** (2 gènes dominants) et une tolérance très élevée à *Botrytis squamosa*. Les rétro-croisements sont en cours, et des plantes de type « Oignon » apparues en BC2 ont conservé les deux résistances.

Ces résultats suggèrent, bien sûr, l'adoption de la même voie pour les Échalotes.

Encore plus étonnante est la réussite de **hybridation Oignon × Ail** annoncée par OSHUMI *et al.* (dont ETOH) en 1991, par dépôt de pollen de clones fertiles d'Ail sur stigmates d'Oignon, vérification de sa germination jusqu'aux ovules, et culture d'embryon. Le but de cette opération est la réunion dans un seul bulbe des parfums « allyl » et « propényl » (déjà réalisée dans les feuilles d'*Allium tuberosum*). La présence des deux précurseurs a été vérifiée dans les feuilles de la plante hybride, aujourd'hui déjà sortie de son bocal (ETOH, comm. pers.). La réussite de cette opération montre que les croisements les plus invraisemblables méritent d'être tentés.

8. **Recours éventuel aux biotechnologies**

Nous avons fait allusion ci-dessus à l'usage éventuel de la **gynogenèse** pour aboutir à des hybrides F_1 homogènes pour l'Échalote. Son application à l'Ail mériterait d'être tentée, aussi bien sur les cultivars séminifères que non séminifères, mais pour le moment surtout dans un esprit de recherche pure.

C'est en effet surtout sur l'Ail, une fois qu'aura été exploitée à fond la sélection clonale, et qu'on aura proposé comme nouvelles variétés les meilleurs mériclones extraits des meilleurs clones, que le besoin se fera sentir de créer une nouvelle variabilité. Quels sont les moyens qu'on peut envisager pour l'obtenir ?

La **mutagenèse par irradiation** semble à première vue une impasse, puisque des doses très faibles (12,5 greys) plongent les caïeux dans un sommeil définitif.

Les résultats que nous avons indiqués page 72 indiquaient cependant une possibilité de germination des caïeux irradiés si l'opération était pratiquée plus de 6 mois après la récolte.

C'est ce qui a incité l'un d'entre nous (M. PICHON – résultats non publiés) à pratiquer sur « Fructidor », le 17 février 1977, des irradiations de 5-7,5-10-12,5 et 17,5 greys (source radioactive de l'INRA-Dijon – durées d'irradiation de l'ordre de l'heure). En plantation au champ du 22 février, aucune levée n'a été obtenue avec les doses de 17,5-12,5 et 10 greys, 8 % de germination avec 7,5 greys, 98,9 % avec 5 greys.

Aucune des plantes issues de caïeux irradiés à 7,5 greys n'est arrivée à maturité. A 5 greys, la plupart des plantes avaient un aspect « normal », mais présentaient une nette hétérogénéité, en particulier pour la coloration du feuillage (vert plus sombre que le clone d'origine, ou au contraire aspect « émeraude » plus pâle). Cette population issue d'irradiation a été ensuite soumise à sélection clonale pendant 6 générations, en éliminant les plantes porteuses d'anomalies chlorophylliennes, monstrueuses, et les familles instables. Les nombres de familles conservées ont été les suivants, pour une « M_1 » de 989 plantes :

M_2	720
M_3	163
M_4	34
M_5	19
M_6	7

Les 7 clones conservés ont été soumis à un essai comparatif, à partir de caïeux calibrés, en 1983, avec les résultats suivants (tabl. 30).

Tableau 30. Performances de clones retenus en M_6 après irradiation gamma (5 greys)

Clone	T/ha	Rapport	Signif.	Caractéristiques en végétation
Fructidor (Témoin)	12,08	100		
M69	12,70	105,1	NS	pseudo-tige légèrement tassée
M126	12,65	104,7	NS	feuillage légèrement plus retombant
M161	12,86	106,4	S	vert plus soutenu
M253	12,89	106,7	S	vert plus soutenu
M264	13,29	110,0	S	feuillage plus retombant
M267	11,93	99,3	NS	pseudo-tige plus élevée
M508	12,28	101,6	NS	pseudo-tige plus élevée

(ppds 5 % : 5,4 % c.v. = 3,06)

Il apparaît donc qu'on a pu conserver une légère variabilité et améliorer la productivité de façon notable. Cependant, ce gain de rendement était inférieur à celui que présentait, par rapport à « Fructidor », le « Printanor » obtenu par culture de méristème. Les sept clones ont cependant été conservés et seront peut-être un jour soumis à régénération.

Si de telles tentatives devaient être reprises, il faudrait sans doute, suivant la tendance qui apparaît au tableau 12, et la méthode employée avec succès par R. MARIE (1971) pour la mutagenèse sur grains de Riz, essayer de faire absorber aux caïeux des doses plus élevées en réduisant considérablement le débit-dose (source très faible, irradiation d'une durée de un ou plusieurs mois).

L'objectif le plus séduisant serait d'obtenir, à partir d'un clone du groupe I, un mutant dont la hampe florale aurait un développement réduit, suffisamment pour que son ablation manuelle ne soit plus nécessaire, mais pas au point de compromettre la belle architecture du bulbe.

L'injection d'agents **mutagènes chimiques** serait particulièrement facile dans les **spathes,** les substances utilisées se trouveraient directement en contact avec les ébauches de bulbilles d'inflorescence. Les deux premières générations après l'opération, au cours desquelles sont éliminés les mutants peu viables, tiendraient de plus peu de place sur le terrain*.

La voie de la recherche d'une **variabilité *in vitro*** a été ouverte par REICHART *et al.* (1988) qui ont mis en évidence une possibilité de callogénèse à partir de segments basaux de feuilles d'Ail, suivie d'embryogenèse somatique.

Rappelons enfin que c'est à partir de sections de feuilles d'*Allium cepa,* simplement trempées dans l'eau, qu'ont été obtenus les premiers **protoplastes** – éventuellement susceptibles de fusions.

Le **transfert de gènes** par *Agrobacterium tumefaciens* semble à première vue peu prometteur chez les monocotylédones que sont les *Allium.* Une équipe néo-zélandaise s'y intéresse cependant (DOMMISE *et al.,* 1990). Des renflements ont été obtenus par inoculation d'*Agrobacterium* dans les tuniques charnues de bulbes d'Oignon.

---

* C'est par la même méthode que nous avions en 1979 injecté de la **colchicine** au contact des ébauches de bulbilles. La phytotoxicité débute au-dessus de 0,2 %. Le fort calibre, comparé à celui de l'Ail, des tétraploïdes (Poireau) ou hexaploïdes (Ail-Éléphant) nous avait incités à explorer cette voie. Nous n'avons malheureusement pas pu poursuivre l'étude de la descendance.

Références bibliographiques

BEDFORD L. V., 1984. Dry matter and pungency tests on british grown onions. *J. Nat. Inst. Agric. Bot.*, 16, 581-591.

CAMPION B., ALLONI C., 1986. Allium cepa : in vitro *androgenesis and gynogenesis.* 2nd International Allium conference, Strasbourg, July 1986, 33-42.

CAMPION B., ALLONI C., 1990. Induction of haploid plants in Onion (*Allium cepa* L.) by *in vitro* culture of unpollinated ovules. *Plant cell, tissue organ cult.*, 20, 1-6.

COHAT J., 1986. Influence du poids et de la densité de plantation des bulbes d'Échalote sur les caractéristiques de la récolte et la prolificité des bulbes-fils. *Agronomie*, 6 (1), 85-90.

DEMBELE S., DUBOIS P., 1973. Composition des essences d'Échalote (*Allium cepa* var. *aggregatum*). *Ann. Technol. agric.*, 22 (2), 121-129.

DOMMISSE E. *et al.*, 1990. Onion is a monocotyledonous host for *Agrobacterium. Plant. Sci.*, 69, 249-257.

KELLER J., 1990. Cultures of unpollinated ovules, ovaries and flower buds in some species of the genus *Allium* and haploid induction via gynogenesis in Onion *(Allium cepa). Euphytica*, 47, 241-247.

LAMMERINK J., WALLACE A. R., 1987. Effect of clonal selection and planted clone weight on yield of garlic. *Proc. Agronomy soc. New Zealand*, 17, 7-10.

MARIE R., TINARELLI A., 1971. Rice mutants and resistance to blast disease. *Il Riso*, 21, 21-24.

MUREN R. C., 1989. Haploid plant induction from unpollinated ovaries in Onion. *Hortscience*, 24 (5), 833-834.

OHSUMI C., KOJIMA A., HINATA K., ETOH T., HAYASHI T., 1991. *Interspecific hybrids between Onion and Garlic.* Symposium on the genus *Allium* – taxonomic problems and genetic resources. June 11-13, Gatersleben, Germany.

REICHART A., NOVAK F. J., TANASCH L., 1988. In vitro *plant regeneration from leaf explants in Garlic* (Allium sativum). 4th Eucarpia *Allium* symposium, 281-288.

DE VRIES J. N., WIETSMA W. A., JONGERIUS M. C., 1991. *Introgression of characters from* Allium roylei *into* Allium cepa. Symposium on the genus *Allium*-taxonomic problems and genetic resources. June 11-13, Gatersleben, Germany.

VIII
VARIÉTÉS D'AIL
ET MODES DE CULTURE

L'Ail est cultivé dans les régions tempérées et subtropicales du monde entier. Nous reproduisons ci-dessous les chiffres de production cités dans l'ouvrage de RABINOWITCH & BREWSTER (1990) – en y rajoutant la France et l'Italie qui, de justesse, ne font pas partie des « 10 plus gros producteurs » – (tabl. 31).

Tableau 31. Production d'Ail dans le monde (t)

Europe		488 000	Asie		1 612 000
dont	Espagne	230 000	*dont*	Chine	615 000
	France	50 000		Corée	280 000
	Italie	50 000		Inde	217 000
Afrique		237 000		Thaïlande	98 000
dont	Égypte	215 000		Turquie	98 000
Amérique		277 000		Pakistan	57 000
dont	Brésil	76 000			
	États-Unis	71 000			

Si nous regroupons les pays producteurs comme « occidentaux » ou « orientaux » par rapport au centre d'origine (Asie centrale), nous obtenons les chiffres suivants :

Occident (Turquie comprise) : 1 100 000 t
Orient et Extrême-Orient : 1 514 000 t

La production mondiale serait donc de 2 614 000 t... si celle de la Chine n'est pas sous-évaluée, compte non tenu des lopins familiaux.

En comparaison, la production mondiale d'Oignon serait, d'après la même source, de 25 496 000 t, soit 9,75 fois plus.

Mais, pour une comparaison plus équitable, on doit se souvenir que, dans la plupart des pays, l'Ail se vend deux ou trois fois plus cher que l'Oignon...

Si on se base sur la matière sèche (chap. 5), on obtient environ 2 549 600 t pour l'Oignon, et 914 900 pour l'Ail, soit seulement 2,79 fois moins.

1. Groupes variétaux

Nous décrirons ci-dessous les groupes variétaux « occidentaux » que nous pensons pouvoir délimiter parmi les populations que nous avons collectées en Europe, Amérique et Afrique, sans oublier que les 3/5 de la production mondiale sont le fait de l'Asie.

Groupe variétal I
Variétés du sud de l'Europe, à bulbes très bien structurés,
pourvus d'une hampe florale*

C'est une variété de ce groupe que nous avons choisie comme « type de l'espèce » (p. 23 et photo 19).

Inutile de le cacher, c'est à ces variétés que va notre préférence en tant que consommateur : les bulbes très bien structurés, à caïeux disposés comme des tranches de mandarine autour du « baton » central, sont esthétiquement satisfaisants. Les caïeux ne sont ni trop gros (comme ceux du groupe III), ni trop petits.

Ils sont faciles à éplucher d'un coup d'ongle, alors que ceux des bulbes du groupe II ont une tunique très adhérente, nécessitant le couteau. On ne doit pas s'étonner de ce que les **Espagnols,** qui viennent en tête dans le monde pour la consommation individuelle d'Ail, aient donné leur préférence à ces variétés, qui représentent la plus grande partie de leur production, sous la désignation générale de « **Morado** ». On retrouve les mêmes types espagnols dans les pays tempérés d'**Amérique du Sud, Argentine** et **Chili.**

Mais des variétés appartenant au même groupe sont aussi cultivées dans d'autres pays :

– en **France,** dans le Tarn, où la population « Rose de Lautrec », la plus tardive du groupe, est cultivée sur 600 hectares,

– en **Italie** péninsulaire, en particulier à Sulmona dans les Abruzzes, d'où un type particulièrement vigoureux a été collecté par l'UCCS-Top Semences,

– en **Croatie,** d'où Paula PAVLEC nous a envoyé une population cultivée dans l'île de Pag,

– en **Afrique du Nord,** plus particulièrement en **Kabylie,** d'où H. VENDRAN a rapporté un cultivar très coloré (tuniques externes du bulbe mauves, caïeux rouge-vineux intense). C'est le type le plus précoce du groupe – à moins que l'on y rattache égale-

---

* Sans y inclure le type variétal Sénégal-Niger, dont le rattachement au groupe est hypothétique, on peut donner 34° - 45° N ou S comme zone d'adaptation de ces variétés.

ment, comme nous serions tentés de le faire, un type variétal cultivé au **Sénégal** et au **Niger.** Ce type sahélien pousse à l'extrême, cultivé dans le Sud de la France, une tendance déjà perceptible dans le type « Kabyle » : la production de pousses axillaires, allant dans ce cas jusqu'à la transformation des caïeux en mini-bulbes individualisés (fig. 58).

Figure 58. – Comportement dans le Sud de la France de l'origine d'Ail « Sénégal ».

Les hampes florales que produisent certaines plantes sont de même type que celles de « Rose de Lautrec », avec à l'intérieur de la spathe de nombreuses ébauches de fleurs et de bulbilles – donc très différentes de celles que produisent les variétés des groupes tropicaux V et VI décrits ci-après.

La coloration des caïeux va du rose vif au rouge vineux, et se rapproche donc plus de celle qu'on observe chez les « Morado » ou le « Kabyle » que de celles que présentent les caïeux des cultivars des groupes V et VI.

Cette tendance très forte à l'individualisation des axillaires en fausses tiges – puis en mini-bulbes, aboutissant à l'équivalent d'une touffe d'Échalotes, évoque une observation qui nous a été rapportée par S. HAMM, Volontaire du Progrès à São Tomé (0,6° N).

Il existerait dans cette île une plante à saveur d'Ail, reproduite par division de touffes et ne formant jamais de bulbes : s'agirait-il du même type variétal, qui aurait évolué à partir d'*Allium sativum* de la même façon que le Petit Poireau Antillais à partir d'*Allium porrum,* ou la Cive Rouge Antillaise à partir d'*Allium cepa* ?

C'est à partir de clones du groupe variétal I, étant donnée la facilité d'accès aux ébauches de bulbilles dans le spathe, qu'ont été réalisées les premières cultures de méristèmes sur Ail, à partir de « Rose de Lautrec », « Morado » et « Kabyle » (INRA-Montfavet, 1968-1969).

A cette époque cependant, en France, les organisations professionnelles dominantes ne s'intéressaient pas à ce type variétal, et les clones régénérés ont été soit perdus (Violet de Kabylie, dont tout l'effectif régénéré avait été envoyé en Algérie, et la trace perdue), soit conservés dans des conditions d'isolement insuffisantes et recontaminés (ex. : « Ibérose »). De plus, avec « Ibérose » nous avions eu la malchance de tomber sur un clone à coloration instable (p. 148).

Un programme de régénération a été repris en 1985 (convention INRA/UCCS-Top semences) à partir de divers clones de ce groupe. Nous donnerons comme exemple (photo 19) un des « mériclones » issu de « BA4 », d'origine espagnole (collection INRA-Montpellier), représentant de façon typique l'Ail « Morado ».

Groupe variétal II
Variétés européennes* sans hampes florales, à bulbes moyens, forte dormance (photo 20)

Ces variétés, dont on peut choisir comme type le clone **« Fructidor »** ont, à l'état virosé, des bulbes d'un poids de 60 à 80 g, à tuniques externes blanches portant souvent de petites stries brunes. Les caïeux sont le plus souvent roses, couleur recherchée en France. En Italie par contre l'idéotype du **« Bianco piacentino »** correspondrait plutôt à des caïeux pâles (MARCHESI, 1979).

Les caïeux prennent naissance à l'aisselle des 3 ou 4 dernières feuilles. Les hampes florales sont rarissimes. Lorsqu'elles apparaissent elles se terminent en ombelles bulbillifères. Les bulbilles sont un peu plus grosses et un peu moins nombreuses que chez les variétés du groupe I, mais sans atteindre cependant la taille d'un petit pois.

Ces variétés ont une dormance profonde, une bonne conservation. Plantées à l'automne, elles ne germent pas avant décembre, mais risquent cependant, par satisfaction trop précoce du « besoin de froid » le surgoussage : apparition d'un côté ou des deux côtés du bulbe d'un caïeu en général triple, non inclus dans la tunique générale du bulbe (fig. 29 et 30).

On plante traditionnellement en janvier-février en conditions méditerranéennes, en mars en Auvergne ou dans le Nord de la France.

---

* Zone d'adaptation : latitudes allant de 40° à 51°.

Leur maturité est tardive : premiers jours de juillet dans le Midi de la France, fin juillet plus au nord.

On peut inclure dans ce groupe :

— En **France,** des populations cultivées traditionnellement en Auvergne, dont PAQUET avait extrait à la fin des années 50 le clone « **Perle d'Auvergne** », à très petits bulbes. Le clone « **Fructidor** », qui répondait mieux aux vœux des producteurs du Puy-de-Dôme, avait été obtenu par PAQUET à partir d'une introduction de Corse (obtentions INRA-Clermont-Ferrand).

Dans les bassins d'Aix-en-Provence et de Brignoles* on rencontre les types « **Moulinen** » et « **Rosé du Var** », un peu plus précoces que « Fructidor ».

Enfin, un type plus tardif, à fausses-tiges s'allongeant plus en fin de végétation que celles des types précédents est cultivé à l'extrême-nord de la France (départements du Pas-de-Calais et du Nord).

— En **Italie,** le type « **Bianco piacentino** » cultivé en Émilie-Romagne (région à climat plus continental que méditerranéen) peut aussi se rattacher à notre groupe II.

Il ressemble étrangement au type « Ail du Nord » signalé ci-dessus**.

— En **Espagne,** une population appartenant à ce groupe est cultivée dans la région de **Chinchón,** proche de Madrid, mais cette production est très minoritaire dans l'ensemble de la production espagnole.

— En **Argentine,** la forte immigration italienne a apporté avec elle la culture du « Bianco piacentino », concurremment avec celle des variétés espagnoles du groupe I.

— Aux **États-Unis,** le clone « **California late** » appartient à ce groupe. On en a extrait en **Nouvelle-Zélande** la variété « **Malborough white** ».

Un certain nombre de clones extraits de ce groupe ont été soumis à culture de méristème et sont multipliés sous contrôle officiel :

« **Printanor** » (obtention INRA), provenant de la régénération de « Fructidor ».

« **Moulinor** » (obtention INRA), extrait de la population « Moulinin » et « **Cristo** » (obtention UCCS-Top Semences), extrait de « Rosé du Var ». Ces deux clones, très proches l'un de l'autre et difficilement discernables, sont un peu plus précoces que « Printanor », et un peu plus dormants. Nous espérons prochainement l'inscription d'un clone d'Ail du Nord.

Le clone « Rovigo 24 » (p. 141) a lui aussi été mis en régénération.

---

* Où l'hiver est beaucoup plus froid que dans la vallée du Rhône.

** On pourrait imaginer, le département du Nord ayant connu une forte immigration italienne à la fin du XIXe siècle, que les deux populations sont synonymes. Mais les producteurs du Nord-Pas-de-Calais répondent que leur tradition de culture d'Ail remonte au Moyen Age.

Groupe variétal III
Variétés du sud de l'Europe*, à gros bulbes sans hampes florales, gros caïeux peu dormants, plus précoces que celles des groupes I et II
(photos 21 et 22)

Ce sont les variétés de ce groupe qui sont les plus cultivées en France. Corrélativement aux bulbes, les plantes sont de fort calibre, avec des feuilles larges (2 cm) ou très larges (3 cm). Les plantations ont lieu traditionnellement en novembre, la maturité précède de 10 à 15 jours celle des variétés des groupes I et II. Quand on arrive à leur faire produire des hampes florales, elles portent à leur sommet 2 à 5 bulbilles de la taille d'une noisette, et de rares fleurs, d'assez grande taille, ou pas du tout.

On peut citer, comme populations traditionnellement cultivées :

– En **France,** par ordre de tardivité croissante :
– les populations de **Bretagne-Vendée,** précoces et très peu dormantes, présentant de façon inexorable le symptôme « feuilles axillaires ». Les tuniques externes des bulbes (le plus souvent éclatés) sont blanches, les caïeux souvent multiples blanc-sale ou beige. La production n'a jamais été très importante. Dans les années 50, les maraîchers bordelais achetaient pour semence des bulbes d'Ail vendéen qui, grâce à sa faible dormance, était le premier à fournir de l'« Aillet » : plantes d'Ail arrachées avant renflement des bulbes, consommées en omelettes ;
– les populations de **Haute Garonne** et du **Tarn-et-Garonne,** se divisant en 2 branches bien distinctes : les **« Violets de Cadours »,** se distinguant par la couleur mauve de leurs bulbes, leurs caïeux violets, et leurs larges feuilles à port retombant. Les **« Blancs de Lomagne »,** population à bulbes moins colorés que ceux de la précédente (tuniques externes blanches, caïeux mauve pâle), plantes à feuilles moins larges et plus érigées. Cette population est hétérogène pour la structure des bulbes : certains sont difformes, composés de 4 ou 5 très gros caïeux, d'autres au contraire, à structure rayonnée, 10 à 12 caïeux sont peu différents des « Blancs de la Drôme » décrits ci-dessous, sinon par la plus faible intensité de leurs symptômes de virus (cependant plus accusés que ceux des types « Bretagne-Vendée » ou « Violet de Cadours »).

– Dans la région **Rhône-Alpes,** les **« Blancs de la Drôme »** à bulbes à tuniques externes blanches, caïeux ivoire ou mauve pâle. Ce type se distingue de toutes les autres populations d'Ail par le fait qu'on y trouvait encore dans les années 60 des plantes indemnes d'OYDV.

De façon paradoxale, on doit peut-être attribuer cette situation à l'extrême sensibilité des « Blancs de la Drôme » à ce virus : symptômes très forts, rendement des plantes virosées atteignant au plus la moitié de celui des plantes saines.

Dans un milieu peu recontaminant, comme la Drôme, le tri des plus gros caïeux pour plantation constituait un moyen de lutte efficace chez les producteurs les plus soigneux.

---

* Leur zone d'adaptation peut se situer entre les latitudes 36° et 45° (ou un peu plus dans le cas d'hivers doux : Bretagne-Vendée).

La population « Blanc de la Drôme » n'était pas homogène morphologiquement. Parmi les 4 clones que nous avions conservés en 1962, « BD8 » présentait le même défaut que certains des « Blancs de Lomagne » cités ci-dessus : bulbes composés de 4 ou 5 très gros caïeux.

– En **Italie,** dans les années 60, on rencontrait un type analogue au « Blanc de la Drôme », entièrement virosé.

– En **Espagne,** ce groupe variétal n'a qu'une importance mineure. Il n'est cultivé que dans le Sud de l'Espagne (plaines d'Andalousie) pour des récoltes précoces. Nous en conservons deux clones : « Aguilar de la frontera », analogue au type « Vendée-Bretagne » (p. 170), et « Puigcerdà 2* », un peu mieux conformé. L'UCCS-Top semences s'intéresse à un « Blanco de Ronda », à bulbes plus ronds, très précoce.

– De **Roumanie,** nous avons reçu dans les années 60 une population très semblable au « Blanc de la Drôme », encore peu virosée.

– Aux **États-Unis,** le clone « **California early** », que nous avait envoyé L. K. Mann dans les années 60, était alors analogue au « Blanc de la Drôme » virosé. Il semblerait que, de nos jours, des compagnies privées américaines en possèdent une version régénérée par culture de méristème.

On dispose en France d'un certain nombre de clones sans OYDV de ce groupe, multipliés sous contrôle officiel :
– deux Blancs de la Drôme, **Thermidrôme** et **Messidrôme** (depuis 1963, directement extraits de la population).
Pourquoi avoir conservé **deux** clones, alors que « BD10 » (Messidrôme) surpassait « BD6 » (Thermidrôme) dans les essais de rendement ? Durant l'hiver glacial 1962-63 (températures inférieures à – 10 °C pendant plus d'un mois à Montfavet), nous avons observé 50 % de pertes par gel sur BD10, alors que BD6 survivait à 90 %. Nous avons alors décidé de conserver « BD6 » aussi, au cas où de telles catastrophes se renouvelleraient. Le meilleur comportement de « Thermidrôme** » s'est vérifié au cours de l'hiver 85-86.
– un Violet de Cadours, « **Germidour** », issu par culture de méristème de « **VC6** ». Ce très beau clone, plus tolérant à l'OYDV que les Blancs de la Drôme est celui qui, parmi toutes les variétés d'Ail, est susceptible de donner les rendements les plus élevés.
Plus récemment soumis à la régénération, on a vu apparaître deux clones issus des « Blancs de Lomagne », l'un d'eux avec des bulbes à structure rayonnée, caïeux plus mauves que ceux de « Thermidrôme », l'autre présentant la structure « 4 ou 5 gros

---

* Puigcerdà se trouve dans les Pyrénées catalanes. Les bulbes étaient vendus sur le marché par des colporteurs andalous.
** Les différences morphologiques entre les 2 clones sont faibles, mais assez nettes. « Messidrôme » produit des bulbes plus larges et plus plats, ses caïeux sont de couleur ivoire, alors que ceux de « Thermidrôme » sont mauve pâle.

caïeux » évoquée ci-dessus, type auquel les producteurs de Lomagne restent sentimentalement attachés, « Jolimont » et « Corail ».

Importance relative des groupes I, II et III chez les trois pays plus gros producteurs européens

L'Espagne, la France et l'Italie totalisent une production d'environ 350 000 tonnes (15 % de la production mondiale, 70 % des exportations). Elle repose sur les groupes variétaux que nous venons de décrire. La figure 59 exprime schématiquement la part qu'ils occupent dans la production des 3 pays.

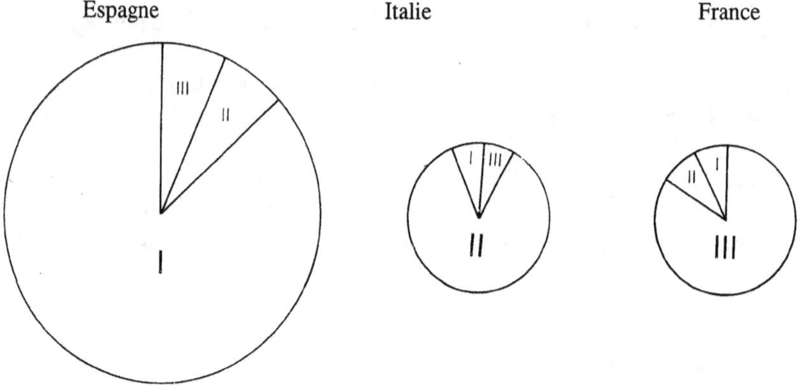

Figure 59. – Importance relative des groupes variétaux I, II et III dans la récolte d'Ail des trois principaux producteurs européens.

Les raisons de ces choix différents pour chaque pays tiennent sans doute à la fois aux climats et à la contingence historique : n'oublions pas que la majeure partie de l'Espagne se situe à plus de 600 m d'altitude, et que le climat de l'Émilie-Romagne n'est guère méditerranéen.

On pourrait imaginer une liaison entre la prédominance du groupe I et l'occupation mauresque – une liaison entre le groupe III et l'occupation romaine (Gaule Narbonnaise, Dacie), mais sans que cela dépasse le domaine de la fiction.

Groupe variétal IV
Variétés cultivées en Europe de l'Est*

De Roumanie en 1962, de Tchécoslovaquie en 1982, grâce au Professeur HAVRANEK, de l'UCCS-Top Semences (origine inconnue, 1986), enfin, en France, de Lévigny (Aube), village ayant connu dans les années 30 une forte immigration polonaise, nous

---

* à des latitudes comprises entre 44 et 52 °N. Une plante de ce type a servi d'emblème aux deux premières « *International Allium conferences* ».

avons collecté 5 clones d'une morphologie particulière : gaines foliaires et donc fausses-tiges courtes, feuilles larges partant presque à l'horizontale, hampe florale produisant des bulbilles en petit nombre, de la taille d'un petit pois.

Les bulbes sont de structure rayonnée, les caïeux étant produits à l'aisselle des 2 dernières feuilles. Leur conservation est assez mauvaise, malgré une maturité tardive et une dormance assez profonde, car la sensibilité à l'acariose des bulbes est très accusée. Le goût des caïeux est particulier, participant à la fois à ceux de l'Ail cru et de l'Ail cuit.

On peut supposer que c'est à partir de ce type variétal que KONVICKA (1978) a réussi à obtenir des graines, après traitement aux tétracyclines.

Groupes V et VI
Variétés tropicales et subtropicales d'Afrique et d'Amérique

Ces variétés sont à la fois les moins dormantes, les plus précoces du fait de leur faible exigence en jours longs, et les seules capables de produire des bulbes à des latitudes inférieures à 30°, avec des saisons fraîches dont les températures moyennes ne descendent pas au-dessous de 15 °C.

Nous avons examiné et cultivé (sans les conserver toutes par la suite) des introductions provenant des pays suivants (les chiffres entre parenthèses représentent le nombre de clones conservés) :

Cuba (2)	Mexique (2)
Égypte (4)	Niger (1)
Guinée (1)	République dominicaine
Haïti (1)	(pas de clone conservé)
Jamaïque (1)	Réunion (5)
Martinique (2)	

Ces clones se rangent en deux séries distinctes, aussi bien pour leurs caractères morphologiques : nombre de caïeux par bulbe, allure du feuillage, structure des hampes florales, que physiologiques : rapport dormance/précocité. Nous qualifierons donc ces deux séries comme « groupe V » et « groupe VI ».

Bien entendu, leur développement dans le Midi de la France (Montpellier), duquel nous avons tiré les descriptions ci-dessous, ne représente pas l'optimum de leurs potentialités. Le développement de ces cultivars y est bloqué entre le froid de l'hiver* qui freine davantage leur croissance que celle des variétés des groupes I à IV, et leur renflement précoce induit dès fin mars par les jours de 12 h croissants. Le nombre de feuilles est de 8 à 10.

Les bulbes produits restent petits et les caïeux, suivant les cas, sont nombreux mais petits, ou plus gros, mais en petit nombre.

---

* Ces variétés peuvent tolérer de brèves périodes à – 8 °C.

Groupe V
Variétés subtropicales à caïeux nombreux, très faiblement dormantes* (photos 23 et 24)

On peut les considérer comme des « variétés de plaine ». Ce sont celles qui, chez *Allium sativum,* ont les besoins de froid (pour lever la dormance et induire les bourgeons axillaires) et les besoins en longueur du jour (pour provoquer le renflement des bulbes) les moins accusés. On peut ranger dans cette catégorie, parmi les introductions que nous avons observées :

– un clone venant d'**Égypte,** un provenant du **Liban,**

– les introductions en provenance de **Martinique, Jamaïque, Haïti** et **République dominicaine,** ainsi qu'une variété de **Cuba,** pratiquement synonymes,

– le type africain provenant de **Guinée,**

– parmi les variétés **réunionnaises,** le « Rouge d'Afrique »,

– et, beaucoup plus nordique, un type espagnol précoce que son appellation de « **Mallorquí** » indique comme d'origine insulaire (Iles Baléares).

Toutes ces variétés ont des bulbes de structure rayonnée, avec le plus souvent une hampe florale. Les caïeux très nombreux sont différenciés à l'aisselle des 3 dernières feuilles (très régulièrement). Ils sont petits, très nombreux par rapport à la taille des bulbes (jusqu'à 35 pour le clone égyptien ou pour « Mallorquí », 15 à 20 pour les variétés plus méridionales à bulbes très petits).

Les feuilles sont étroites, érigées, les fausses-tiges minces et allongées.

Les hampes florales peuvent soit ne pas dépasser le milieu de la fausse-tige, la faisant éclater, soit émerger au sommet, avec une très longue spathe. Elles produisent un faible nombre de bulbilles pouvant atteindre la taille d'une petite noisette**.

Les types antillais et égyptien, ainsi que le « Mallorquí » ont des tuniques externes blanches, des caïeux peu colorés (mauve pâle). Les types africains sont plus colorés, avec des caïeux roses.

Deux clones de ce groupe ont été soumis à culture de méristème par J. P. LEROUX (INRA-Montfavet) : « Égypte 5 » au début des années 70, et « Jamaïque » en 81. Conservés à Montpellier en plein air sous isolement insuffisant, mais tout en éliminant les plantes à symptômes forts, ils sont aujourd'hui dans un état virologique particulier : séropositifs pour l'OYDV, mais avec des symptômes faibles ou nuls. Le clone « Jamaïque-méristème » donne des rendements supérieurs de 40 % à ceux du clone d'origine (le clone égyptien d'origine n'a pas été conservé).

« **Égypte 5** » produit à Montpellier des bulbes qui peuvent devenir assez gros, contenant alors jusqu'à 35 caïeux.

---

* Cultivées en plaine à des latitudes variant entre 10° et 30°, avec une pointe à 39° N (Majorque).
** Structure analogue à celle des hampes florales des variétés du groupe III, quand on arrive à en obtenir.

Il a donné de bons résultats dans son pays d'origine, alors que « Tachkent M » et « Germidour » n'ont pas produit de bulbes (expérimentation UCCS-Top semences). Il a également donné de bons résultats au Sénégal, aux Iles du Cap Vert et aux Seychelles.

En Guadeloupe il ne produit de bulbes, en plantation du 1er novembre, que si l'on fait passer les bulbes-mères à 7 °C le mois précédent, indice d'un certain « besoin de froid ». On le conseillera donc de préférence dans les pays tropicaux où la température nocturne descend au-dessous de 15 °C pendant une cinquantaine de jours entre novembre et février (pour l'hémisphère Nord).

« Jamaïque-méristème » produit à Montpellier des bulbes plus petits, comprenant 15 à 20 caïeux. Il est cultivable en plaine jusqu'en Guadeloupe, où les températures ne descendent jamais au-dessous de 18 °C, il a donné de bons résultats en Haïti, comparé à la variété locale de la Plaine de l'Arbre (de nouvelles cultures de méristème viennent de donner des versions sans OYDV de ces deux clones).

Groupe VI
Variétés tropicales à gros caïeux peu nombreux*, plus fortement dormants (photo 25)

(Les caïeux prennent naissance à l'aisselle des 4 ou 5 dernières feuilles).

A précocité de récolte équivalente (tout au moins à Montpellier), ces variétés se montrent plus dormantes que celles du groupe précédent (voir comparaison entre « Égypte 5 » et « Mexique » p. 69).

Du fait probablement de la grosseur des caïeux mis en terre, les plantes ont des fausses tiges d'un calibre supérieur à celles du groupe V, des feuilles plus larges à port retombant.

Les hampes florales sont fréquentes (à Montpellier) et présentent souvent une structure « à étages » : plusieurs bulbilles sont insérées isolément ou par 2 ou 3 à différents niveaux, entraînant des renflements de la fausse-tige, la spathe reste vide.

On peut rattacher à ce groupe nos introductions du **Mexique,** du **Pérou,** une introduction dite « Sancti Spiritus » de **Cuba,** et les types **Réunionnais :** « Réunion 67 », « Ail bleu » et « Ti Vacoa », tous de coloration violacée aussi bien pour les tuniques extérieures que pour les caïeux. Nos clones « **Egypte** 1, 2 et 3 » ont une morphologie et une physiologie analogues, mais sont moins colorés.

Des régénérations par culture de méristème sont en cours pour des types « Pérou » (coopération internationale) et Réunionnais (convention INRA-IRAT), à l'INRA-Montfavet.

De quelle façon les variétés d'Ail des groupes V et VI se sont-elles répandues à travers les régions chaudes ? Le fait qu'on trouve les deux types en mélange dans les lots

---

* Tout au moins à Montpellier, ou cultivées sous les tropiques à trop basse altitude. Dans leur zone de prédilection, les bulbes peuvent ressembler à ceux de « Violet de Cadours ». Ces variétés sont cultivées en montagne à des latitudes comprises entre 10° et 25°.

commerciaux égyptiens, la culture de l'Ail déjà connue sous les pharaons suggèrent pour ces deux groupes une origine égyptienne...

Les variétés cultivées au centre d'origine

T. ETOH (1983), à la suite de KAZAKOVA (1972) place en Asie centrale* le centre d'origine d'*Allium sativum*. On devrait, logiquement y trouver un maximum de variabilité.

On peut supposer que, dans ses achats sur les marchés de Tachkent, Dushambe, Samarcande, Frunze et Alma-Ata, il a privilégié les bulbes pourvus d'une hampe florale, étant donné le but qu'il poursuivait. Nous avons pu, grâce à lui, cultiver en France ses clones fertiles.

Précédemment, notre collègue R. MARIE (INRA-Montpellier) nous avait rapporté, de **Tachkent,** un caïeu d'ail ramassé à terre sur le marché**. Ce caïeu a donné naissance à un clone, actuellement commercialisé en France après régénération... !

« Sprint », issu par culture de méristème de « Tachkent M » produit de gros bulbes plats, de structure rayonnée, les caïeux, très gros, étant insérés à l'aisselle des 2 dernières feuilles. Une hampe florale, plus ou moins développée est présente dans une forte proportion des bulbes (plus ou moins suivant les années). Les caïeux, de même que les tuniques externes, sont de couleur violacée (photo 26). La hampe florale se termine par une ombelle bulbillifère, les bulbilles peuvent atteindre la taille d'un petit pois. Les caïeux sont très peu dormants, la conservation hivernale très mauvaise.

Par rapport à « Tachkent M », « Sprint » a perdu cinq ou six jours de précocité, mais arrive au moins une semaine avant « Germidour », la plus précoce des variétés françaises. Cette variété sera donc surtout utilisée par les producteurs d'Ail frais des Bouches-du-Rhône et du Sud-Vaucluse, qui recherchent à tout prix la précocité. Nous avons communiqué à T. ETOH le clone d'origine « Tachkent M », qu'il a déterminé comme stérile.

Une de nos deux introductions du **Liban** est très voisine de « Tachkent M ».

Les **clones fertiles** de T. ETOH sont plus tardifs, et plus dormants que « Tachkent M », ils émettent des hampes florales de façon constante. Leurs bulbes et leurs caïeux présentent des teintes mauves ou violacées. On peut y distinguer deux types variétaux (sans cependant prétendre en faire des groupes) :

– clones provenant de **Tachkent, Samarcande, Dushambe, Frunze** et du Jardin botanique de Moscou (ex. : 130, 184, 190, 192, 197, 198, 201, 211) : caïeux en nombre voisin de 12 (7 + 5), rayés de violet sur fond clair ou beige, souvent difficiles à séparer les uns des autres, bulbilles d'inflorescence de la taille d'un grain d'orge.

On peut rattacher à ce type le mâle stérile « 200 » qui, de plus, montre une tendance à former des caïeux multiples et à surgousser. Il est assez chétif, T. ETOH semble attribuer à la très grande longueur de la spathe sa bonne aptitude à mûrir les graines.

---

* Républiques d'Uzbékistan, Tadjikistan, Kirghizistan, et sud-est du Kazakhstan.
** en 1978. Contrairement à T. ETOH qui voyageait en simple touriste, R. MARIE, en mission officielle pour le Riz, escorté d'interprètes et de guides, avait pu visiter le marché, mais n'avait été autorisé à faire aucun achat.

Le clone le plus vigoureux de cette catégorie est « **211** », qui, de plus, présente l'intéressante propriété de garder longtemps très vertes ses feuilles de base, avec des symptômes virologiques faibles ou nuls (p. 129).

- clones provenant d'**Alma-Ata** (ex. : 203, 204, 205), auxquels s'ajoute « Frunze 5 » (202) et « 209 » du Jardin botanique de Moscou : caïeux mauve uni plus ou moins intense, de grande taille et en petit nombre (le plus souvent 4 + 3), faciles à détacher les uns des autres, bulbilles d'inflorescence pouvant atteindre la taille d'un petit pois. Le plus beau clone de ce type est « **204** » (pour une hypothétique répartition géographique de ces deux types, voir figure 60 ; le tableau 32 donne une idée du climat de ces régions).

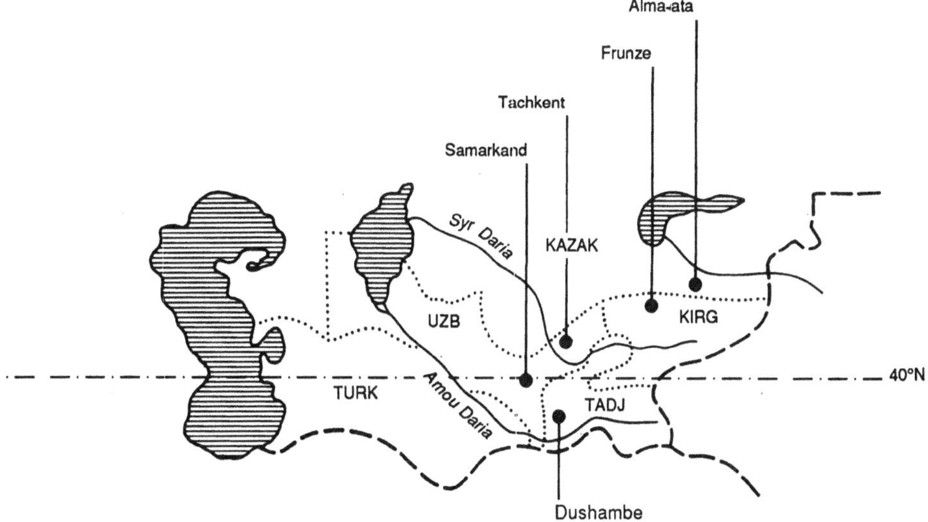

Figure 60. – Le Centre d'origine de l'Ail.

Les variétés extrême-orientales

La moitié du Monde située à l'Est du centre d'origine produit les 3/5 de la récolte totale... Mais, bien que nous ayions reçu de T. Etoh une collection comprenant des cultivars japonais et subtropicaux, et obtenu de plus deux échantillons de Pékin (photo 27) et de Taïwan, nous ne nous aventurerons pas à délimiter des groupes dans cet ensemble de variétés sans doute aussi complexe que celui que nous avons décrit pour le monde occidental.

En nous envoyant sa collection, T. Etoh nous avait indiqué une classification en 5 catégories :

1 – variétés de climats frais, avec hampes florales
2 – variétés de climats frais, sans hampes florales
3 – variétés de climats tièdes, avec hampes florales

4 – variétés de climats tièdes, sans hampes florales
5 – variétés subtropicales et tropicales.

Tableau 32. Profils climatiques des villes d'Alma-Ata et Tachkent,
encadrant le centre d'origine de l'Ail

	Alma-Ata			Tachkent		
	t° mini	t° maxi	précip. (mm)	t° mini	t° maxi	précip. (mm)
J	– 15	– 5	32	– 6	3	52
F	– 13	– 3	22	– 4	8	28
M	– 5	4	55	3	12	65
A	3	13	100	8	18	57
M	10	20	92	14	25	35
J	14	24	65	17	31	12
J	15	27	35	18	33	5
A	14	26	30	16	32	2
S	8	22	25	11	27	2
O	2	13	50	5	18	30
N	– 5	4	46	2	12	37
D	– 9	– 2	33	– 1	7	40
Précipitations annuelles :		585 mm				365 mm

Données obtenues grâce à l'obligeance de Mme M. PAVLIDES, Station de Bioclimatologie, INRA-ENSA Grignon.

Cependant, à Montpellier, supportant des hivers un peu plus rigoureux, et avec des jours printaniers croissant plus rapidement qu'à Kagoshima (31° N), aucune des variétés de la collection ETOH ne s'est révélée plus tardive que « Thermidrôme », ni plus dormante à la plantation : cette collection ne comportait donc probablement pas de cultivar équivalent à « Hoki », utilisé par TAKAGI (p. 73).

Du point de vue de la morphologie des bulbes et de la coloration des caïeux, les catégories 1 et 3 de ETOH rappellent le groupe variétal occidental I, bien qu'il y ait sans doute convergence et non synonymie. Les catégories 2 et 4 se rapprocheraient du groupe occidental III, mais avec sous nos climats une présence beaucoup plus fréquente de hampes florales. Comme dans le « Blanc de la Drôme » ou le « Blanc de Lomagne » on y trouve soit des bulbes à structure bien rayonnée (ex. : l'origine « Pékin », et les clones 64 « Shan hai Wase », 116 « Howaito Nagana », 124 « Kanchi Howaito » de la collection ETOH), soit des bulbes de structure irrégulière (comme les clones 111 « Howaito Iwate », 126 « Kitami » ou 118 « Fukushi Howaito »).

Les variétés subtropicales et tropicales de la collection ETOH, ainsi que le cultivar reçu de Taï-Wan se rapprochent beaucoup des cultivars du groupe occidental VI (opinion partagée par T. ETOH lui-même), à l'exception du clone 74 « Ambon* », morphologiquement plus semblable aux variétés du groupe occidental I.

Types isolés ou aberrants

Notre collection de Montpellier inclut un cultivar provenant de **Gela** (côte sud-est de la Sicile, 37° N) qui, par ses caractères physiologiques et morphologiques, se situe à mi-chemin entre les groupes variétaux III et V, et pourrait intéresser, par sa précocité, sa coloration blanche et la taille acceptable de ses caïeux, les producteurs d'Ail récolté en frais du Vaucluse et des Bouches-du-Rhône.

Un « *Allium ophioscorodon* » (dénomination synonyme de *A. sativum*) provenant du Jardin botanique de Strasbourg nous a été remis par le professeur J. DIETRICH. Ce cultivar pourrait être comparé, vis-à-vis de l'Ail, à ce qu'est le Chou-fleur vis-à-vis du Chou. Il produit des hampes florales, non seulement à partir du bourgeon terminal, mais aussi à partir des axillaires. Les ombelles sont de grande taille, souvent bifurquées, avec un énorme nombre de bulbilles et de fleurs vite flétries, avec quelques hampes florales secondaires miniatures de 1 à 2 cm de long, ne portant pas plus de 2 ou 3 fleurs.

Le bulbe est composé de caïeux très allongés, et de forme irrégulière du fait de la présence de hampes florales axillaires. L'origine géographique de ce cultivar est inconnue. T. ETOH n'a pas réussi à lui faire produire de graines, mais a cependant observé des méioses normales de type 8×2.

Nous venons de faire avec notre lecteur un « tour du monde », mais qui reste incomplet, car nous n'avons pas observé de cultivars provenant, par exemple, de Turquie, ou de la péninsule indienne, où l'on observe probablement une transition continue entre les variétés du centre d'origine et les types tropicaux.

2. Phytotechnie

Nous établirons pour ce chapitre un dialogue entre Olivier de SERRES**, qui publia son « Théâtre de l'Agriculture » en 1600, et l'agronome contemporain : on pourra constater que, mis à part l'usage des produits chimiques et un début de mécanisation, il n'y a rien de bien nouveau sous le soleil.

La préparation des caïeux de semence

« Le choix de la semence est l'article le plus nécessaire de ce mesnage : une tête d'ail se divise en plusieurs gousses, et chaque gousse refait une tête, par le bienfait de

---

* Ambon, ou Amboine (en français) est une île indonésienne située à l'est de Sulawesi (Célèbes).
** Agronome français (1539-1619) qui vécut à Villeneuve-de-Berg (Ardèche) puis non loin de là dans sa propriété du Pradel. Il ne mentionne pas de types variétaux, et cultivait sans nul doute un « Blanc de la Drôme ».

la génération ; c'est-à-dire, il vient une tête d'une gousse d'ail, petite ou grande, suivant le corps de la gousse.

Ainsi on pourvoiera soigneusement à cette semence, afin d'en tirer satisfaction : vous emploierez les plus grosses têtes d'ail que vous pourrez recouvrer, et seulement les gousses qui croissent à l'entour de la tête, étant vues en dehors, en destinant les mêmes du dedans à être mangées ; ou si vous les laissez croître, elles tiendront rang entre les petits aulx, distinguant ainsi les semences ».

Les bulbes d'Ail sont traditionnellement divisés à la main, en prenant garde de ne pas meurtrir les caïeux ou les blesser d'un coup d'ongle.

Si l'on cultive des clones sélectionnés, il est moins essentiel qu'autrefois de ne conserver pour la plantation que les plus gros caïeux périphériques. Mais il sera judicieux de les trier en 2 ou 3 calibres, pour planter les petits plus serrés que les gros (p. 185). On veillera surtout à éliminer les caïeux doubles ou multiples.

Les caïeux ainsi préparés devront être plantés assez vite, leur détérioration étant plus rapide que celle des bulbes entiers. On ne gardera pas plus de 10 jours les caïeux des variétés du groupe III, pas plus d'un mois ceux des variétés des groupes I et II. (On se reportera page 95 pour les traitements fongicides des caïeux de semences, et l'emploi éventuel d'un additif permettant d'améliorer leur conservation à l'état divisé).

Une semi-mécanisation de la division des bulbes a été récemment proposée par la firme ROCK. Un doigt caoutchouté à déplacement vertical vers le bas pénètre dans le plateau du bulbe qu'on lui présente, le bulbe passe ensuite dans des rouleaux caoutchoutés qui le font se diviser, puis les caïeux sur des grilles calibreuses.

Autres types de semences

« Celui qui désire avoir de gros aulx, doit se servir d'une grosse semence, par une conséquence nécessaire, l'un suivant l'autre. J'ai trouvé ce secret par accident qui, rédigé en art, est aujourd'hui reçu et pratiqué par les plus habiles jardiniers : les aulx étant mis en terre après l'hiver ne font point de gousses et deviennent ronds, comme des ciboules, faute de temps, n'en ayant pas assez pour se former en gousses ; car poussés par la chaleur de la saison ils sont aussitôt mûrs que les primerains.

Ces aulx ainsi arrondis font la semence nécessaire à cet endroit, qui, employée à l'automne produit l'effet que vous désirez. Mais vous les rendrez encore de grandeur presque monstrueuse si, comme par l'alambic, vous repassez en terre trois ou quatre fois cette semence ainsi arrondie... On y procède ainsi : au mois de mars on met en terre les aulx arrondis comme dessus, d'où on les retire au mois de juin, grossis et non en gousses ; ensuite, deux ou trois années de suite le même moyen est réitéré... Il arrive que cette semence ménagée de cette manière donne des aulx très gros. Cette grosseur se manifeste par la feuille, à l'honneur du jardin, qui n'est pas moindre que celle du glayeul ou du poireau. »*

---

* On relève ici une connotation alchimique.

... On peut en effet envisager planter autre chose que des caïeux.

Les **bulbilles** d'inflorescence, si elles sont de la taille d'un grain d'orge (variétés du groupe I), semées à raison d'une centaine au mètre de ligne donneront l'année suivante des « petites noisettes », l'an d'après de petits bulbes composés, la troisième année seulement des bulbes de taille normale.

Les variétés qui produisent des bulbilles de la taille d'un petit pois (groupe IV ci-dessus, « Sprint », ou le clone « 204 » de T. ETOH) peuvent au contraire, dès l'année qui suit la plantation de ce type de bulbilles, donner des **« caïeux ronds »** utilisables comme semences.

On peut obtenir des tels « caïeux ronds », de belle taille, d'une autre manière, en pratiquant avec les variétés du groupe III ou avec « Sprint » des plantations tardives.

H. VENDRAN, suivant les traces d'Olivier de SERRES, a étudié les meilleures conditions de cette production. Il préconise la plantation de bulbes entiers, préalablement conservés à température ambiante, aux environs du 20 mars pour les variétés du groupe III, du 15 février pour « Sprint ». Les gros « caïeux ronds » ainsi obtenus, plantés à faible densité peuvent permettre d'obtenir des bulbes énormes (plus de 200 g).

Choix du terrain, fertilisation

« La terre ne peut porter des aulx, des oignons ou des poireaux deux années de suite, ces plantes haïssant se succéder à elles-mêmes ou les unes aux autres, à cause de leur mauvaise odeur dont elles infectent le fonds, avec beaucoup de perte pour les aulx, oignons ou poireaux qui s'entresuccèdent l'un à l'autre.

On pourra bien y loger les choux cabus et autres, destinés pour l'hiver, et qui ne souffrent pas de l'odeur de ces plantes, et les aulx, après les fèves, les pois, les melons, choux cabus primerains et autres matières douces, ou mieux, en terre neuve et reposée.

La terre sera très bien préparée par une bonne fumure et engrainée avec de vigoureux fumiers afin que, devenue douce, elle reçoive et fasse pousser vigoureusement la semence. »

Les zones traditionnelles de culture de l'Ail coïncident avec des sols riches à la fois en **limon,** en **argile** et en **calcium,** dépourvus de gros cailloux.

Quand on essaye la culture de l'Ail dans d'autres types de sol, on s'aperçoit que les terrains acides décalcifiés sont peu favorables, encore moins ceux où sévissent la toxicité de l'alumine et du manganèse.

En Basse-Terre de Guadeloupe, sur des sols ferrallitiques présentant tous ces inconvénients, nous avons pu quand même cultiver des variétés d'Ail des groupes V et VI en ajoutant 100 g/m de ligne de calcaire broyé de Grande Terre (d'origine madréporique), dans le sillon de plantation.

La question de l'utilité ou de la nocivité d'une **fumure organique** sur l'Ail est controversée. A la suite de R. LAFON (essais réalisés à l'INRA-Bordeaux, fin des années 50), nous pensons que la discordance des opinions à ce sujet tient à la grande sensibilité des racines d'*Allium* à l'ammoniaque (NH_3) qui arrête leur croissance en nécrosant leur extrémité.

Une matière organique bien décomposée ne dégageant pas de NH_3 dans le sol sera favorable à la culture de l'Ail.

Un fumier frais ou un compost en pleine fermentation, qui favoriseraient au maximum la végétation de plants de Concombre seront au contraire nocifs pour l'Ail.

La **fertilisation minérale** de l'Ail était jusqu'à une époque récente fondée sur des pratiques empiriques.

En ce qui concerne l'**azote,** une récolte « moyenne » de 10 t/ha d'ail sec qui contient environ 1 000 kg de substances azotées (protéines + peptides de réserve + cystéine sulfoxydes) doit exporter environ 125 kg d'azote. Les chiffres mentionnés par ESPAGNACQ (1988) et par l'INRA-Clermont-Ferrand varient entre 80 et 140 – ce qui souligne bien la difficulté des dosages, aussi bien qu'une possible variation de la composition des bulbes suivant leur alimentation azotée. La teneur en azote des fausses tiges et feuilles, si elles ne font pas retour au sol n'est que de 15 % de celle contenue dans les bulbes.

La dynamique de l'absorption de l'azote par la plante a été étudiée à l'INRA-Clermont-Ferrand sur Ail de printemps, avec les résultats pour une plantation du 30 janvier.

Tableau 33. Bilan de l'absorption d'azote par une culture d'Ail en cours de végétation, rendement final de 9,8 t de bulbes secs

Date	Matière sèche t/ha	Azote absorbé kg/ha
29 avril	0,215	12
1er juin*	1,032	33
15 juin	2,221	54
1er juillet	3,760	87
16 juillet	4,883	108

* Début de renflement des bulbes.

Il apparaît donc que les 2/3 de l'azote absorbé par la plante sont assimilés pendant la période qui va du début du renflement des bulbes à la récolte. Il sera donc inutile d'apporter la totalité de la fumure azotée avant la plantation, et encore plus dans le cas de plantations d'automne exposées à un lessivage important pendant la période hivernale. Au moins 50 % de la fertilisation azotée sera apportée sous forme de nitrate d'ammoniaque (le nitrate de calcium serait encore préférable) 15 jours à trois semaines avant le début du renflement des bulbes (15 mars en Provence sur variétés du groupe III plantées en novembre, 15 mai en Auvergne sur variétés du groupe II plantées au printemps).

Les autres éléments fertilisants, moins mobiles, pourront être apportés avant plantation : on peut estimer que les racines d'Ail explorent une couche de sol allant de 8 à 30 cm de profondeur, et remontent peu en surface.

Pour une récolte exportant 100 kg d'azote, on peut donner les évaluations suivantes pour les autres éléments minéraux :

P_2O_5	30	
K_2O	100	(150 si les feuilles ne retournent pas au sol)
CaO	15	(90 si les feuilles ne retournent pas au sol)
MgO	5	
SO_3	125*	

Ces chiffres peuvent donc être adoptés comme guides pour la fertilisation, dans le cas de plantations à densité « classique » de 150 000 à 166 000 caïeux/ha, dont on peut espérer des récoltes de 10 t d'Ail sec avec les clones sélectionnés indemnes d'OYDV dont nous disposons aujourd'hui. On les multipliera par 1,5 si la densité de plantation dépasse 200 000 caïeux/ha.

Que se passera-t-il si, du fait de la présence de reliquats des cultures précédentes, ou de fertilisations volontairement plus élevées (certains planteurs vont jusqu'à 250 kg d'azote/ha) les plantes disposent d'une alimentation excédentaire ? Des essais réalisés à l'INRA-Clermont-Ferrand montrent qu'en augmentant de 100 unités/ha une alimentation azotée déjà abondante (reliquat 154 unités, apport 33), les rendements en bulbes secs n'augmentent guère (10,4 → 12,1 t pour « Fructidor », 16,0 → 16,5 pour « Printanor »). La teneur en matières azotées des bulbes augmente : de 12 à 13 % pour « Fructidor », de 10 à 13 % pour « Printanor ». Mais il est probable que cette augmentation concerne plus les peptides de réserve que les précurseurs de substances antibiotiques. De tels bulbes surchargés en azote ne gagnent pas en aptitude à la conservation.

Enfin, une surcharge en azote intervenant après la différenciation des bourgeons axillaires et avant le début de leur renflement en caïeux sera susceptible de favoriser le symptôme « pousses axillaires » conduisant au surgoussage ou à l'éclatement des bulbes.

Quels sont les **précédents** favorables à l'Ail ? Le Blé réunit tous les suffrages. Mais la plupart des plantes maraîchères dicotylédones sont favorables aussi, ainsi que le Tournesol et le Colza. Le Maïs pourrait favoriser *Pyrenochaeta terrestris* et laisser des résidus d'atrazine.

On se reportera aux pages 95 et 100 pour éviter les précédents défavorables car susceptibles d'entretenir dans le sol l'inoculum de *Sclerotium cepivorum* (tous les *Allium*) ou de *Ditylenchus dipsaci* (Avoine, légumineuses).

La plantation

« Les aulx se sèment pendant tout l'hiver, la terre n'étant ni gelée ni trop humide, mais plus profitablement en automne que plus tard, la vraie saison étant celle des fromens...

---

* Qui seront apportés grâce à l'usage de K_2SO_4, de superphosphate, ou d'engrais composés spécifiés « S ».

Les gousses seront mises dans la terre séparément, la pointe en haut, couvertes de 2 doigts, éloignées l'une de l'autre de trois, et arrangées en lignes droites d'égale distance d'un pied ou d'un peu davantage, afin de pouvoir à l'aise cultiver les aulx. »

• Date de plantation

Le choix de la **date de plantation** présente une importance certaine. Si nous nous reportons au chapitre « Physiologie » (p. 63) nous pouvons concevoir qu'en climat tempéré cette date doit être :

– suffisamment précoce pour que le « besoin de froid » pour la différenciation des bourgeons axillaires (futurs caïeux) soit satisfait ;

– mais pas trop précoce, pour éviter que ces bourgeons axillaires ne soient différenciés avant que les conditions nécessaires au renflement des caïeux (jours longs, températures élevées) soient réunies. On ne peut éviter dans ce cas l'apparition de feuilles axillaires, avec comme conséquence le surgoussage, les caïeux multiples, l'éclatement des bulbes.

Mais nous avons vu (p. 64) que le « besoin de froid » pouvait être satisfait aussi par exposition des bulbes-mères à des températures comprises entre 0 et 10 °C.

Cela nous amènera, pour les variétés à gros bulbes du **groupe III,** dans le Midi de la France, à planter courant novembre, en évitant si possible que les bulbes-mères aient été soumis préalablement à de basses températures.

Les variétés du **groupe II** (ex. : « Printanor ») peuvent, elles aussi, être plantées en novembre. Mais elles expriment alors pleinement leur tendance au « surgoussage » bilatéral, tout en fournissant des rendements élevés. La « Norme » française du conditionnement de l'Ail ne permet pas cependant à ce type de bulbes de passer dans la catégorie « extra ».

On devra donc, pour obtenir des bulbes de forme régulière, planter début février des caïeux provenant de bulbes-mères conservés en local chauffé, fin février ou début mars des caïeux provenant de bulbes conservés en local non chauffé (dates valables pour la Drôme, on ajoutera 15 jours pour l'Auvergne).

Les variétés du **groupe I** (Lautrec, Morado) peuvent elles aussi être plantées en novembre, sans trop de risques de pousses axillaires si la densité de plantation est élevée, et la fumure moyenne (100 unités N/ha). Mais la sécurité est plus grande en plantation de fin décembre ou début janvier*.

Les producteurs d'**Ail frais** devront se rappeler qu'avec Thermidrôme, Messidrôme ou Germidour, une plantation d'octobre n'apportera que très peu de précocité, tout en augmentant le risque de pousses axillaires. L'usage de « Sprint » planté le 1er novembre, accompagné d'artifices accélérant le réchauffement printanier du sol (plantation devant brise-vent, paillage plastique du sol, chenilles perforées) servira beaucoup mieux leurs objectifs.

---

* Quand on disposera sur le marché des semences de clones régénérés à partir du « Violet de Kabylie », il faudra leur appliquer les mêmes règles de plantation qu'à « Printanor ».

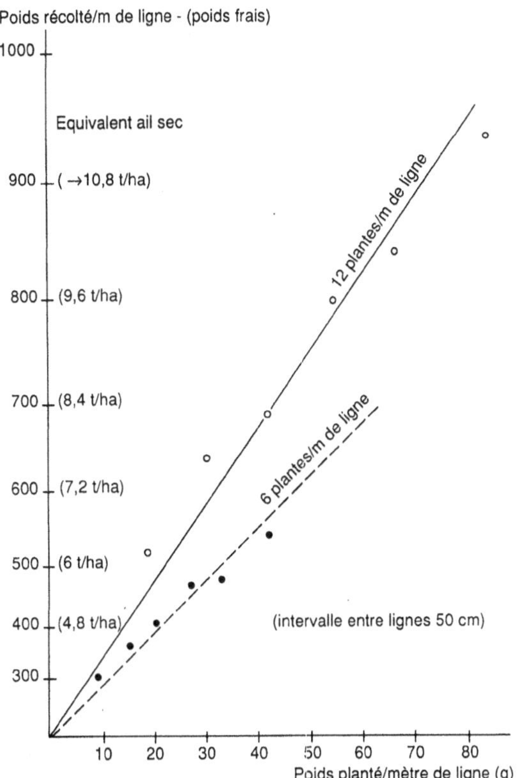

Figure 61. – Essai réalisé à Versailles (1972) sur « Rose de Lautrec » -
2 densités de plantation et différents poids de caïeux.

• Densité de plantation

Quelle **densité de plantation** choisir ? Si l'on compare les rendements obtenus avec diverses densités de plantation pour des caïeux de même calibre, ceux-ci ne sont pas proportionnels à la densité, mais plutôt à sa racine carrée. De plus, à poids égal de semences à l'hectare, on aura une récolte plus importante en plantant des caïeux plus petits, mais elle sera bien sûr composée de plus petits bulbes (fig. 61).

Le mode de répartition des plantes sur le terrain a également son importance. A écartement constant sur la ligne, les rendements ne commenceront à diminuer, rapportés au mètre de ligne, que si les interlignes deviennent inférieurs à 40 cm.

Cependant, la nécessité des binages mécaniques (cheval, tracteur) faisait que, traditionnellement, les planteurs descendaient rarement au-dessous de 70 cm entre lignes. Les possibilités de désherbage chimique font aujourd'hui adopter, en particulier dans le Sud-Ouest de la France, des dispositifs alternant grands et petits intervalles (ex. : lignes jumelles à 40 cm, grand intervalle de 80, ou lignes triplées à 40-40 avec un intervalle de 70, solution préconisée par H: MARIN).

L'intervalle sur la ligne sera fonction de la taille des caïeux : 15 cm pour des caïeux de 10 g, 12,5 cm pour des caïeux de 5 g, 8 cm pour des caïeux de 2,5 g.

• Mécanisation de la plantation

La plantation manuelle permet de placer tous les caïeux la pointe en haut, affleurant à la surface du sol, conditions idéales pour obtenir une germination régulière puis des bulbes bien symétriques.

La plantation peut être mécanisée ou semi-mécanisée, la plupart des caïeux tombent alors à plat dans le sillon. D'après des essais réalisés dans les années 60 par la compagnie du Canal de Provence, cela n'a pas de conséquences graves sur le rendement et la symétrie des bulbes. Celle-ci n'est vraiment compromise que s'il y a plantation la pointe en bas, avec une perte de rendement de 20 %.

Soins en végétation

« Depuis leur ensemencement jusqu'au mois de mars, il ne faut faire aucune dépense pour eux, mais quand le printemps est venu il ne faudra pas leur épargner la culture, sans quoi vous ne pourrez beaucoup espérer de cette plante, qui ne souffre le voisinage des autres qu'avec une perte apparente...

Il faut leur donner un léger labour, 4 ou 5 fois avant leur maturité (c'est-à-dire les serfouir, en parlant les termes de l'art), et les arroser par temps sec, pour les rendre entièrement bons.

La vermine fait quelquefois du dégât aux aulx quand elle s'engendre dans leurs tuyaux ; il n'y a pas d'autre remède à ce mal que de rechercher soigneusement ces insectes pour en détruire la race ; mais il faut y mettre la main de bonne heure, avant que la guérison n'en soit désespérée. »

• Besoins en eau

Les besoins en eau des cultures d'Ail ont été étudiés par la Compagnie du Canal de Provence (NIEL et ZUNINO, 1974) pour la période allant de mars, « début de la croissance active », à la récolte. Les besoins en eau de la culture sont évalués à 60 % de l'ETP en mars et avril (croissance végétative puis début de grossissement des bulbes), 70 % en mai (grossissement des bulbes) et 40 % pour début juin.

Pour une année moyenne du Midi de la France, la consommation en eau s'élève à 51 mm pour mars, 57 mm pour avril, 115 mm pour mai et 40 mm pour les deux premières semaines de juin. NIEL et ZUNINO considèrent ces chiffres comme valables aussi pour le Sud-Ouest de la France. L'écart entre ces besoins estimés et les précipitations (diminuées de 20 % pour tenir compte du ruissellement) sera comblé par l'arrosage. Ce sera début mai, en cas de déficit de pluies, que l'apport d'eau sera le plus susceptible d'augmenter les récoltes.

Les racines d'Ail exploitent surtout la couche de sol comprise entre 8 et 30 cm de profondeur. C'est ce niveau qu'il importe de tenir humide par des arrosages espacés de 10 à 15 jours. Pour éviter les pertes par ruissellement, il serait bon de garder une certaine portion de la surface binée mécaniquement.

Pour les plantations d'automne, NIEL et ZUNINO ont sans doute considéré que les pluies étaient suffisantes ou excédentaires de novembre à mars. Il arrive cependant en climat méditerranéen que les pluies automnales succédant à l'été sec soient insuffisantes ou absentes, et qu'on doive arroser soit avant préparation du sol pour la plantation, soit dans le mois qui suit, pour permettre la croissance des racines et éviter de favoriser les pourritures de caïeux par *Penicillium*.

• Désherbage chimique

Le désherbage chimique tient aujourd'hui une place importante dans la culture de l'Ail. L'évolution est très rapide dans ce domaine, l'Ail est d'ailleurs en France une des plantes favorites des expérimentateurs de désherbants. Les herbicides conseillés en 1990 étaient les suivants :

– Avant la plantation :
La Trifluraline (1 kg/ha), efficace sur graminées annuelles, et dicotylédones sauf crucifères et composées. On peut l'utiliser sur Ail d'automne, enfouie immédiatement après épandage.
Les **herbicides de contact :** paraquat, diquat, glyphosate, pour griller les mauvaises herbes déjà sorties avant plantation.

– Entre la plantation et la germination de l'Ail :
La **Butraline** (3,6 kg/ha), le Néburon (3 kg/ha), ou encore la Trifluraline éventuellement additionnée de Linuron.

– Après la germination de l'Ail :
L'**Ioxynil** (600 g/ha), sans doute le produit actuellement le plus utilisé, très efficace sur dicotylédones, mais peu sur graminées, ce qui peut entraîner un recours supplémentaire aux antigraminées spécifiques : Alloxydine, Diclofop-méthyl, Fluazifop-méthyl, en cas d'envahissement excessif.
On signale aussi l'usage du mélange **Propyzamide + Diuron.**

Les frais de désherbage chimique ainsi que leur éventuel impact sur l'environnement pourront être diminués en alternant de petits interlignes sur lesquels agira l'herbicide, et de grands interlignes binés mécaniquement.

• Protection phytosanitaire

La **protection phytosanitaire** sera principalement dirigée contre la Rouille et, si besoin est, la Teigne (p. 108 et 114). Quatre pulvérisations débutant le 10 mars et espacées de 15 jours seront en général suffisantes pour l'ail planté à l'automne, trois débutant le 10 avril pour l'ail planté en mars.

La récolte

« Les aulx demeurent en terre autant que les fromens, ayant de commun avec eux la semence et la récolte. C'est environ à la mi-juin, en pays approchant de la chaleur,

qu'ils atteignent à leur parfaite maturité, ce qui se reconnaît à ce que leurs feuilles se fanent. Quelques-uns l'avancent par artifice, en tordant, liant ou foulant aux pieds leurs rameaux, mais cette contrainte précipitée ne leur est pas salutaire, et les empêche de mûrir à leur aise, ce qui les rend plus minces et de garde plus douteuse que si avec patience on laissait opérer la nature...*

*Quand on les aura tirés de terre, on les mettra aussitôt au soleil pour les rendre de bonne garde** ; car si on ne leur ôtait l'humeur surabondante, dans peu ils pourriraient au grenier.*

Il y en a qui les arrangent en petits faisceaux qu'ils appellent « rés », chacun de deux douzaines, enchaînés en deux branches par le moyen de leur feuillage, que l'on entre-lie ensemble, étant encore tendre ; d'autres les dépouillent entièrement de leurs rameaux et exposent ensuite à l'air leurs têtes nues, d'où étant retirées au bout de quelques jours, ils les mettent reposer sur des planchers, pour y achever de sécher. »

• **Récolte avant maturité**

Il existe en France des traditions de récolte de l'Ail avant maturité. Nous avons mentionné celle de l'« Aillet » à Bordeaux (p. 170). En Espagne et en Chine, ce sont les hampes florales sectionnées qui sont consommées en omelettes...

Beaucoup plus importante est la récolte d'Ail en **bulbes frais** pratiquée par les producteurs de Cavaillon (Sud-Vaucluse) et Chateaurenard (Nord-Bouches-du-Rhône). L'ail est arraché alors que les tuniques externes des caïeux et les cloisons internes des bulbes ne sont pas encore déshydratées, non plus que les tuniques externes, mais que les caïeux ont cependant atteint les 4/5 de leur taille définitive. Les fausses-tiges sont coupées à 10-15 cm, les racines coupées, une ou deux tuniques externes enlevées pour donner au bulbe un aspect parfaitement net.

Cette spéculation, traditionnellement réalisée avec « Blanc de la Drôme », a déjà gagné cinq ou six jours de précocité avec « Germidour ». Mais ces deux variétés, coincées par leurs exigences photopériodiques ne réagissent pas de façon très positive aux artifices par lesquels les producteurs essaient de gagner en précocité : plantation devant les haies de cannes ou de cyprès, paillage plastique du sol, chenilles plastiques.

L'usage de « Sprint », beaucoup moins exigeant en photopériode, leur permettra de voir leurs efforts mieux récompensés.

Les producteurs les plus exigeants trouvent cependant « Germidour » et « Sprint » trop violacés. L'intérêt du consommateur n'engage pas à l'usage d'« Egypte 5 » (caïeux trop petits, trop nombreux). La régénération de « Gela » (p. 179) pourrait être envisagée.

• **Récolte en sec**

Pour la récolte en Ail sec, il ne faut cependant pas attendre que toutes les feuilles soient sèches, toutes les fausses tiges « tombées ». A ce stade, peut-être optimum pour

---

* Olivier de SERRES ayant dès 1600 réglé leur compte à ces pratiques, nous n'insisterons pas à leur sujet !
** Conseil valable seulement pour l'ail récolté à maturité complète – autrement gare au « bleuissement » (p. 131).

la maturation physiologique, l'envahissement des tuniques externes par *Helminthosporium allii* rend l'ail irrécupérable pour la consommation.

On s'accorde pour placer l'optimum de l'arrachage au stade où les 2/3 des feuilles sont sèches. Pour situer de façon plus précise le stade de récolte, l'examen au réfractomètre du jus de caïeu a été proposé par L. ESPAGNACQ. Les teneurs en substances solubles indiquées par cet appareil sont en très bonne corrélation avec les dosages chimiques de sucres totaux. La récolte serait possible dès que le degré BRIX atteint ou dépasse 25 (LLORENS, ESPAGNACQ et MORARD, 1989).

L'arrachage peut se pratiquer de façon entièrement manuelle à la fourche-bêche, ou en soulevant les bulbes du sol à l'aide d'un extirpateur. Les bulbes sont alors tirés du sol à la main avec plus de facilité.

On peut ensuite laisser l'ail sécher sur le champ, en le disposant en « double chaîne » pour éviter que le soleil ne fasse bleuir les bulbes (p. 131).

Mais, bien que des migrations se poursuivent des quelques feuilles restées vertes et de la fausse tige vers le bulbe, le gain de poids ainsi obtenu est minime, et l'on peut aussi bien sectionner la fausse tige dès la récolte et rentrer l'ail en cagettes – à moins que l'on ne désire confectionner des bottes ou des tresses*.

Une **mécanisation** totale de la récolte est déjà pratiquée aux États-Unis. Elle suppose la section préalable des fausses tiges au gyrobroyeur. Les bulbes soulevés par une lame sont ensuite convoyés sur un tapis roulant, le personnel transporté par la machine élimine cailloux et mottes de terre.

Une mécanisation plus poussée et moins brutale est en cours de mise au point en France. Le prototype proposé par la firme ROCK soulève les plantes verticalement et sectionne les fausses tiges. Dans cette optique, le très beau clone « Germidour », capable de fournir les plus hauts rendements en Ail, a l'inconvénient d'une « tombaison » trop rapide des fausses tiges.

Certains producteurs pratiquent un nettoyage des bulbes (terre, tuniques externes grises) sur le champ même, grâce à une machine constituée de bandes de caoutchouc tournant autour d'un axe horizontal, devant lesquelles les bulbes tenus par la fausse tige sont présentés à la main.

Conservation

• Séchage

Contrairement à ce qui se passe pour un bulbe d'Oignon ou d'Échalote, chez lequel il suffit de sécher quelques minces tuniques externes, la dessiccation d'un bulbe d'Ail suppose la déshydratation de toutes les faces de la tunique externe des caïeux, et de la cloison interne constituée par la base de la dernière gaine foliaire (dans le cas de variétés du groupe I), de 2 ou 3 cloisons internes dans le cas de variétés des groupes II et III.

Ce phénomène ne fait sans doute pas intervenir seulement l'évaporation de l'eau de ces membranes, mais peut-être aussi sa migration vers la chair des caïeux.

---

* En Espagne on ajoute de la paille de roseau ou de *Typha* pour rendre les tresses plus solides. C'est interdit en France.

Tableau 34. Essais de séchage de l'Ail avec ventilation forcée
(SUAD Tarn-et-Garonne, SICA-CEFEL, SOLAGRO, 1990)

Traitements	Température de l'air à l'entrée	Cadence de ventilation	Perte de poids %			Note « suie » (*H. allii*)
			3 j	2 j	36 j	
1	35 °C	continue 3 j puis intermittente	10	22	22	0
2	29 °C	intermittente	6	18	22	1
3	température ambiante (21 °C la nuit)	continue 3 j puis intermittente	6	17	20	2
4		intermittente	3	16	19	2
Témoin « pallox » non ventilé			3	13	17	5

(La vitesse de circulation de l'air dans la masse de bulbes, sur 2 m d'épaisseur, était de 16 cm/s, la ventilation « intermittente » était pratiquée 6 h sur 24, principalement la nuit. Les notes « suie » s'échelonnent de 0 : aucune trace d'*Helminthosporium allii* à 5 : bulbes entièrement noircis.)

Il se réalise lentement, mais sûrement, pour peu que les bulbes réunis en bottes soient suspendus sous un toit ou posés sur un plancher de grenier (méthode traditionnelle), ou que les bulbes équeutés soient stockés en cagettes superposées, avec une couche de 2 ou 3 bulbes d'épaisseur dans chacune, en piles autour desquelles l'air circule.

Mais le souci de gain de place dans les locaux de stockage, et de diminution du temps de travail, incite les producteurs, négociants ou coopératives ayant à manipuler des dizaines de tonnes de bulbes, à expérimenter des stockages dans des unités de plus grand volume (ex. : des « **pallox** » à parois perforées de l'ordre du m³). Dans ces conditions, surtout si l'air est humide (temps orageux d'été), les bulbes situés au centre de cette masse se recouvrent inéluctablement de « suie » (mycélium et spores d'*Helminthosporium allii*).

Les données les plus récentes et les plus encourageantes dont nous disposons proviennent d'expériences de ventilation assistée, réalisées dans le Sud-Ouest de la France, où le problème est particulièrement aigu du fait d'un climat plus humide (le stockage en « pallox » n'est cependant pas sans inconvénient non plus en conditions méditerranéennes).

MM. DECONCHAT, BOCHU, TOUREILLE, BALSSA et JOURDAN* ont comparé le stockage en pallox de 800 dm³ avec des séchages sous ventilation assistée dans des volumes analogues ou supérieurs (jusqu'à 2 m³), en réalisant plusieurs combinaisons : air réchauffé ou non, ventilation permanente au début puis intermittente, ou intermittente depuis le début.

---

* Expérimentation réalisée en 1990 par le SUAD du Tarn-et-Garonne, la SICA-CEFEL et SOLAGRO.

Le tableau 34 exprime de façon sommaire leurs résultats. Les auteurs de l'expérimentation concluent à l'intérêt de la ventilation assistée pour le séchage de l'ail, en couches ne dépassant pas 1,5 m d'épaisseur. Le résultat le plus parfait (note « suie » = 0) est obtenu en dépensant 0,4 F d'électricité/kg d'ail en 1990. Le traitement 2 (satisfaisant du point de vue commercial) dépense 0,2 F. La dépense d'électricité du seul ventilateur est négligeable.

Les expérimentations ultérieures s'orienteront vers le chauffage solaire de l'air.

Les auteurs soulignent l'importance d'obtenir une perte assez importante de poids dans les 3 premiers jours (au moins 6 %). La perte de poids définitive est toujours de l'ordre de 20 % au bout d'un mois, que l'ail soit parfaitement blanc, ou noirci par l'*Helminthosporium*.

• Conditions de stockage

On se reportera au chapitre 6 (p. 110) pour comprendre les raisons physiologiques qui conduisent à proposer pour le stockage de l'Ail deux possibilités très différentes :

– stockage « **froid** », à des températures voisines de 0 °C, ou légèrement inférieures (jusqu'à − 2 °C si l'on dispose d'une régulation thermique de haute précision proscrivant tout risque de gel à − 4 °C) ;

– stockage « **chaud** », avec un optimum vers 25 °C, sous 80-90 % d'humidité relative (à condition que les lots ainsi conservés soient indemnes d'*Aceria tulipae*).

Les cultivateurs d'avant-garde et leurs conseillers, en particulier dans le Sud-Ouest de la France, commencent à envisager l'application pratique de ces deux méthodes, et à évaluer les coûts d'installation et de fonctionnement. Seuls de tels procédés* permettront de réaliser en France une « soudure » jusqu'à la récolte suivante pour les variétés du groupe III qui, stockées dans des locaux ni chauffés ni refroidis, ne se conservent pas au-delà de mars-avril pour les meilleurs lots.

Bien entendu la mise à la disposition des cultivateurs de clones régénérés à haut rendements des groupes II, et bientôt I, devrait leur permettre de proposer de l'Ail encore en bon état en mi-juin sans installations coûteuses.

Nous avons signalé page 169 une zone de culture de l'Ail dans le Nord de la France, et l'usage d'un cultivar tardif du groupe variétal II. Le centre de cette culture se situe à **Arleux,** à la limite des deux départements du Nord et du Pas-de-Calais, dans la vallée de la Sensée, qui comporte des zones marécageuses. A la foire annuelle d'Arleux, début septembre, on commercialise des tresses de 20, 45 ou 90 bulbes d'**ail fumé,** technique de conservation originale. Récolté en juillet, séché en plantes entières sur le champ, l'ail est ensuite tressé. Les tresses sont suspendues verticalement dans des « fumoirs » où elles sont exposées aux fumées de combustion de briquettes de tourbe des marais, ou éventuellement de sciure de bois humidifiée. L'opération dure 8 à 10 jours, on évite que les bulbes ne soient soumis à des températures supérieures à 40 °C. Sans aucun doute, l'opération nécessite un certain « tour de main » que des candidats à la production d'ail fumé dans d'autres régions feront bien d'essayer d'acquérir sur place**.

---

* Puisque la mauvaise image de l'irradiation auprès du public empêchera sans doute (à tort) qu'elle soit appliquée à grande échelle.
** Renseignements aimablement communiqués par Mr GLACET, Chambre d'Agriculture du Nord.

Références bibliographiques

ALTELHADJ P., 1988. *L'Ail de Printemps : techniques culturales.* Congrès international des bulbes, Clermont-Ferrand, juin 1988, 7 p.

BREWSTER J. L., RABINOWITCH H. D., 1990. Garlic agronomy. in R & B, 1990, III, 7, 148-157.

ESPAGNACQ L., 1988. *Contribution à l'étude de la physiologie de l'Ail* (Allium sativum). Thèse de doctorat. Institut National polytechnique de Toulouse, 93 p. + annexes.

KAZAKOVA A. A., 1971. (The most widely distributed species of Onion, their origin and intraspecific classification.) *Trudy prikl. Bot. genet. Selek,* 45, 19-41 (en Russe, sommaire anglais, cité par ETOH, 1983).

LYON M., 1974. Mécanisation de la récolte et séchage de l'Ail. *L'Ail.* C.R. journ. Nat. Ail. Bt de Lomagne, mai 1974, 43-48.

LLORENS J. M., ESPAGNACQ L., MORARD P., 1989. La maturité de l'Ail (*Allium sativum*). Essai de définition d'un stade de récolte. *PHM, Rev. hortic.,* 294, 49-54.

MANN L. K., LITTLE T. M., 1957. Growing Garlic in California. *Univ. Calif. Veg. Crops series,* n° 89, Davis-California.

MARCHESI G., FUOCHI A., 1979. L'Aglio Bianco Piacentino. *Sementi elette,* 25 (6), 23-25.

MARIN H., 1986. La Mécanisation de la culture. *Fruits Légumes,* 33, 48-50.

MARIN H., 1988. *Ail d'Automne : les techniques culturales.* Congrès international des Bulbes, Clermont-Ferrand, 4 p.

MARIN H., TOUREILLE M., 1987. Histoires d'aulx. *Fruits Légumes,* 44, 30-33.

MESSIAEN C. M., 1974. Physiologie de l'Ail. *L'Ail.* C. R. Journ. Nat. Ail, Bt de Lomagne, mai 1974, 7-10.

MESSIAEN C. M., 1988. *Types variétaux d'Ail cultivés dans le monde. Leur intérêt éventuel pour les pays européens et francophones.* Congrès international des bulbes, Clermont-Ferrand, 8 p.

NIEL, ZUNINO, 1974. Culture et irrigation de l'Ail dans le Sud-Est. *L'Ail.* C.R. Journ. Nat. Ail, Bt de Lomagne, mai 1974, 49-56.

DE SERRES O., 1600. *Le Théâtre de l'Agriculture et mesnage des champs.* (Nous avons consulté l'édition de l'an XI-1802, « remise en françois » par A. M. GISORS, Meurant, Paris édit.)

SALOMON, 1974. Les techniques culturales de l'Ail d'Automne récolté en sec. *L'Ail.* C.R. Journ. Nat. Ail. Bt de Lomagne, mai 1974, 57-62.

TOUREILLE M., 1988. *La conservation de l'Ail.* Congrès international des bulbes. Clermont-Ferrand, 12 p.

TOUREILLE M., 1990. Récolte mécanique et séchage. *Fruits Légumes,* 73, 50-51.

1. Fleurs (à gauche) ou bulbilles (à droite) sur des ombelles d'*Allium sphaerocephalum*.

2. Caieux ronds obtenus par plantation de bulbes d'ail entiers.

3. De gauche à droite : stades successifs[de la] floraison et de la maturation des ca[psules] chez un clone fertile d'ail.

4. Hampes florales d'ail.

5. Bulbes et caieux pédicellés chez l'hexaploïde cultivé.

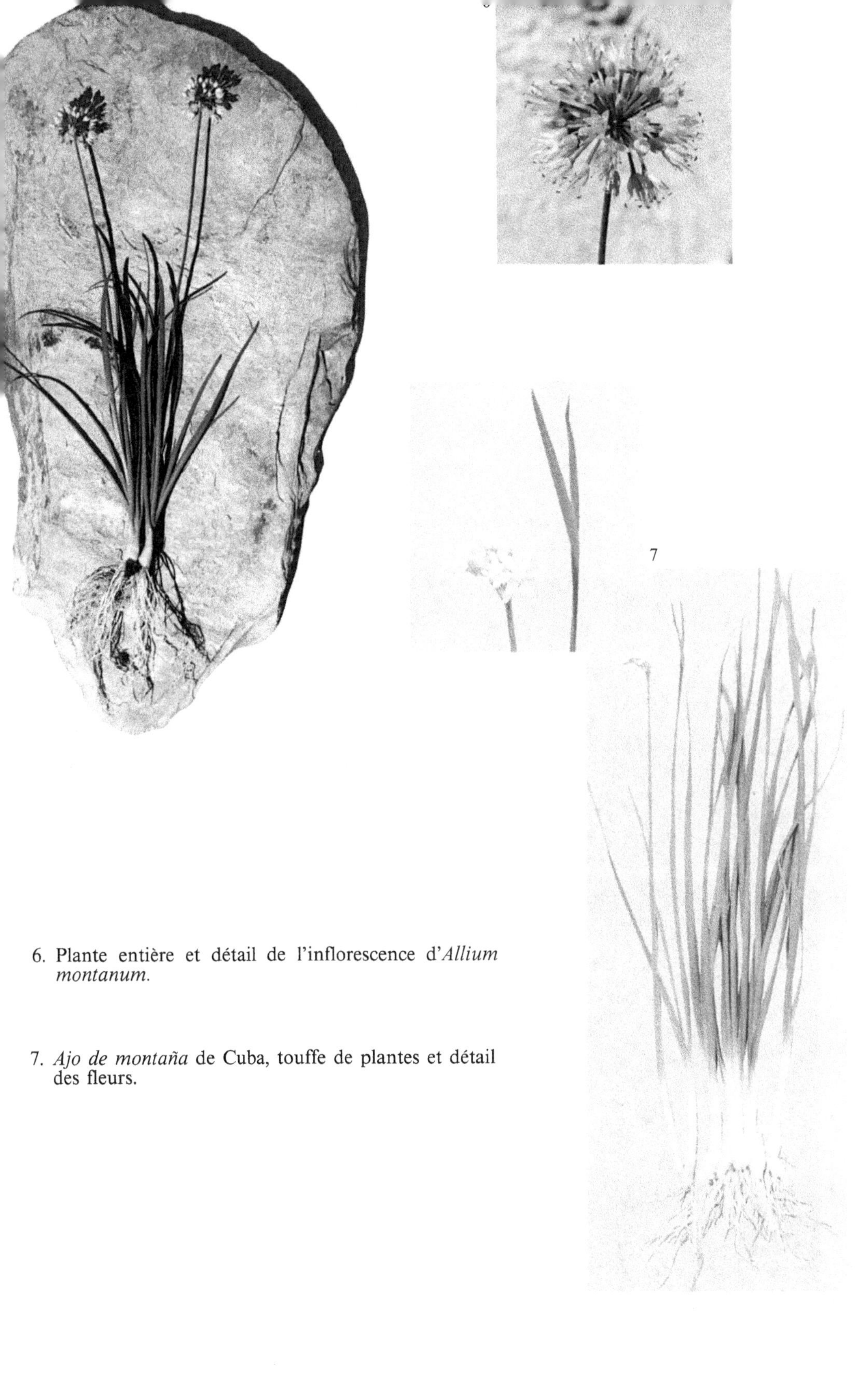

6. Plante entière et détail de l'inflorescence d'*Allium montanum*.

7. *Ajo de montaña* de Cuba, touffe de plantes et détail des fleurs.

8. Bulbes obtenus en France. A gauche, cive rouge antillaise, à droite ciboule vivace de la Drôme.

9. Végétation en France de la cive rouge antillaise.

10. Inflorescences de gauche à droite, oignon « Violet de Galmi », échalote tropicale, échalote grise, cive jaune antillaise et ciboule de Brazzaville.

. Une touffe de cive jaune antillaise. Au second plan, MM. HOUNTONDJI (Caraïbe-Semences) et VITILINGON (leader agricole à Matouba, Guadeloupe).

. Cive jaune antillaise (1er plan) et Cebollin de Cuba (second plan) cultivés en France.

13. Végétation comparée d'*Allium chinense* (à gauche) et d'une échalote tropicale (à droite).

14. Bulbes de Rak'kyo *(Allium chinense)*.

15. Deux Liliacées alimentaires récoltées dans la nature : *Muscari comosum* (à gauche) et *Allium polyanthum* (à droite) (la pièce de 5 F donne l'échelle).

16 La rouille *Puccinia allii* sur feuilles
d'*Allium polyanthum*.

17 Symptômes de l'OYDV sur «Thermidrôme» (feuilles saines à droite).

18 Effets de l'OYDV sur la végétation de «Thermidrôme» (plantes saines à gauche).

17   18

19. Un clone récemment régénéré de «Morado»
(groupe variétal I). Obtention INRA-T
semences.

20. «Cristo» (obtention Top semences), clor
régénéré du groupe variétal II.

21. «Thermidrôme» (obtention INRA), clor
sans OYDV issu de la population «Blanc
la Drôme» (groupe variétal III).

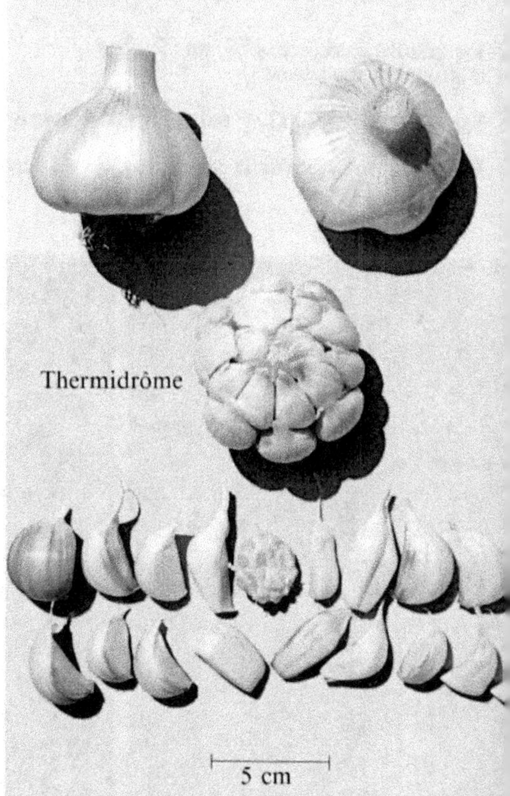

Germidour

22 «Germidour» (obtention INRA), clone régénéré à partir de «VC6» issu de «Violet de Cadours» (groupe variétal III).

23 «Egypte 5», clone appartenant au groupe variétal V.

24 «Jamaïque M», clone appartenant au groupe variétal V.

23

24

Egypte 5   5 cm

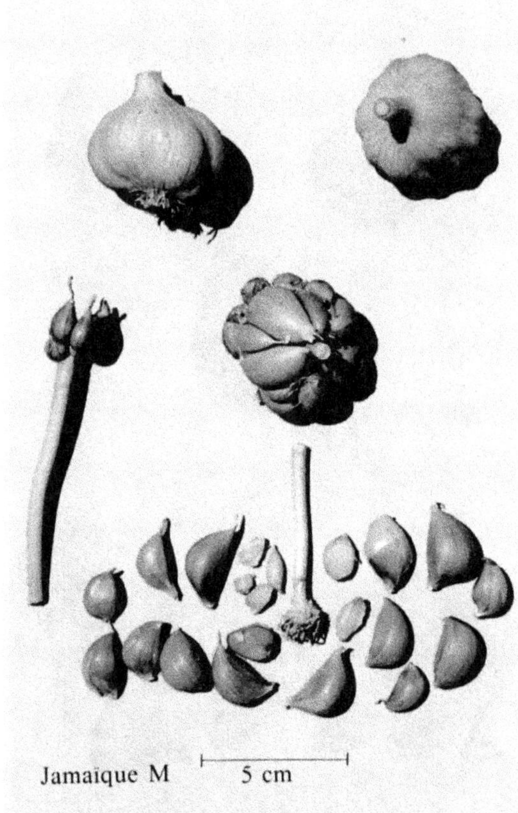

Jamaïque M   5 cm

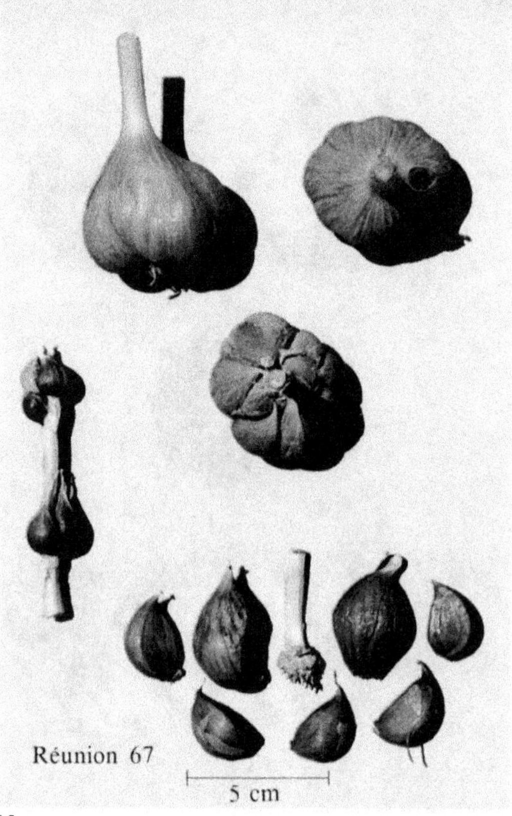

25

26

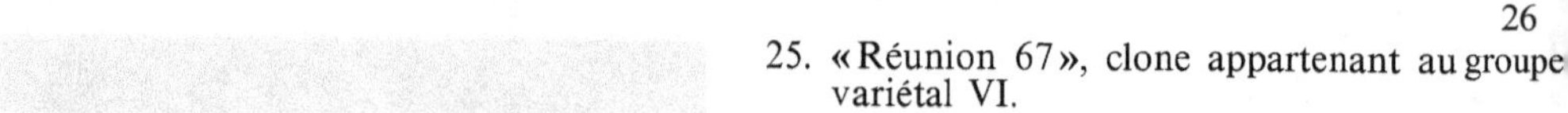

25. « Réunion 67 », clone appartenant au groupe variétal VI.

26. « Sprint » (obtention INRA-Top semences clone régénéré à partir de « Tachkent M » (Asie centrale).

27. Clone « Pékin » d'origine extrême-orientale.

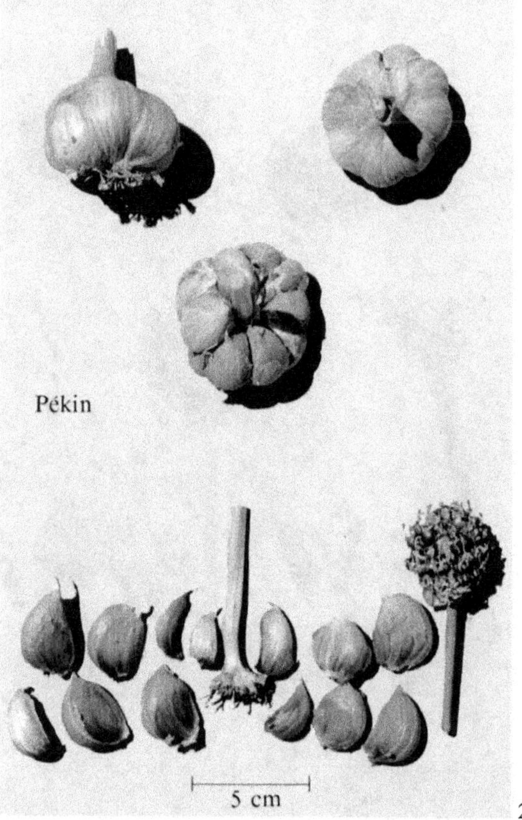

27

28. Floraison de l'échalote grise et détail de l'ombelle (à gauche).

29. Trois types d'échalotes appartenant à *Allium cepa* : «Jermor», «Mikor» (obtentions INRA) et une échalote tropicale, et «Griselle» (obtention INRA), clone d'échalote grise.

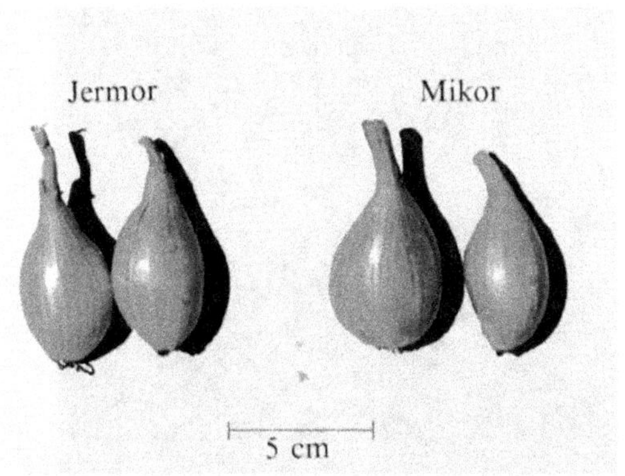

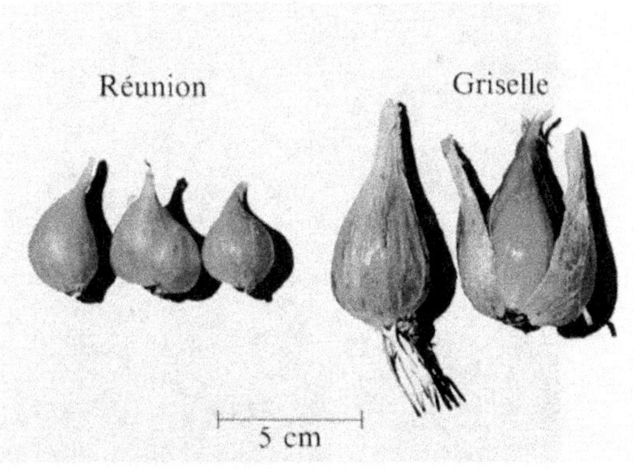

30

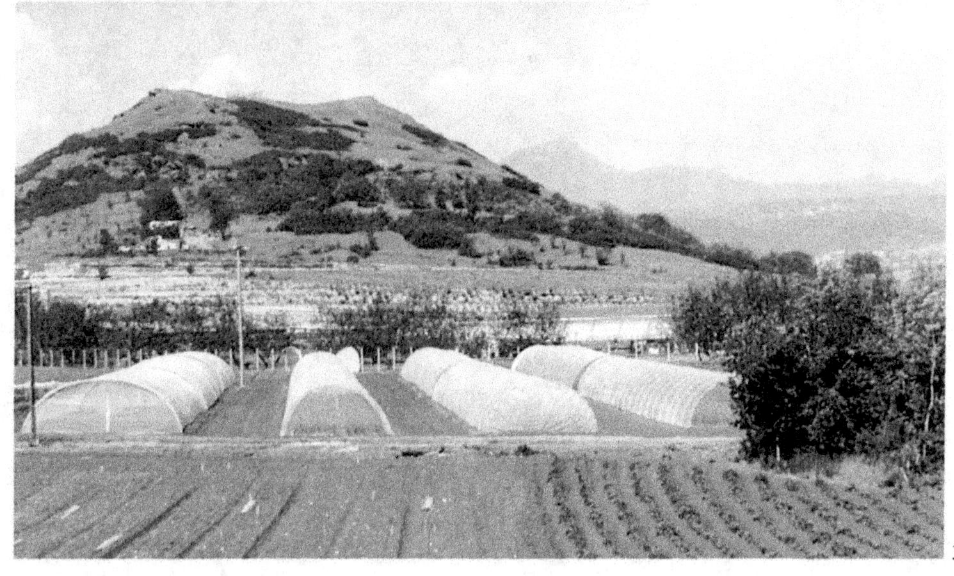

30 et 31. Production sous abri grillagé des premières générations conduisant à la production de semences d'ail certifiées.

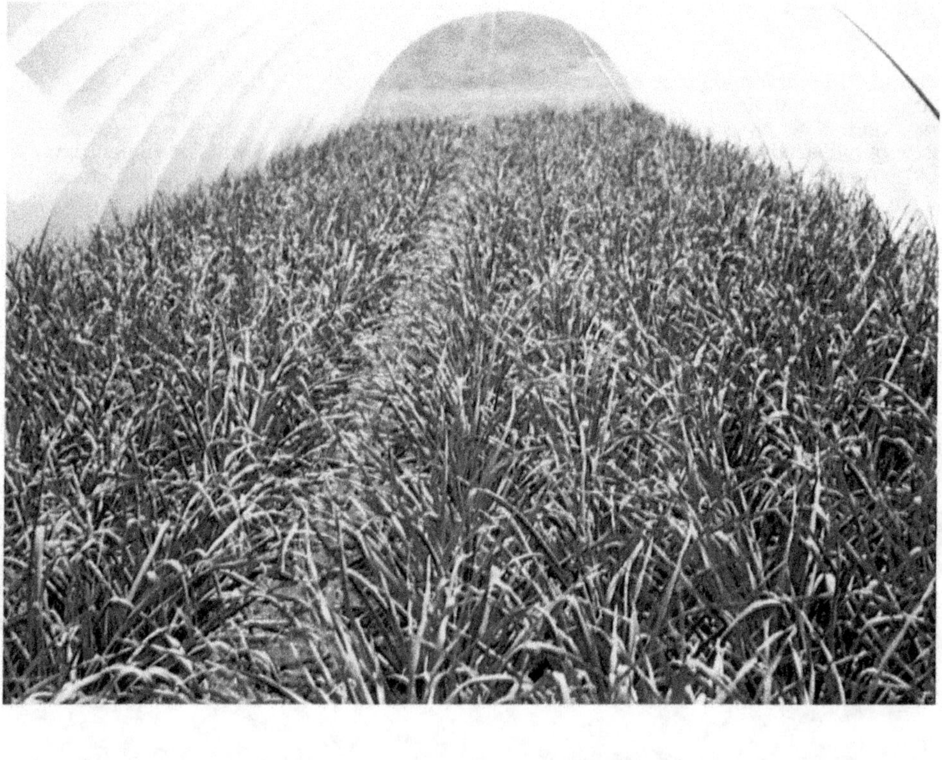

31

IX
VARIÉTÉS D'ÉCHALOTES ET MODES DE CULTURE

Les principales zones de production

La culture des Échalotes semble moins importante dans le monde que celle de l'Oignon proprement dit ou de l'Ail. Il règne de plus une incertitude dans les statistiques, certaines productions d'échalotes étant comptabilisées sous la rubrique « Oignons ».

D'après CURRAH et PROCTOR (1990), la presque totalité des « Oignons » mentionnés par les statistiques FAO pour l'Indonésie (294 000 t) et une grande partie de ceux produits en Thaïlande (171 000 t) seraient des échalotes. Les producteurs français, avec leurs 45 000 à 50 000 t produites chaque année doivent donc se résigner à n'occuper que la 3ᵉ place dans la production mondiale qui, compte tenu d'autres îlots de culture d'échalotes moins importants : Pays-Bas (2 500 t), Scandinavie, Pologne, Louisiane, Afrique occidentale et équatoriale, Éthiopie, Haïti, doit se situer autour de 500 000 t.

Deux questions peuvent être posées par le lecteur à ce point de notre chapitre.

Comment les Échalotes se sont-elles différenciées à partir d'un ancêtre se reproduisant par graines ?

En ce qui concerne les **Échalotes tropicales,** notre réponse sera : « par nécessité ». On peut remarquer que leur culture fait partie de la tradition paysanne dans des pays soit très proches de l'Équateur (Indonésie), soit côtiers (golfe du Bénin) ou insulaires (Petites Antilles, Haïti) où les températures nocturnes ne descendent pas assez longtemps en saison sèche au-dessous de 15 °C pour que l'Oignon « Violet de Galmi » lui-même fleurisse régulièrement*.

A l'intérieur d'un bulbe d'Oignon, les bourgeons qui se forment n'ont pas une destinée fixée de façon définitive. Si leur « besoin de froid » pour l'induction florale n'est pas satisfait, et s'il s'agit d'Oignons « basses latitudes » pouvant accomplir leur bulbification en jours de 12 h-12 h 30, ils évolueront en nouveaux bulbes.

---

* On peut peut-être ajouter pour Haïti le déracinement et l'isolement d'un peuple qui a dû réinventer une agriculture à partir de 1804, et ne disposait pas de graines d'oignons tropicaux.

Si la population de départ est suffisamment hétérogène les individus se prêtant le mieux à ce passage de la reproduction sexuée à la multiplication végétative pourront être conservés comme « Échalotes ».

On peut ainsi penser que la séparation entre « Oignons basses latitudes » et « Échalotes tropicales » n'a pas entraîné dans la plupart des cas de distanciation génétique profonde entre les deux types.

Dans les croisements (Oignons BL × Échalotes tropicales) que nous avons réalisés, on retrouve de « vraies » échalotes dès le premier recroisement de la F_1 par une échalote.

Le recroisement de la F_1 par un Oignon (ex. : « Violet de Galmi ») donne des bulbes d'aspect extérieur « Oignon » mais divisés intérieurement en 2 ou 3, à la manière des « Oignons-patates ».

Notre interprétation de l'**origine des Échalotes tempérées** ne sera pas aussi catégorique : il est possible que la séparation d'avec *Allium cepa sensu stricto* ait été beaucoup plus ancienne, et que les mutations de bourgeons aient joué un rôle beaucoup plus important dans leur genèse – tout au moins pour le groupe « Jersey », appartenant aux *Allium cepa :* nous verrons au paragraphe suivant que l'origine de l'Échalote grise est beaucoup plus mystérieuse.

Dans le « Bon Jardinier » de 1859, on voit apparaître l'Échalote « de Jersey », indiquée comme « d'origine nordique ».

Une provenance scandinave (côtes baignées par le Gulf-Stream), avec de longs hivers à température comprise entre 0 et 4 °C ne serait, en effet, pas invraisemblable si l'on considère leur arrêt de végétation à des températures de − 2 à + 9 °C, n'empêchant pas l'initiation florale, et leur optimum pour la croissance végétative et la bulbification à des températures inférieures à celles couramment indiquées pour l'Oignon (environ 20 °C au lieu de 25-27 °C).

Pourquoi, en conditions tempérées, maintenir la culture de l'Échalote à côté de celle de l'Oignon ?

En effet les échalotes se distinguent de l'Oignon par un coût de production plus élevé, dû à un gros investissement en bulbes plantés – et par un prix de vente également plus élevé, que le consommateur accepte de payer... Des analyses réalisées en 1973 par DEMBELE et DUBOIS nous indiquent que les échalotes sont supérieures pour la teneur en matière sèche et pour la « force » aromatique globale (mesurée par la libération d'acide pyruvique à partir de bulbes broyés) à un « Oignon d'Auxonne » déjà supérieur pour ces caractères à la qualité moyenne des oignons vendus en France (tabl. 35). Le « quotient propyl/propényl » dans le distillat semble de plus indiquer une différence qualitative pour l'arôme.

Nous remarquons déjà ici que c'est l'Échalote grise qui se distingue le plus de l'Oignon proprement dit.

Outre leurs qualités condimentaires, les échalotes présentent des intérêts liés à leur mode de reproduction. La multiplication végétative assure l'homogénéité et la stabilité des caractéristiques du matériel. Toutes les plantes d'une parcelle vont mûrir sensiblement en même temps, les bulbes sont de forme et de couleur homogène, ils se conservent de la même façon. En second lieu, le fait de planter un bulbe, organe riche en réserves, permet la mise en place rapide d'un système foliaire efficace, épargnant les soucis de pépinière ou de préparation d'un lit de semences – et par la suite une maturité et une récolte précoce. Cette caractéristique est particulièrement intéressante dans les zones à courte végétation, comme la Finlande (AURA, 1963) ou la Russie du Nord, où la culture de l'Oignon reproduit par graines est d'ailleurs remplacée par celle d'*Allium cepa* var. *aggregatum sensu stricto* (Oignon-patate).

Tableau 35. Analyses de DEMBELE et DUBOIS (1973) sur des lots commerciaux d'échalotes

Lots commerciaux		Mat. sèche %	Acide pyruvique micromoles/g	Quotient propyl/propényl
Oignon « d'Auxonne »		14	12,0	0,65
Échalotes (de Jersey)	« Oignon »	16	15,8	0,51
	« de Bretagne »	16	15,9	0,50
	« Violette »	24	23,7	0,38
Échalote grise		31	30,5	0,30

1. Échalotes cultivées en France et en Europe

Deux types variétaux se distinguent facilement : d'une part l'Échalote « grise » (ou « Échalote ordinaire » ou « vraie ») qui semble peu connue hors de France, d'autre part les « Échalotes de Jersey » encore appelées « Échalotes roses » ou « Échalotes-oignons ».

Échalote grise

Cette échalote est surtout connue dans le Sud et l'Est de la France, elle couvre 200 à 300 ha en production commerciale, elle est présente dans de nombreux jardins familiaux.

Ses bulbes sont pyriformes, avec une tunique très coriace de couleur blanc crème à gris fauve. La chair est rose violacé, de saveur forte. Les feuilles de couleur vert clair sont vigoureuses, à port d'abord dressé puis retombant. La floraison est rarissime.

Les racines épaisses, puissantes et persistantes rendent la récolte difficile, puis le conditionnement laborieux.

Par crainte de détérioration des bulbes, la plantation est réalisée en automne, alors qu'en réalité les bulbes en bon état sanitaire sont profondément dormants. La germination fait apparaître tout d'abord des gaines foliaires translucides sans limbes jouant le rôle de « coléoptiles ».

La forme allongée des Échalotes grises résulte sans doute de la concurrence intra-touffes : ayant eu la curiosité de pratiquer en mars une division de touffes suivie de repiquage, nous avons eu la surprise d'obtenir des bulbes ronds.

Ce type d'échalote est très sensible à la plupart des maladies des *Allium* (*Botrytis* spp. pourriture blanche, mildiou) mais se révèle immun à l'OYDV.

Du fait de la rareté de la floraison, le statut systématique de l'Échalote grise restait obscur. Des hampes florales apparues dans la Drôme à raison d'une ou deux touffes florifères par champ, le repiquage de ces touffes en pot, ont permis une description plus complète de cette variété (fig. 62 et photo 28). Les hampes florales présentant à leur tiers inférieur un renflement beaucoup plus localisé que chez *A. cepa,* les ombelles plu-tôt hémisphériques que sphériques, les fleurs dont les pétales sont plus étroits que ceux d'*Allium cepa,* avec une ligne médiane verte, sont des caractères que présentent les espèces sauvages d'Asie centrale de « l'alliance *oschaninii* » à l'intérieur de la section *cepa* (tabl. 36). Ces espèces présentent aussi le caractère « grosses racines persis-tantes », mais les tuniques externes de leurs bulbes sont nombreuses et fines, comme chez l'Oignon ou les échalotes courantes. Si nous récapitulons dans un graphique rami-fié les caractères qui séparent l'Échalote grise des *Allium cepa* typiques, nous constat-ons qu'elle en est encore plus éloignée que les *Allium oschaninii, praemixtum* et *vavi-lovii.* Elle mériterait donc au même titre un nom spécifique particulier, que nous laisserons aux botanistes le soin d'imaginer*, en espérant que les règles de leur art leur permettent d'utiliser enfin de façon rationnelle l'épithète « *ascalonicum* » (fig. 63).

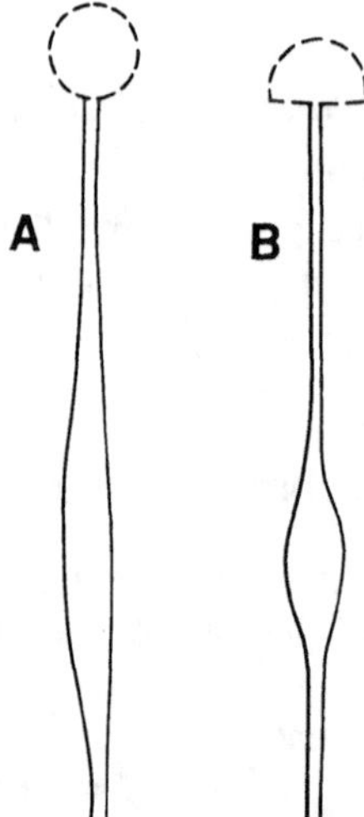

Figure 62. – Silhouettes comparées des hampes florales et des ombelles chez les échalotes appartenant à *Allium cepa* var. *aggregatum* (A) et chez l'échalote grise *Allium oschaninii* (B).

---

* La rédaction de ces considérations systématiques sur l'Échalote grise doit beaucoup à une correspondance avec P. HANELT.

Tableau 36. Subdivision de la section *cepa* du sous-genre *Rhizirideum* en 3 « alliances »
(d'après P. HANELT, 1990)*

	Alliance « *galanthum* »	Alliance « *oschaninii* »	Alliance « *altaicum* »
Espèces sauvages	A. *galanthum* A. *farctum* A. *pskemense*	A. *oschaninii* (syn. A. *cepa* var. *sylvestre*) A. *praemixtum* A. *vavilovii*	A. *altaicum* A. *microbulbum* A. *rhabdotum*
Espèces cultivées	—**	**A. cepa**	**A. fistulosum**

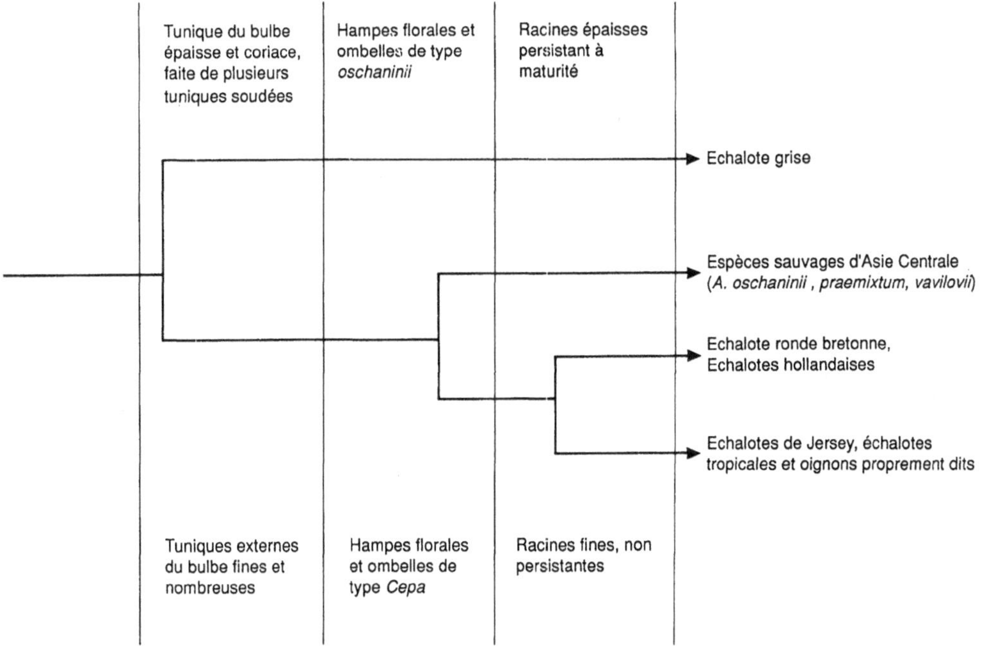

Figure 63. – Relations de proximité botanique entre Échalotes et Oignon.

---

* Le chapitre « *Taxonomy, evolution and history* » dans R & B présente une photographie de hampes florales
d'*Allium oschaninii* exactement semblables à celles de l'Échalote grise.

** L'alliance « *galanthum* » n'a pas donné naissance à une plante cultivée. On peut signaler cependant
(HANELT, 1986) que des bulbes d'*Allium pskemense* sont collectés dans la nature et repiqués dans les jardins :
il s'agit d'une « protoculture ».

Bien protégée des maladies par enrobage fongicide avant plantation, et éventuellement par des traitements en végétation, l'Échalote grise (et plus particulièrement le clone « **Griselle** », obtention INRA - Montfavet) est capable de donner, dans le Midi de la France des rendements aussi élevés que « Jermor » (35 t/ha). On doit remarquer qu'une telle récolte équivaut, en matière sèche et en potentialité aromatique, à 90 t d'oignons de variétés courantes.

Échalotes de Jersey (photo 29)

Ces échalotes sont proches de l'Oignon par la minceur de leurs tuniques externes, leurs feuilles, hampes florales, inflorescences et fleurs. Quelques cultivars sont utilisés, dont deux prédominants, leur faible variabilité semble indiquer que ce sont des clones à l'origine.

L'**Échalote de Jersey demi-longue** ou « Échalote-poire » occupe 75 % des surfaces. Elle est productive, le feuillage vert foncé a un port à demi-étalé, la floraison est fréquemment observée en cas de plantation précoce (avant février dans le Finistère). Elle peut affecter 75 % des touffes dans le Midi de la France si l'on fait précéder une plantation de novembre d'un mois de passage à 10 °C des bulbes-mères. Les bulbes sont moins de deux fois plus longs que larges, leurs tuniques fines sont rose cuivré ou rose rougeâtre suivant le terroir, la chair est blanc rosé. La teneur en matière sèche est de 15-17 %, la conservation est bonne.

L'**Échalote de Jersey longue** ou « Échalote cuisse de poulet* » présente des bulbes deux fois plus longs que larges, de couleur jaune cuivré. Le feuillage est plus fin et plus dressé, la floraison est rare même en plantation précoce, ou automnale dans le Midi de la France**. Cette variété moins productive que la précédente demande à être plantée plus tôt, elle est plus appréciée sur les marchés.

Ces deux variétés sont contaminées par divers virus dont le plus grave est l'OYDV. Diverses tentatives de sélection clonale ont été entreprises à l'INRA - Montfavet, dans la région de Clermont-Ferrand et en collaboration INRA - Versailles - CTIFL – plus récemment encore en Suisse (clone « Milrac »). Deux de ces clones, débarrassés de l'OYDV par culture de méristème à l'INRA - Montfavet ont donné naissance aux variétés « **Jermor** » (longue, 1978) et « **Mikor** » (demi-longue, 1984) qui font l'objet d'une production de plants certifiés.

Ces variétés régénérées permettent un gain de 15 à 25 % par rapport aux clones d'origine et aux meilleures populations « fermières ».

La récolte de bulbes d'un calibre raisonnable nécessite la plantation d'un tonnage de bulbes plus important qu'auparavant (de 3 à 4 t/ha pour en récolter 40, au lieu de 1,5 à 2,5 t pour en récolter 20 ou 30).

---

* On désigne aussi – frauduleusement – sous ce nom des bulbes d'Oignon allongés obtenus à partir de graines, appelés aussi « Échalotes du Poitou ». L'« Échalote de Simiane », encore plus grosse (de la taille et de la forme d'un chicon d'Endive) est elle aussi produite à partir de graines, dans le Midi de la France (syn. : Oignon rouge de Florence).

** Les plus forts taux de floraison ont été observés en plantation automnale dans le Maine-et-Loire (hivers plus rudes que dans le Finistère, jours de mai-juin plus longs que dans le Midi de la France).

L'**échalote ronde bretonne** est moins répandue. Ses bulbes, de bonne conservation, sont de forme sphérique plus ou moins épaulée, assez souvent doubles, de couleur rose rouge. Le feuillage vert foncé, vigoureux, est de port dressé, la floraison très fréquente. Les racines, contrairement à celles des deux types précédents (« non persistantes ») sont puissantes et se maintiennent jusqu'à la récolte.

L'**échalote longue qui monte** (« échalote fendue », ou « échalote tendre ») se rencontre encore dans quelques zones. La floraison est très fréquente, le feuillage a un port demi-étalé, les bulbes sont allongés de couleur jaune cuivré.

Face au petit nombre de cultivars (ou clones ?) disponibles, les professionnels ont souvent tendance à relier la forme d'un bulbe à un comportement en végétation (par exemple « longue », « port dressé », « monte rarement »). En fait, l'observation de plantes provenant de semis de graines montre que ces caractéristiques semblent relativement indépendantes : on peut obtenir de nouvelles combinaisons de caractères – par exemple des bulbes ronds qui ne montent pas.

Les Échalotes de Jersey sont cultivées en France sur environ 2 000-2 500 ha, principalement dans l'Ouest (Finistère, Maine-et-Loire). La production varie de 30 à 40 000 t par an, auxquelles il faudrait ajouter la production non négligeable des jardins familiaux.

Les **échalotes néerlandaises** (« Owddorpse Brwine », « Hollandse gele », « Roodbrwine Santé ») sont très proches des échalotes rondes bretonnes, par la forme de leurs bulbes, l'aspect de leur feuillage et la persistance de leurs racines. Les Pays-Bas en produisent environ 2 500 t/an et en exportent (consommation-semences peu certifiées) dans divers pays d'Europe, dont la France.

Les plus souvent observées sont :

la **« Jaune »** (« Hollandse gele »), à tuniques jaune clair, chair blanc-crème, dont la maturité est assez tardive,

et l'échalote « Santé », à feuillage très vigoureux, vert foncé, à floraison très abondante et maturité tardive. Elle peut fournir des rendements élevés.

Cette variété est cultivée à petite échelle dans le Finistère et le Puy-de-Dôme en raison de sa bonne conservation. On peut lui reprocher ses bulbes souvent trop volumineux, de couleur rouge et de forme irrégulière.

2. Échalotes de Louisiane

Cultivées sous une latitude d'environ 30 °N, elles sont très différentes de ce que l'on appelle « Échalote » en Europe.

De couleur blanche, à bulbes peu renflés, elles ont un cycle végétatif très long : plantation fin septembre, division de touffes début janvier pour repiquage des plants ainsi obtenus, récolte des bulbes en mai. La plus grande partie des bulbes obtenus sont replantés pour obtenir des touffes d'« Échalotes vertes » (*green shallots*), vendues avec le feuillage à l'état immature. On notera que cette culture cumule deux modes de multiplication végétative (bulbes + division de touffes).

On utilise pour cette production soit des variétés qui sont d'authentiques *Allium cepa* (ex. : « Louisiana Pearl », « Bayou Pearl »), soit des clones dérivant du recroisement (Échalote × *A. fistolosum*) × Échalote (ex. : « Delta Giant »), soit des amphidiploïdes (*cepa × fistulosum*) ne formant jamais de bulbes, reproduits par division de touffes (ex. : « Louisiana evergreen »).

Les renseignements ci-dessus sont tirés de l'ouvrage de JONES et MANN (1963). Nous avions reçu de ces auteurs, dans les années 60, quelques bulbes d'Échalotes de Louisiane, qui avaient mal supporté les rigueurs du climat « nord-méditerranéen » de Montfavet, et subi, de plus, de graves attaques de *Colletotrichum circinans* (anthracnose des Oignons blancs).

3. Échalotes tropicales

Nous avons signalé ci-dessus que l'**Indonésie** était le premier producteur mondial d'Échalotes : environ 300 000 t pour 68 000 ha (Van der MEER et PERMADI, 1990 ; CURRAH et PROCTOR, 1990). Les rendements moyens se situent donc vers 5 t/ha, ce qui peut sembler faible, mais il faut préciser que la récolte de bulbes est obtenue en un temps très bref (60 à 70 jours) et que plusieurs cultures par an sont pratiquées. Les correspondants de CURRAH et PROCTOR mentionnent 6 variétés dominantes, parmi lesquelles « Ampenan » (bulbes rouges de forme ovoïde) assure 50 % de la production. Les autres variétés ont elles aussi des bulbes ovoïdes ou un peu plus allongés de couleur analogue, mise à part « Sumenep » qui se distingue par sa forme allongée, sa plus haute teneur en matière sèche et son inaptitude à fleurir en Indonésie, même en altitude. Nous en avons reçu quelques bulbes de Q. P. Van der MEER, en l'automne 1991, et constaté qu'en effet cette variété simule une « Jersey longue » de petite taille, mais avec une dormance beaucoup moins accusée. Nous avions précédemment reçu un autre échantillon d'Indonésie, correspondant sans doute à l'une des variétés les plus courantes.

Notre collecte d'échalotes tropicales a débuté en 1970 sur le marché de **Pointe-à-Pitre** (Guadeloupe) où une vieille marchande aujourd'hui disparue en présentait de petits lots de cinq bulbes.

Nous en avons par la suite collecté :

– en **Haïti,** grâce à M. BROCHET et A. Le GENTIL, qui nous ont fait connaître l'existence d'une zone de culture importante dans la Plaine de l'Arbre (péninsule du Nord) ;

  – en **Afrique :** Côte d'Ivoire, Mali (pays Dogon), Guinée, Congo, Réunion ;

  – en **Asie :** Chine, Indonésie.

On peut diviser ces Échalotes en deux catégories principales, suivant le degré de dormance des bulbes récoltés.

Échalotes tropicales très faiblement dormantes

Pour être conservés, ces cultivars doivent obligatoirement être plantés deux ou trois fois par an.

Nous prendrons comme type les échalotes collectées en **Guadeloupe** (marché de Pointe-à-Pitre). De couleur violacée (analogue à celle des oignons « Violet de Galmi ») elles sont quasi sphériques, au nombre de 4 à 10 par touffe, d'un poids de 5 à 10 g. Leur cycle végétatif est extrêmement rapide :

– plantées en Guadeloupe (16 °N) le 1er avril, elles donnent de nouveaux bulbes dès le 1er juin (en jours croissant de 12 h à 12 h 30), sans émettre de hampes florales ;

– plantées le 1er octobre (jours décroissant de 12 h à 11 h 30), elles mettent 3 mois à former de nouveaux bulbes, et fleurissent.

On retrouve donc une physiologie de « plante de jours longs pour la bulbification ». L'émission de hampes florales pour la plantation d'octobre peut être interprétée de deux façons :

– concurrence entre bulbification et floraison, plus favorable à cette dernière en conditions de jours plus courts ;

– influence « vernalisatrice » de nuits plus fraîches : 18-19 °C au lieu de 23-24 °C ?

La dormance des bulbes récoltés est très faible. Ils germent facilement deux mois après la récolte, et même aussitôt si l'on sectionne le tiers supérieur du bulbe (pratique traditionnelle africaine). Ils ne se conservent pas plus de 4 mois. On est donc obligé de les planter deux fois par an en Guadeloupe, on peut même pratiquer trois cultures dans l'année.

Les types « **Abidjan** », « **Dogon** », « **Guinée** », de coloration jaune cuivré, quoiqu'un peu plus dormants, se comportent de façon analogue.

L'échalote collectée sur le marché de **Brazzaville** (traditionnellement cultivée dans l'arrière-pays sur les buttes d'écobuage dans les défriches plantées en manioc) et notre première introduction d'Indonésie, toutes deux de couleur violacée, se comportent à peu près exactement comme le type « Guadeloupe ».

Échalotes tropicales moyennement dormantes

Nous prendrons comme type celles de la **Plaine de l'Arbre** en Haïti. Elles sont traditionnellement plantées début novembre, récoltées trois mois plus tard. Violacées comme celles de Guadeloupe, elles sont de forme moins sphérique, de section ovale ou triangulaire, souvent doubles, pointues au sommet. Elles émettent des hampes florales, encore plus courtes que celles des échalotes « Guadeloupe ».

Leur conservation n'est cependant pas parfaite de la récolte (début février) à la plantation suivante (début novembre, 9 mois). L'état des lots de semence est souvent douteux, du fait en particulier d'*Aspergillus niger*.

Nous avons collecté une population de physiologie analogue à la **Réunion** (bulbes violacés, mieux conformés que ceux d'Haïti).

Échalotes chinoises

De très petites échalotes chinoises, de couleur violacée, plantées en Guadeloupe, ne sont susceptibles de donner de bulbes qu'en plantation en jours croissants (de 12 h à 12 h 30) de début mai. Elles restent à l'état végétatif puis dégénèrent en plantation de novembre. Ce lot n'a pas pu être conservé et nous n'avons pas eu l'occasion de le cultiver en France : il constituait sans doute une forme de passage des échalotes tempérées aux échalotes tropicales.

Comportement des Échalotes tropicales cultivées en France

Les deux groupes se caractérisent en France par une très forte tendance à émettre des hampes florales (plusieurs par touffe, à sortie échelonnée), ce qui compromet la formation de bulbes. Nous pratiquons l'ablation de l'apex de ces hampes florales dès leur apparition, ce qui n'empêche pas la tige creuse de grandir, et ne stimule guère le développement des bulbes.

Les échalotes de type « faiblement dormant » (p. 200) sont difficiles à perpétuer en France. Très sensibles au froid, elles ont tendance à disparaître si on les plante au champ en novembre.

Nous conservons nos clones en pratiquant une première culture à la serre, en pot, avec un éclairage d'appoint allongeant les jours à 14 h (plantation d'octobre). Les bulbes récoltés fin décembre sont replantés au champ fin mars, récoltés en mai.

Les types plus fortement dormants peuvent, sous le climat de Montpellier, être plantés au champ début novembre, récoltés fin mai, mais l'abondance des hampes florales qu'ils produisent compromet leur rendement.

Les échalotes tropicales sont très sensibles au mildiou, contre lequel on devra les protéger tout particulièrement (p. 104).

4. Phytotechnie

Les techniques culturales que nous allons décrire correspondent à celles qui sont pratiquées dans les principales zones de production française (**Finistère, Maine-et-Loire**) et s'appliquent principalement aux Échalotes de Jersey. La réussite d'une culture d'échalotes dépend de nombreux facteurs, dont tout d'abord l'origine et la préparation du plant.

Origine du plant

Les bulbes de petit calibre, récupérés lors du triage des lots destinés à la consommation, ont pendant longtemps servi de plant. Ces bulbes pouvaient provenir de touffes chétives, fortement virosées, et ne présenter alors qu'un faible potentiel de rendement. Cette méthode est aujourd'hui abandonnée pour faire place à des pratiques plus efficaces :

– deux ou trois **épurations** réalisées dans les cultures en mai-juin permettent d'éliminer les touffes chétives ou fortement virosées et d'améliorer la qualité moyenne des bulbes récoltés ;

– ou mieux encore, on peut prévoir une **production spécialement destinée au plant** dans une parcelle réservée à cet usage, soit à partir de bulbes provenant de belles touffes repérées l'année précédente (cultivés soit en mélange, soit séparément en lignées), soit à partir de semences certifiées. Cette méthode est envisageable dans les zones peu favorables aux recontaminations virales et autres ;

– ailleurs les **semences certifiées** seront utilisées en production directe.

L'usage de plants de bonne qualité a permis d'importantes augmentations de rendement (30-40 %) par rapport aux semences dites « foraines ». Ce type de plant a d'ailleurs tendance à disparaître progressivement, et sa qualité moyenne à s'améliorer.

Préparation du plant

Dans la méthode traditionnelle, les plants étaient disponibles au fur et à mesure de la commercialisation de la récolte, et leur préparation se limitait à un tri assez sommaire parfois suivi d'un enrobage ou d'un poudrage humide.

Actuellement, les exploitations performantes préparent leur plant dès les mois de septembre-octobre. Les bulbes sont séchés, calibrés, en prenant soin d'éviter chocs et blessures.

La plupart des **plants** sont actuellement **traités à l'eau chaude.** Le but premier du traitement est la lutte contre *Ditylenchus dipsaci* : 2 h dans l'eau à 44 °C. Certains champignons portés par les bulbes résistent à cette température et peuvent être disséminés par les bains (*Penicillium, Fusarium* - MOREAU et LEFÈVRE, 1984). L'adjonction de fongicides permet d'en limiter la dissémination. Les plus utilisés sont le mélange carbendazime + prochloraze, le bénomyl et la formaldéhyde. Il est recommandé de changer de matière active d'une année sur l'autre.

Après le traitement les bulbes doivent être séchés rapidement, si possible à l'air chaud pulsé pour éviter d'éventuels développements de *Penicillium*. Dans le cas d'un traitement tardif (février-mars), il faut attendre 4 à 6 jours avant de planter pour éviter des manques à la levée en sol froid et humide.

La généralisation de cette thermothérapie a permis d'améliorer nettement la qualité sanitaire des cultures et des récoltes, et de faire progresser les rendements*.

Après séchage les bulbes peuvent être conservés en cellule ventilée, éventuellement refroidie. Le passage des bulbes à température plus élevée (20 à 25 °C) quelques semaines avant plantation peut améliorer le rendement (BRECHET et GUIRONNET, 1989).

Choix et préparation du terrain

Certains types de sol ne conviennent pas à la culture de l'échalote :

– sols lourds ayant une tendance à se compacter, risquant de se gorger d'eau après plantation (l'échalote est sensible à l'asphyxie racinaire),

---

* Comme nous l'avons signalé précédemment, l'Échalote grise se prête beaucoup mieux que les Jersey à l'enrobage fongicide des bulbes-mères, mais elle peut également être soumise sans dommage à la thermothérapie.

– sols très acides (pH $<$ 5,5),
– sols maigres, sableux, desséchants,
– enfin tous les sols ayant porté des cultures d'*Allium* depuis peu de temps, surtout si ces cultures ont eu des problèmes sanitaires.

L'échalote se plait en sol meuble, profond, équilibré, bien drainant mais non desséchant. L'objectif de la préparation du sol est de le rendre meuble en surface, non tassé ni creux en profondeur.

En général, après un labour d'été ou d'automne, la terre est reprise par des outils à dents ou des herses rotatives, en limitant le nombre de passages pour éviter le tassement.

Fertilisation

Les exportations d'une culture d'échalote ont été estimées par FLEURY (1986) à (pour une récolte de l'ordre de 35 t/ha) :

$$
\begin{array}{lll}
N & : & 160 \text{ kg/ha} \\
P_2O_5 & : & 30 \\
K_2O & : & 270 \\
CaO & : & 100 \\
MgO & : & 13
\end{array}
$$

Les apports le plus souvent pratiqués sont de l'ordre :
N : 50 à 150 kg/ha sous forme d'ammonitrate ou de sulfate d'ammoniaque
P_2O_5 : 70 à 100 kg/ha sous forme de « super triple »
K_2O : 200 à 300 kg/ha sous forme de sulfate de potasse.

Diverses formules ternaires sont également utilisées. Il est bien évident qu'une analyse de sol est utile, sinon indispensable, pour raisonner ces apports. Dans certains cas des apports spécifiques peuvent être conseillés, comme celui de sulfate de manganèse dans des sols d'origine granitique où le pH a été relevé jusqu'à neutralité, provoquant ainsi le blocage de cet élément.

Le fait d'utiliser un paillage plastique (v. ci-dessous) empêche tout apport fertilisant efficace au sol après plantation. Certains producteurs appliquent alors une fertilisation foliaire, dont l'utilité serait à démontrer.

La fumure organique fraîche est en général déconseillée juste avant la culture.

Paillage*

Cette technique d'abord utilisée sur Fraisier s'est généralisée pour l'Échalote dans le Finistère puis en Anjou. Elle consiste à recouvrir la planche de plantation (de forme de

---

* Dans le Midi de la France le paillage plastique est moins recommandé, car il pourrait conduire en juin à des surchauffes au niveau du sol.

préférence bombée) par un film protecteur opaque ; elle apporte comme avantages par rapport au sol nu :
– le maintien d'une bonne structure de sol,
– la lutte contre les mauvaises herbes,
– la limitation du lessivage du sol par les pluies,
– et un effet de régularisation de la température du sol.

Pour le choix d'un film les qualités à rechercher sont l'opacité, la résistance mécanique, la facilité de perforation et la facilité de récolte (touffes situées au-dessus du plastique).

Le film le plus utilisé est en **polyéthylène noir** épais de **35 microns,** en 1,40 m de large. D'autres types de films ont été expérimentés : transparent, marron opaque, blanc et noir, gris et noir, épaisseurs 28 à 50 microns. Le film à dessus blanc est le moins réchauffant, et limite le développement végétatif, le marron est le plus réchauffant et entraîne une certaine précocité.

Le matériel de mise en place du paillage (dérouleuse tractée) forme les planches, déroule le film, le perfore à la densité voulue et enterre les bords. Deux dispositions sont fréquemment pratiquées (fig. 64).

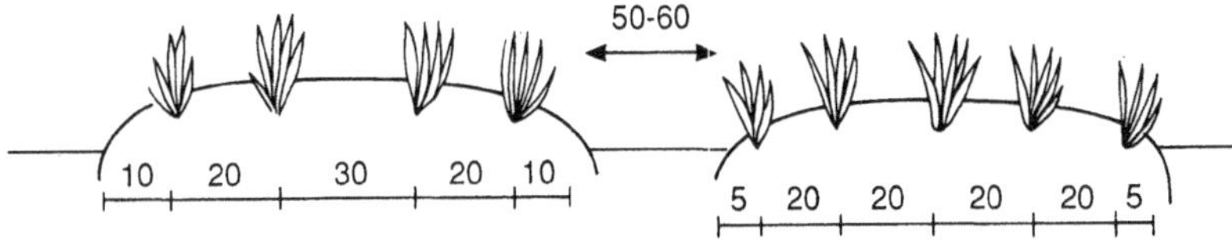

Figure 64. – Les deux dispositions les plus pratiquées en plantation d'échalotes sur paillage plastique.

Date de plantation

Le rendement d'une culture d'échalote dépend en grande partie de la surface du système foliaire au moment du déclenchement de la bulbification. On peut penser que cette surface sera d'autant plus grande que la plantation aura été effectuée plus précocement.

De nombreux essais ont montré que les plantations précoces produisent en général les rendements les plus élevés. Il existe pour des conditions agroclimatiques et un clone donnés une époque optimale de plantation (tabl. 37). L'expérience montre qu'il existe cependant des limites aux plantations précoces, dans le cas de sols sujets aux excès d'eau entraînant des asphyxies racinaires et des disparitions de plantes, ainsi que dans le cas de clones sensibles à la floraison (la floraison, favorisée par les températures basses après plantation, entraîne des diminutions de rendement et des risques sanitaires accrus).

Le choix des dates de préparation du sol et de la pose du plastique doit surtout être guidé par l'état du sol, il vaut plutôt mieux retarder ces opérations plutôt que les réaliser dans de mauvaises conditions, conduisant à une mauvaise structure de sol. La plantation peut être décalée par rapport à la pose du paillage.

Tableau 37. Dates de plantation le plus souvent pratiquées pour les Échalotes

	Jersey 1/2 longues	Jersey longues	Grises
Finistère	Févr. Mars-Avril	Janv.-Févr.	—
Maine-et-Loire	Févr.-Mars	Nov.-Déc.	—
Midi de la France	—	Nov.	Nov.

Densité de plantation, calibre du plant

On ne peut préconiser une densité de plantation sans faire intervenir le calibre des bulbes que l'on va planter, le potentiel de rendement de la parcelle et l'objectif de la culture (consommation, ou production de plants).

A partir d'une estimation du rendement potentiel et du poids moyen souhaité à la récolte, il est possible d'évaluer le nombre de bulbes à récolter par unité de surface. Sachant qu'à des bulbes-mères d'un poids donné correspond un certain taux de division, on pourra estimer la densité de plantation qui conviendra le mieux pour le calibre dont on dispose (tabl. 38).

Tableau 38. Taux de division observés sur « Mikor » et « Jermor »
pour différents poids de bulbes

Poids (g)	Mikor	Jermor
10	4,5-5,5	4-5
15	5,5-6,5	5-6
20	7-8	6-7
25	8-9	7-8
30	10-11	8-9
35	11-12	9-10
40	12-13	10-11

A titre d'exemple : Une parcelle a un potentiel de rendement d'une trentaine de t/ha, on souhaite récolter des bulbes destinés à être replantés, d'un poids moyen d'une vingtaine de grammes : la récolte d'un hectare doit compter environ 1 500 000 bulbes. On dispose de bulbes-mères d'une trentaine de grammes dont on sait par expérience (confirmation éventuelle par comptage des points végétatifs d'un échantillon de bulbes avant plantation) que le taux de division est de l'ordre de 10. Pour obtenir 1 500 000 bulbes, il faudra planter 150 000 bulbes/ha, sur 700 m linéaires de planches comportant 4 rangs, soit une distance entre bulbes de 18 cm.

Les densités utilisées dans la pratique varient d'une dizaine à une trentaine de bulbes par m², ce qui correspond à des distances entre bulbes sur la ligne variant de 25 cm en 4 rangs à 12 cm en 5 rangs.

Lorsque des calibres différents doivent être plantés côte à côte, il est recommandé d'utiliser des densités différentes pour chaque calibre si on veut obtenir des cultures et des récoltes homogènes.

Le poids de bulbes récoltés à l'hectare peut être relativement variable en fonction du calibre disponible de plants et des objectifs visés. Les rendements élevés obtenus actuellement (grâce aux clones régénérés) conduisent à planter des tonnages élevés si on veut se maintenir dans des calibres raisonnables à la récolte.

Plantation

Elle consiste à enterrer légèrement les bulbes (1/3 à 1/2 de leur hauteur) en position verticale, elle est réalisée manuellement.

Les quelques essais de plantation mécanique sur paillage plastique n'ont pas été jusqu'ici très concluants. Il est sûr que la mise au point d'une planteuse constituerait un progrès important – avec le risque de déplacement des zones de production.

Un sol bien nivelé, meuble sans être soufflé, un film bien posé et bien tendu, des bulbes d'un calibre moyen et de forme allongée facilitent la plantation. Des problèmes de croissance de feuilles sous le plastique sont parfois rencontrés et nécessitent une intervention manuelle.

Désherbage

Sans désherbage chimique, les allées et parfois les trous de plantation se salissent. Ce désherbage peut être réalisé après façonnage des planches et avant pose du film, ou après plantation (en traitant toute la surface ou en se limitant aux allées).

De nombreuses matières actives peuvent être utilisées : butraline, métabenzthiazuron, chlorprophame, ioxynil, antigraminées. Des produits de contact (diquat, paraquat) sont utilisés en traitement localisé des allées.

Le contrôle des adventices est nécessaire, il permet d'éviter ou de limiter la concurrence et de faciliter les opérations de récolte.

Suivi de la culture

Beaucoup de problèmes sanitaires peuvent être évités ou limités en respectant certaines précautions :
– choix d'un terrain n'ayant pas porté d'*Allium* depuis plusieurs années,
– utilisation de plants sains, sérieusement triés, puis trempés à l'eau chaude additionnée d'un fongicide efficace,
– désinfection du matériel et des locaux de conservation,

– programme raisonné de traitements préventifs contre les maladies du feuillage (*Botrytis squamosa,* mildiou) à l'aide de diverses matières actives :

thirame, mancozèbe, propinèbe (polyvalents),

iprodione, procymidione (anti-*Botrytis*),

cymoxanil, oxadyxil (anti-mildiou).

Du fait du changement récent de la législation phytosanitaire en France (« tout ce qui n'est pas autorisé est interdit »), des études de résidus sont en cours (années 89-91) pour confirmer les autorisations d'emploi :

– cultures aérées, éviter les excès d'azote,

– séchage efficace de la récolte.

Les cultures d'Échalotes peuvent être attaquées par des ennemis animaux : *Ditylenchus dipsaci* (thermothérapie, choix du terrain), la Mouche de l'Oignon (*Hylemia antiqua*), combattue par des traitements du sol à l'aide de divers insecticides (Bromophos-éthyl, Chlorfenvinfos, Chlorpyrifos)*. On signale parfois des dégâts de Teigne du Poireau, motivant des traitements lors de ses phases de vol.

Récolte et conservation

La date de récolte est déterminée par la destination de la récolte : dès que le grossissement est jugé suffisant dans le cas d'une vente en demi-sec, après tombaison du feuillage et jaunissement aux 2/3 environ pour les cultures destinées à la conservation.

L'arrachage est manuel, les touffes sont en général regroupées sur les planches et y sont laissées 5 à 8 jours avant d'être reprises et transportées dans les locaux de stockage.

Avant la mise en stockage, un précalibrage et une élimination des feuilles et tuniques sèches sont parfois effectués. Ces opérations permettent ensuite un meilleur passage de l'air au travers du tas de bulbes.

Plusieurs modes de stockage, plus ou moins sophistiqués, existent, les plus simples consistent à conserver les bulbes en clayettes, caisses ou cribs sous hangars bien aérés.

D'autres méthodes font appel à la **ventilation dynamique** et au contrôle plus ou moins poussé des températures.

Certaines normes doivent être respectées :

– un m^3 de silo correspond à 450 kg de bulbes,

– un débit de 240 m^3 d'air par heure et par m^3 de silo (500 m^3/h/t de bulbes) et une pression statique d'une trentaine de mm de colonne d'eau pour un tas de 2 m de hauteur,

– des gaines de distribution d'air bien dimensionnées,

– une possibilité de chauffage modulable,

– une régulation précise et fiable.

---

* Dans le Midi de la France, les dégâts de Mouche de l'Oignon sont rares à la plantation. On peut par contre en observer à la base des nouveaux bulbes au moment où ils s'écartent en se renflant, motivant alors des traitements avec un insecticide à rémanence inférieure à 15 jours.

Différents types d'installation existent : conservation sur caillebotis ou grilles métalliques avec soufflage d'air climatisé sous le tas, conservation sur dalle avec apport d'air par·une ou plusieurs gaines (fixes ou mobiles), conservation en caisses « pallox » à fond ajouré et côtés pleins où l'on fait passer de l'air climatisé.

La conservation débute par une phase de séchage durant laquelle l'air réchauffé est insufflé à travers la masse de bulbes pour éliminer l'humidité superficielle et sécher feuilles et collets. La température du tas est progressivement augmentée jusqu'à 35 °C, le taux de recyclage de l'air passe de 50 à 95 % pour maintenir une hygrométrie voisine de 70 %. Cette phase de séchage dure 2 ou 3 jours ; on considère qu'elle est achevée quand la différence de température de l'air entre l'entrée et la sortie du tas n'est plus que de 1 à 1,5 °C.

Le but de la **phase de thermothérapie,** qui suit, est d'améliorer la tenue ultérieure des bulbes en conservation en limitant le développement de *Botrytis allii* (par contre celui du *Fusarium oxysporum* f. sp. *cepae* peut être favorisé). La masse de bulbes est maintenue à 35-36 °C pendant 4 jours, et l'hygrométrie maintenue à au moins 70 % pour éviter les phénomènes de détuniquage dus à un air trop sec.

Le tas est ensuite refroidi par simple ventilation d'air extérieur sec et froid. Les objectifs de la conservation sont de limiter les pertes de poids, d'éviter les départs de racines, le gonflement des plateaux racinaires, la sortie des germes (qui interdit la commercialisation).

Dans les installations sans possibilité de refroidissement le tas est ventilé par de l'air extérieur, pour éliminer l'humidité qui se dégage naturellement de l'Échalote, lorsque sa température est inférieure à celle du tas de plus de 2 °C et s'il est assez sec (HR ⩽ 90 %).

Il faut éviter les variations brutales de température (une baisse trop rapide risque de limiter ensuite les possibilités de ventilation), les longues périodes non ventilées, et les apports d'air dont la température est supérieure à celle des bulbes (risque de condensation).

Si l'on désire pratiquer une conservation sous **réfrigération artificielle,** on doit placer les bulbes en chambre froide le plus tôt possible après récolte, après un séchage rapide : 4 à 5 jours si possible, en tous cas moins de 10 jours. La température de la masse de bulbes est abaissée en insufflant d'abord de l'air extérieur frais, puis de l'air refroidi pour arriver progressivement à une température voisine de 0 °C. La température idéale, si l'on dispose d'une grande sécurité de régulation sera − 2 °C, qui supprimera toute possibilité de levée de dormance et de croissance des bourgeons et des racines. L'hygrométrie de la chambre froide devra être voisine de 70 % H.R., et l'air renouvelé à raison d'un volume par jour.

Dans ces conditions on arrivera au mois de mai de l'année suivante à des pertes en poids de l'ordre de 8 % seulement (contre 70 à 75 % sous simple hangar).

De bonnes conditions de stockage permettent de bien conserver l'Échalote jusqu'en février-mars (ventilation), jusqu'à fin mai-début juin (réfrigération). Passée cette date, la croissance des germes après sortie de cellule peut être très rapide.

De même, des problèmes de sortie de germes sont parfois rencontrés dans le cas d'une mise au froid trop tardive des bulbes.

Commercialisation

Une petite partie de la production est vendue en vert (présentation en bottes, comme les oignons blancs) et en demi-sec (bulbes équeutés ayant parfois subi une période de séchage).

La majeure partie de la production est commercialisée sous forme de bulbes secs. A la sortie du stockage les bulbes sont soumis à une suite d'opérations :
- mise en trémie,
- division des touffes, équeutage, nettoyage,

(dans le cas, le plus fréquent, où ces opérations n'ont pas eu lieu avant stockage)
- calibrage, triage,
- ensachage sous filets de contenance variable.

Les bulbes peuvent aussi être présentés en tresses, ou en bottes d'au moins 10 bulbes.

Références bibliographiques

AURA K., 1963. Studies on the vegetatively propagated onions cultivated in Finland with reference to flowering and storage. *Ann. Agric. fenn.*, sup. 5, vol. 2, 1-69.

BRECHET J., 1988. *Les techniques culturales en Échalote.* Congrès International des bulbes, Clermont-Ferrand, 15 p.

BRECHET J., GUIRONNET A., 1989. *Compte-rendu des essais Échalotes. Année 1989.* CDDL.

COHAT J., 1982. Influence des conditions de conservation des bulbes d'Échalote sur leur levée. *Agronomie,* 2 (9), 905-908.

COHAT J., 1982. Influence du calibre des bulbes de semence d'Échalotes sur leur taux de multiplication et leur rendement. *PHM – Rev. hortic.,* 231, 21-24.

COHAT J., 1986. Influence du poids et de la densité de plantation des bulbes d'Échalotes sur les caractéristiques de la récolte et la prolificité des bulbes-fils. *Agronomie,* 6 (1), 85-90.

CURRAH L., PROCTOR F., 1990. Onions in tropical regions. *NRI Bull.,* n° 35, 232 p.

DEMBELE S., DUBOIS P., 1973. Composition des essences d'Échalotes (*Allium cepa* var. *aggregatum*). *Ann. Technol. agric.,* 22 (2), 121-129.

FLEURY P., 1986. *Étude biométrique de la croissance de l'Échalote* Allium cepa *var.* aggregatum, *comparaison de clones virosés et régénérés.* Diplôme Agronomie Approfondie. ENSA Rennes.

HANELT P., 1986. Pathways of domestication with regard to crop types (grain, legume, vegetable). In *The origin and domestication of cultivated plants.* C. BARIGOZZI éd., Elsevier, 218 p.

LAFITTE O., 1986. Du nouveau en échalotes ! Des variétés certifiées plus productives. *Semences Progr.,* 48, 25-31.

LEFEVRE R., 1988. *Les Maladies de l'Échalote.* Congrès international des bulbes, Clermont-Ferrand, 4 p.

MESSIAEN C. M., 1989. *Le Potager tropical.* 2ᵉ éd. chap. 17, Les Allium. CILF-Presses Univ. France éd., 509-529.

SCHWIMMER S., WESTON W. J., 1961. Enzymatic development of pyruvic acid in Onion as a measure of pungency. *J. agric. Food Chem.,* 9 (4), 301-304.

TASHIRO Y., MIYAZAKI S., KANAZAWA K., 1982. On the Shallot cultivated in countries of Southeastern Asia. *Bull. Fac. Agric. Saga University,* n° 53.

VAN DER MEER Q. P. et PERMADI A. H., 1990. Research for the improvement of shallot production in Indonesia. *Onion Newsletter for the Tropics,* 2nd July 1990, 18-21.

X
PRODUCTION DE SEMENCES CERTIFIÉES

C'est au début des années 60 que la production de semences d'Ail certifiées, des points de vue variétal et sanitaire, a commencé en France. Un certain nombre de facteurs ont favorisé ce démarrage :

– l'expérience agronomique de la Station d'Amélioration des plantes INRA de Clermont-Ferrand, qui avait déjà démontré à l'échelon du département du Puy-de-Dôme l'intérêt de produire des bulbes-mères indemnes de *Sclerotium* et de *Ditylenchus,* et appartenant à un clone sélectionné pour le rendement et la faiblesse des symptômes de virus (« Fructidor », groupe variétal II) ;

– la considérable différence de rendement (presque du simple au double) entre les plantes « saines » et « virosées » de la population « Blanc de la Drôme » (groupe variétal III), mise en évidence à la station de Pathologie végétale de l'INRA-Montfavet en 1960 ;

– la rencontre, au début informelle, des volontés d'améliorer la qualité des semences d'Ail, de la part de l'INRA (v. ci-dessus), du CTIFL (Centre Technique Interprofessionnel des Fruits et Légumes), nouvellement installé au domaine de Balandran, dans le Gard, et de l'UCCS (Union des Coopératives de Céréales de Semences) à Puygiron, près de Montélimar dans la Drôme.

Cette rencontre permit, dès 1962, la mise en multiplication d'une sélection massale à partir des plantes « saines » de « Blanc de la Drôme », l'année suivante d'un lot constitué du mélange de 4 clones supérieurs, et ensuite la multiplication des clones BD6 et BD10, ultérieurement désignés comme « Thermidrôme » et « Messidrôme ». Tout en continuant sa multiplication dans le cadre d'organisations professionnelles auvergnates, l'INRA-Clermont-Ferrand autorisait les mêmes organismes à multiplier « Fructidor ».

Le succès même de ces productions entraînait la nécessité d'une organisation et d'un contrôle officiel, auxquels participèrent dès le début des années 70 :

– le GNIS (Groupement National Interprofessionnel des Semences),

– et le SOC (Service Officiel de Contrôle et de Certification) organismes assurant déjà l'organisation de la production et le contrôle des semences de nombreuses espèces de grande culture, maraîchères, et de plants d'arbres fruitiers.

D'autre part, après plusieurs années de multiplication « en vrac » de Thermidrôme et Messidrôme, la nécessité d'un système garantissant le maintien de leur identité variétale devenait nécessaire. J. MARROU, conseillé par P. PECAUT (directeur de la Station d'Amélioration des Plantes INRA-Montfavet) élabora un système de reprise en familles (ou, plus exactement de sous-clonage) et de suivi des générations jusqu'à la certification, analogue à celui que pratiquait déjà PAQUET pour « Fructidor » à l'INRA-Clermont-Ferrand.

Le schéma de certification repose sur :
– le choix des zones de production et des organismes multiplicateurs,
– les conditions agronomiques de culture au niveau de la parcelle,
– le suivi des générations,
– le contrôle.

1. Choix des zones de production et des organismes multiplicateurs

Tout particulièrement pour les clones indemnes d'OYDV, les divers terroirs français ne se prêtent pas tous aussi bien à la production de semences certifiées. Un isolement de 300 m suffit à assurer un pourcentage faible de recontamination chez l'Ail dans la **Drôme, l'Ardèche, le Puy-de-Dôme** et le **Tarn-et-Garonne.** Il en est de même pour l'Échalote dans certaines zones du **Finistère** (les mêmes qui conviennent à la production de plants de pomme de terre). Au contraire, dans le Vaucluse (sinon en altitude) et les Bouches-du-Rhône, les vols printaniers de pucerons sont trop massifs et trop précoces pour permettre une production de semences certifiées*.

Des associations professionnelles solides et chevronnées sont nécessaires pour pouvoir disposer d'agriculteurs-multiplicateurs sérieux, auxquels on puisse faire confiance pour appliquer les conditions agronomiques de production prescrites, et pratiquer les épurations. Les organismes habilités à la production de semences certifiées d'Ail et d'Échalotes sont jusqu'ici tous de nature coopérative (unions de coopératives, groupements d'intérêts économiques, ou « GIE », associations de GIE). Les firmes privées de production de semences, malgré quelques tentatives dans les années 60, n'ont pas participé sérieusement à l'opération.

Les organismes multiplicateurs, au nombre de 21 en 1990, sont regroupés dans l'association « PROSEMAIL » (Association des Producteurs de Semences d'Ail et d'Échalote).

2. Conditions agronomiques de production

Le **Règlement technique** impose ou conseille aux agriculteurs-multiplicateurs de respecter un certain nombre de conditions de production : rotation de 5 ans minimum et

---

* Dans le Gard le domaine du CTIFL à Balandran permet la maintenance de « Thermidrôme », « Messidrôme » et « Germidour » grâce à un isolement exceptionnel au milieu de la garrigue et des parcelles d'arbres fruitiers.

isolement de 300 m excluant tout autre *Allium,* traitement fongicide des caïeux de semence, traitements phytosanitaires en végétation (Rouille, Teigne), récolte soigneuse évitant les blessures, à un stade de maturité correct*.

L'agriculteur-multiplicateur est de plus supposé réaliser l'**épuration** de ses parcelles en éliminant avant la mi-mai les plantes virosées, chétives ou anormales.

Certaines de ces conditions de production sont faciles à vérifier (ex. : isolement, qualité de l'épuration) ; d'autres, comme la rotation ou les traitements phytosanitaires sont sous l'entière responsabilité de l'agriculteur-multiplicateur : ses imprudences augmentent le risque qu'il encourt de voir sa parcelle refusée au contrôle.

3. Suivi des générations, contrôles

Le processus de multiplication se déroule sur 6 générations végétatives (F_1 à F_6) pour l'Ail, 5 seulement le plus souvent pour les Échalotes, dont le taux de multiplication pratique est d'environ 10, alors que celui de l'Ail est plus proche de 7 ($10^5 = 100\,000$, $7^6 = 117\,649$).

– **Matériel de départ :** 100 bulbes (« F_0 ») caractéristiques du clone et d'état sanitaire convenable, plantés en lignées (groupe de 7 ou 8 plantes issues des caïeux d'un seul bulbe) donnent les bulbes F_1. L'opération est reprise pour donner les bulbes F_2 (au nombre d'environ 5 000).

Le choix du matériel de départ et la production de ces deux générations sont assurés dans des conditions rigoureuses d'isolement – de plus en plus souvent aujourd'hui sous abri grillagé**. Tout groupe de plantes dérivant d'un seul bulbe où apparaît une plante malade est supprimé.

Aucune tolérance concernant virus ou nématodes n'est admise à ce stade, ce qui permet de mettre à la disposition des établissements multiplicateurs des semences absolument indemnes de maladies.

Ce stade $F_0 \rightarrow F_2$ est assuré par l'obtenteur variétal ou par un organisme délégué***.

Les bulbes F_0 sont soit fournis par l'obtenteur à l'organisme délégué, soit repris dans la F_1.

– **Semences de pré-base** (F_3, F_4 pour l'Ail, F_3 pour l'Échalote) et de **base** (F_5 pour l'Ail, F_4 pour l'Échalote). Les semences F_2, distribuées aux établissements agréés pour la production des semences de base sont multipliées pendant 3 ans (ou 2 ans pour

---

* La vente des bulbes de semences d'Ail s'effectue en France sans couper les racines ni éliminer les tuniques extérieures du bulbe. Leur exportation dans certains autres pays exige la section des racines.

** Abri à charpente de type « serre », ou dérivant d'un tunnel plastique. Ce type d'abri doit être conçu mobile, pour pouvoir respecter des rotations. Le grillage employé doit être à maille de moins de 1 mm, et en fibres transparentes, pour réduire le moins possible la luminosité à l'intérieur.

*** Par exemple, depuis l'origine, par le CTIFL pour Thermidrôme, Messidrôme et Germidour, obtentions INRA.

l'Échalote) dans des parcelles convenablement choisies et isolées. L'isolement réglementaire est de 300 m lorsqu'il s'agit de variétés sans OYDV, 50 m seulement pour les variétés « tolérantes aux virus » (pratiquement disparues aujourd'hui).

L'épuration est obligatoire pendant ces 3 générations, elle concerne toute plante malade et ses 2 voisines, et toute plante chétive ou anormale.

Les parcelles sont visitées pour vérification de l'état sanitaire et de l'efficacité des épurations par les techniciens de l'établissement multiplicateur, qui tiennent leurs notations à la disposition du SOC qui peut procéder à des sondages-surprises. 300 caïeux sont prélevés par « unité de culture » (lots équivalents au maximum à 4 000 m^2) pour les lots des générations « pré-base » et « base », et examinés dans le courant de l'été pour les nématodes, dont l'absence totale doit être vérifiée. Le traitement par thermothérapie des lots « douteux », pratiqué dans les années 70, est de moins en moins utilisé aujourd'hui.

Pour ces générations F_3, F_4 et, éventuellement, F_5 pour l'Ail, la tolérance en plantes virosées observées après épuration est de 1 ‰.

– Les **semences certifiées,** issues de la multiplication de la génération F_5 correspondent à la F_6. Elles sont produites dans les mêmes conditions d'isolement et d'épuration que les générations F_3 à F_5, la tolérance en plantes malades étant alors de 1 %.

Dans le cas de l'Échalote c'est le plus souvent la génération F_5 qui constitue la semence certifiée.

– Le **contrôle** *a posteriori* est réalisé par prélèvement de 300 caïeux par lot pour les générations F_3, F_4, F_5 et de 100 pour les lots de semences certifiées. La préculture et la détection des virus sont assurées par la station de Pathologie végétale INRA et le GRISP* de Montfavet.

Les observations réalisées permettent de vérifier la qualité du contrôle en culture, et de tirer un certain nombre d'enseignements sur l'état sanitaire des cultures dans les différentes zones de production de semences.

4. **Difficultés rencontrées**

Aucune entreprise humaine ne se déroule sans jamais rencontrer de difficultés. Les contrôles pratiqués année après année montrent une maîtrise de plus en plus parfaite des problèmes liés au sol : pourriture blanche, nématodes.

Par contre, du point de vue virologique, on observe certaines années des pourcentages de recontamination entraînant des déclassements d'une catégorie sur l'autre, ou un passage en « catégorie B** » de semences certifiées. Ces **« mauvaises années »** succèdent à plusieurs hivers doux et peu pluvieux, au cours desquels les pucerons n'ont

---

* Groupement Régional d'Intérêt Scientifique et Phytosanitaire : organisme mixte issu de la Protection des Végétaux, avec participation de l'INRA.

** Lots conformes du point de vue variétal, contenant plus de 1 % de bulbes porteurs d'OYDV, mais moins de 10 %.

été décimés ni par le gel, ni par leurs maladies cryptogamiques (*Entomophthora* spp.). Les vols printaniers sont alors plus précoces et plus massifs, les meilleurs isolements peuvent se trouver en défaut, en particulier si, comme c'était le cas dans les années 70, les F_1 et F_2 sont cultivées au milieu des F_3.

La culture des F_1 et F_2 sous cage grillagée (photos 30 et 31) permet de mieux maîtriser ces accidents. Une épuration précoce et sévère est nécessaire de F_4 à F_6 les années suivantes.

Cela a entraîné ces dernières années, de la part des chercheurs, de nouvelles expérimentations concernant en F_3 et F_4 la protection des cultures contre l'épidémie d'OYDV.

Nous savons que les meilleurs traitements aphicides sont peu efficaces vis-à-vis des épidémies de *potyvirus* transmis par pucerons ailés venant de l'extérieur, car ils ont le temps d'accomplir leur besogne avant de subir l'effet de l'insecticide, même s'il s'agit d'un pyréthrinoïde de synthèse à effet-choc.

Les chercheurs et les ingénieurs des organisations agricoles expérimentent actuellement :

– la couverture des cultures par des voiles textiles peu coûteux (qui suppose un désherbage chimique parfait),

– la pulvérisation sur les plantes d'huiles minérales dont l'effet revient schématiquement à « nettoyer les stylets du puceron ».

Autre difficulté rencontrée actuellement : le coût élevé du test ELISA, qui le fait réserver aux lots les plus précieux, et conserve son intérêt au contrôle par préculture (qui reste « *a posteriori* »* pour les variétés d'Ail plantées à l'automne).

5. Intérêt de la multiplication accélérée *in vitro*

De telles méthodes permettraient d'affranchir des risques du « plein air » les premières générations de multiplication, qui se dérouleraient très rapidement en tube ou en bocal.

Elles sont en cours de mise au point par C. DORÉ au laboratoire de culture *in vitro* de la station d'Amélioration des plantes de l'INRA-Versailles, et seront éventuellement mises en pratique par le laboratoire de multiplication d'INRA-Obtentions à Dijon.

Le stade le plus délicat concerne en fait l'obtention de bulbes normaux l'année suivante à partir de plantules sorties de tubes ou de bocaux à l'automne ou en fin d'été sous abri grillagé : on observe parfois des anomalies physiologiques : bulbes trop petits, ou difformes, présence de nombreux caïeux satellites... Le meilleur moyen d'éviter ces anomalies serait d'obtenir une **bulbification *in vitro*,** soit par emploi en fin d'opération

---

* L'association drômoise de GIE « UNISEM » a réussi cependant en 1991 à pratiquer une préculture observable en octobre, en soumettant successivement les caïeux prélevés sur les lots au trempage à l'eau chaude, au séjour à 7 °C et à la section de leur tiers supérieur, suivi de plantation sur blocs de terreau en serre.

des milieux riches en sucres, mais cela peut ne conduire qu'à l'obtention de « pseudo-bulbes », soit en soumettant les plantules à une succession de phases thermophotopériodiques et d'éclairements adéquats aboutissant à une véritable bulbification (p. 49 et 74).

6. Évolution de la production de semences certifiées

Doit-on arriver à une situation où toutes les plantations d'Ail ou d'Échalotes pour production commerciale seraient réalisées à partir de semences certifiées ? Cela supposerait une surface de production de semences sous contrôle égale à 12 ou 14 % de la surface totale de culture pour l'Ail, à 10 % pour les Échalotes...

On doit se souvenir que les pourcentages de recontamination virale, élevés dans certains départements (Vaucluse, Bouches-du-Rhône), où les producteurs ont intérêt à se fournir en semences certifiées chaque année, peuvent être moindres ailleurs. Les producteurs de bulbes de consommation de l'Ardèche, de la Drôme, du Tarn-et-Garonne pour l'Ail, du Finistère pour l'Échalote de Jersey peuvent sans dommage excessif replanter la récolte de leur meilleure parcelle – ou celle d'un voisin – après l'avoir examinée au champ et au magasin. Nous avons vu ainsi dans l'Ardèche, en dehors de tout contrôle officiel, des producteurs épurer des parcelles destinées à de telles ventes à l'amiable*.

Quelle est la situation réelle des années 90 ? Le tableau 39 nous donne l'évolution de la production de semences certifiées en France ces dernières années.

Tableau 39. Évolution de la production française de semences certifiées (en tonnes)

	Ail	Échalotes
1972	197	
1974	350	**
1980	735	**
1985	1 043	48,5
1988	1 750	69,7
1990	2 702	223,9

** Productions plus ou moins réussies d'Échalotes de clones « tolérants ».

---

* Ce paragraphe n'exprime que l'opinion de l'auteur principal de l'ouvrage. L'objectif du GNIS reste l'usage à 100 % de semences certifiées.

La production actuelle couvre donc 25 % des besoins en semences pour l'Ail, et moins de 5 % pour les Échalotes.

Cette différence est sans doute due aux nombreuses années de semi-échecs dans la multiplication de clones « tolérants » d'Échalotes de Jersey (ex. : « Jersud »), et à l'apparition seulement récente de « Jermor » (1985) et « Mikor » (1987) sur le marché des semences, « Griselle », immune à l'OYDV se situant, bien entendu, en dehors du problème.

Mais il est de toutes façons difficile d'envisager que les planteurs d'Échalotes arrivent à ne planter que des semences certifiées, si l'on admet que le calibre de celles-ci doit être de « 20-30 » (environ 15 g). En effet, même la plantation à forte densité de bulbes « 40-50 » (plus de 40 g) n'aboutit qu'à produire moins de 50 % de calibres « semences » (tabl. 40 et fig. 65).

Tableau 40. Rapport entre calibres « semences* » et « consommation » en fonction du calibre des bulbes-mères et de la densité de plantation

Calibre planté (mm)	Densité de plantation (t/ha)			
	222 000	166 000	133 000	111 000
	S C	S C	S C	S C
10-20	0,6/34,3	0,4/29,1	0,1/26,4	0,6/23,4
21-30	1,3/45,0	0,7/40,9	0,1/39,2	0,2/37,0
31-40	9,1/40,6	5,8/41,0	1,0/42,9	0,5/39,4
41-50	20,8/27,4	11,1/35,4	7,4/35,0	4,8/37,3

* Sont considérés comme « semences » les bulbes de calibre 20-30, ou 10 à 20 g. Résultats INRA-Clermont-Ferrand.

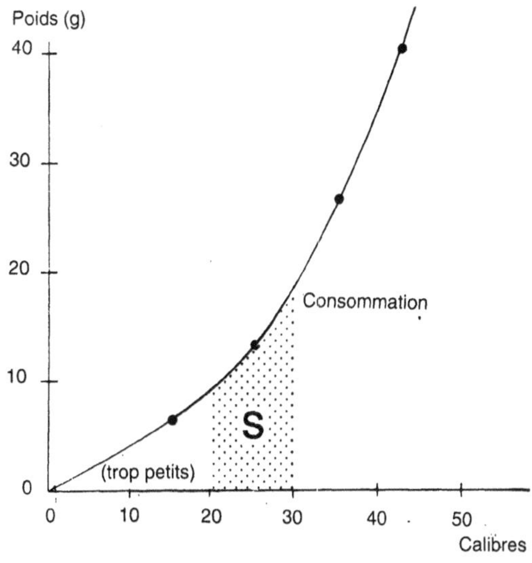

Figure 65. – Calibres et poids optimum pour les semences d'Échalote.

Il serait donc logique de proposer aux planteurs deux catégories de semences certifiées d'Échalote :

– semences de calibre « 20-30 », à planter directement pour produire des Échalotes de consommation ;

– semences de calibre supérieur à « 30 », à multiplier une fois sur la ferme.

7. Risque de vulnérabilité génétique ?

Avec déjà 25 % des besoins de semences en Ail couverts par les semences certifiées, si l'on y rajoute les replantations à la ferme, les ventes amiables entre voisins, et le fait que les « semences foraines » actuelles sont en réalité des 2ᵉ ou 3ᵉ remultiplications de clones sélectionnés, des esprits chagrins pourraient évoquer la menace d'une « vulnérabilité génétique ». L'évolution actuelle est cependant encourageante à ce point de vue : tous les groupes variétaux traditionnellement présents en France seront bientôt représentés parmi les clones sélectionnés, à raison de cinq ou six par groupe (chap. 8). Des clones n'appartenant pas à ces groupes sont introduits (ex. : « Sprint ») et l'on peut compter sur un assortiment de **15 génotypes** au moins pour la fin des années 90.

Cela ne devrait pas empêcher, là où il en est encore temps (pour le « Rose de Lautrec », par exemple), de mettre en train un effort de mise en conservatoire des variétés traditionnelles en préservant leur hétérogénéité, et par ailleurs d'essayer de mettre en pratique des méthodes susceptibles d'induire une variabilité de l'espèce (chap. 7).

Pour les Échalotes de Jersey, le danger n'existe pas, puisqu'il suffit de la moindre autofécondation de clone pour faire apparaître une variabilité supérieure à celle dont on dispose dans les populations traditionnelles.

8. Perspectives européennes et internationales

Nous nous sommes bornés dans ce chapitre à exposer ce qui se passe en France pour la production de semences certifiées d'Ail et d'Échalotes, étant moins bien placés pour décrire ce qui se passe dans d'autres pays, en particulier aux États-Unis, où la production d'Ail est principalement destinée à la transformation, et se déroule dans le cadre de puissantes sociétés privées, comme la « BASIC FOOD Co ».

Nous souhaitons à nos collègues italiens (projet financé par la Région Émilie-Romagne, d'après MARANI *et al.*, 1988) et espagnols (PEÑA-IGLESIAS et AYUSO, 1982) de mettre au point des systèmes performants de multiplication de leurs obtentions sans OYDV, sans pour cela calquer strictement ce qui se fait en France, bien qu'une définition européenne des semences certifiées d'*Allium* à multiplication végétative doive s'avérer inéluctable.

En ce qui concerne l'**Ail,** l'unification des marchés agricoles européens incitera peut-être les producteurs français de semences certifiées à chercher à en exporter. On utilise déjà à petite échelle nos variétés à gros bulbes (« Thermidrôme », « Messidrôme », « Germidour ») dans le Sud de l'Espagne, pour production précoce, « Fructidor » en Suisse et « Printanor » en Nouvelle-Zélande.

Il faudra cependant qu'ils fournissent à nos voisins producteurs des clones adaptés à leurs *desiderata* s'ils veulent augmenter les tonnages exportés : bulbes du groupe II à caïeux pâles pour l'Italie, du groupe I à caïeux très colorés pour l'Espagne. La seule fourniture à ce pays de semences de base (génération F_5) pour pouvoir atteindre une situation analogue à celle de la France (25 % des besoins couverts par les semences certifiées) nécessiterait une production de 1 000 tonnes !

Cela doit nous inciter à souhaiter une collaboration sans réticences ni suspicions entre chercheurs et organisations professionnelles dans le cadre de l'Europe.

Les perspectives sont encore plus lointaines pour l'Échalote, puisque les autres pays latins en ignorent l'usage, et que, dans l'Europe du Nord, seule la Hollande en cultive de façon appréciable, et semble déjà maîtriser l'organisation de sa production.

N'oublions pas enfin les pays tropicaux : la sélection de clones d'Ail, de clones ou de graines hybrides de clones d'Échalotes adaptés à leurs conditions climatiques, éventuellement la fourniture de semences de « prébase », pourraient contribuer dans une petite part à abaisser leur fardeau d'importations alimentaires, et à améliorer leur qualité de vie.

Références bibliographiques

FOURNIER B., 1974. *Contrôle et certification des semences d'Ail*. L'Ail. Journées nationales de l'Ail. Bt de Lomagne, 7-8 mai 1974, 29-34.

MARANI F., PIZZI L., OTTOLINI P., CHIUSA B., 1988. *Observations on field performance of virus-free micropropagated garlic plants*. IVth. EUCARPIA *Allium* symposium, 184-189.

MARROU J., LEROUX J. P., JOUBERT J. P., FOURNIER B., 1972. *Sélection sanitaire des semences d'Ail en France*. Actas III Congreso Un. fitopat. medit. Oeiras, 463-468.

MAZET, 1988. *Production, contrôle et certification des semences d'Ail et d'Échalote*. Congrès International des Bulbes, Clermont-Ferrand, 8 p.

MESSIAEN C. M., MARROU J., LEROUX J. P., 1966. *Sélection sanitaire chez les* Allium *cultivés reproduits par voie végétative*. Actes 1er Congrès de l'Union phytopathologique méditerranéenne. Bari-Naples, 510-514.

PEÑA-IGLESIAS A., AYUSO P., 1982. Characterization of Spanish garlic viruses and their elimination by *in vitro* shoot apex culture. *Acta hortic.*, 127, 183-193.

ANNEXES

Annexe 1

PROSEMAIL-BP 9, 26270 Loriol

Établissements producteurs de semences certifiées d'Ail (⊙) et d'Échalotes (●) (fin 1990).

- ● Éts ASCOET Charles
  Roc' Hanay. Irvillac, 29224 Daoulas

- ⊙ ● Éts BAMAISON et Cie
  Rue Chappes, Z. I. Le Brézet, 63017 Clermont-Ferrand Cedex

- ⊙ ● CENTR'AIL
  Z. I. Le Petit Champ, Entrée Nord RN 9, 63430 Pont-du-Château

- ⊙ ● Coopérative du CHECY
  49, rue de Sauge, 45430 Checy

- ● Coopérative Pont de CEAISE
  31, route Sorges, 49130 Les Ponts de Ceaise

- ⊙ DURAN S. A.
  Avenue du 8 mai 1945, 82500 Beaumont-de-Lomagne

- ⊙ ● G.I.E. CENTRE DROME
  « Le Courrier », Eurre, 26400 Crest

- ⊙ G.I.E. DROMAIL
  Nodon Allex, 26400 Crest

- ⊙ G.I.E. EUROPE-AIL
  140, boulevard de la Liberté, 59000 Lille

- ⊙ G.I.E. de LOMAGNE
  Le Greffier Esparsac, 82500 Beaumont-de-Lomagne

- ⊙ G.I.E. SEMAIL DROME
  Quartier les Roches, Chabrillan, 26400 Crest

⊙ G.I.E. SUD-DROME
Saulce-sur-Rhône, 26270 Loriol-sur-Drôme

⊙ G.I.E. DES TROIS VALLONS
La Pomarède, 82500 Beaumont-de-Lomagne

⊙ ● G.I.E. VAL DROME
Les Pues Grane, 26400 Crest

⊙ G.P.S. MONTÉLIMAR
Les Boulats La Laupie, 26200 Montélimar

⊙ JARDINERIE PÉRIGOURDINE
24530 Condat-sur-Trincou

⊙ MALAGUTTI-VEZINET
Z. I. Route d'Auch, 82500 Beaumont-de-Lomagne

● O.B.S.
15, Kernonem-Plougoulm, 29250 Saint-Pol-de-Léon

⊙ ● SICALOMAIL
Avenue de Gascogne, 82500 Beaumont-de-Lomagne

⊙ ● TOP SEMENCES-UCCS
Silo de Puygiron-La Batie Rolland, 26160 La Bégude de Mazenc

⊙ ● UNISEM
Le Moulin Grane, 26400 Crest

Annexe 2

Organismes, stations et laboratoires s'intéressant aux *Allium* multipliés par voie végétative

en France :
ENSA-INRA Unité de formation en Botanique et Pathologie végétale
Place Viala 34060 Montpellier Cedex (C. M. MESSIAEN, A. BEYRIES).

INRA Station d'Amélioration de la Pomme de Terre et des Plantes à bulbes.
Domaine de Keraiber 29260 Ploudaniel (J. COHAT - voir aussi : Domaine de Kervadez
Plougoulm 29250 Saint-Pol-de-Léon).

INRA Station d'Amélioration des Plantes - Domaine de Crouelle
63039 Clermont-Ferrrand Cedex (M. PICHON).

INRA Station d'Amélioration des Plantes - Domaine Saint-Maurice
84143 Montfavet Cedex (J. P. LEROUX, V. CHOVELON, H. LOT, B. DELECOLE).

Faculté des Sciences URA CNRS 1298 - Biocénotique expérimentale des Ecosystèmes
Avenue Monge - Parc Grandmont 37200 Tours (Mme J. BOSCHER).

Centre Technique Interprofessionnel des Fruits et Légumes - Domaine de Balandran
30127 Bellegarde (JOUBERT).

G.E.V.E.S. Unité expérimentale de Cavaillon. BP. 1. Les Vignères 84300 Cavaillon.

On s'adressera également aux ingénieurs des Chambres d'Agriculture de l'Ardèche
(H. VENDRAN), du Tarn-et-Garonne et du Finistère.

à l'étranger :
Allemagne : Institut für Genetik und Kulturpflanzen forschung Corrensstrasse 3
O.4325 Gatersleben (P. HANELT).

Angleterre : Horticulture Research International Wellesbourne. Warwick CV359EF U.K.

Japon : Kagoshima University. Faculty of Agriculture. Lab. of Hortic. science.
21-24 Korimoto 1 Kagoshima 890 (T. ETOH).

Taiwan : A.V.R.D.C. P.O. Box 42 Shan hua. Tainan 741 - Taiwan R.O.C. (cet Institut vient
d'inscrire les *Allium* à son programme comme un de ses thèmes majeurs).

ADDENDA

La rédaction du texte de cet ouvrage a été terminée en 1991, diverses circonstances ont retardé sa publication jusqu'en 1993. Nos connaissances sur les *Allium* ont progressé durant cet intervalle. Cela nous amène à proposer ci-dessous quelques compléments dont les deux sources principales seront :

- un ouvrage collectif sur l'Ail publié en Argentine sous la direction de J.L. BURBA : "Primer y secundo curso-taller sobre produccion, comercializacion e industrializacion de Ajo" _ INTA-EEA La Consulta - Mendoza, Argentina, Nov. 1989, Julio 1991, 180 p., que nous désignerons ci-dessous par "Ajo 1991" ;

- un symposium *"Allium in the Tropics"* organisé par l'AVRDC à Bangkok en février 1993, que nous désignerons par "BGK 93".

Nous y ajouterons une publication récente et diverses communications personnelles.

Chapitre 3

p. 36 : Un cultivar analogue à la "Ciboule vivace de la Drôme" est cultivé aux Pays-Bas sous le nom de "Sint John's onion" (Q.P. VAN DER MEER, comm. pers.). Des "échalotes précoces de Pologne" reçues récemment à Clermont-Ferrand s'en rapprochent également.

p. 39 : On cultive aussi en Indonésie et en Thaïlande sur de vastes surfaces des *A. fistulosum* ne fleurissant par sur place, reproduits par voie végétative (GRUBBEN, BGK 93).

Chapitre 4

p. 57 : Dans le cas des échalotes tropicales cultivées dans leur climat d'origine, un passage des bulbes-mères à des températures de l'ordre de 15°-20° C pendant plus de 20 jours, non seulement accélèrera la sortie de dormance, mais stimulera aussi la floraison.

p. 69 : STALSCHMITT (Ajo 1991, 6-10) signale un autre moyen d'éliminer la dormance chez l'Ail : le lavage à l'eau courante des caïeux pendant 24 h avant de les planter. Contrairement à l'effet du froid, cette opération ne modifie pas la physiologie ultérieure de la plante. On éliminerait ainsi les inhibiteurs de type "acide abscissique" qui ont migré du feuillage sénescent vers le caïeu en fin de maturation.

Chapitre 6

p. 96 : BUGARRET et MARIN (1992 - *Phytoma*, 443, 57-60) signalent une perte d'activité de la procymidione dans leur parcelle de monoculture d'Ail, après 4 ans d'usage répété. Ils proposent, par prudence, l'usage de ce produit en mélange avec une association carbendazime + dithiofencarbe (60 à 75 mg de m.a. de chacun des 3 produits pour 100 kg de caïeux).

p. 102 : DEL TORO (Ajo 1991, 33-36), parmi un certain nombre de produits chimiques très toxiques utilisés soit en trempage des caïeux, soit en traitement du sillon de plantation, propose un moyen biologique de lutte contre *Ditylenchus dipsaci* : le trempage des caïeux dans un macérat d'Ail (25 kg/100 l d'eau) pendant 24 h (on pourrait préparer ce macérat avec les caïeux trop petits ou centraux éliminés lors de la division des bulbes). Cette méthode n'est nullement paradoxale si nous nous référons à l'observation de R. LAFON citée page 91.

p. 108 : BUGARRET et MARIN (même référence) citent l'hexaconazole (préventif) et le tébuconazole (préventif et curatif) comme les deux produits les plus efficaces pour lutter contre la Rouille de l'Ail.

p. 112 : MACOLA *et al.* (Ajo 1991, 41-42) décrivent le cycle de développement d'*Aceria tulipae* sur l'Ail : à la germination, les acariens migrent vers les jeunes feuilles, sur lesquelles ils peuvent provoquer des distorsions. Sur le feuillage adulte, on les retrouve au creux de la nervure médiane, ils migrent vers le bulbe et les caïeux à la maturation. Le temps de génération est de 7 à 20 jours suivant la température. Les mêmes auteurs attribuent à *Rhizoglyphus echinatus* un rôle parasitaire actif sur racines et plateau.

p. 126 : les travaux récents de LOT et DELÉCOLLE (comm. pers.) à l'INRA-Montfavet, ceux du laboratoire virologique allemand de Braunschweig (BARG *et al.*, BGK 93) et de celui dirigé par BOS aux Pays-Bas (VAN DIJK, BGK 93) permettent de se faire une meilleure idée du nombre de virus filamenteux pouvant envahir les *Allium* :

- Potyvirus : l'OYDV reste le plus répandu sur Ail et Echalote. Mais une souche "garlic" du LYSV pourrait être à l'origine des symptômes faibles, irréguliers et tardifs observés sur "Thermidrôme" et "Messidrôme" (et peut-être, en combinaison avec l'OYDV, des symptômes "forts" sur "VC6" et "Germidour"). En Indonésie, l'Échalote peut héberger le *Shallot yellow stripe* (SYSV), moins agressif que l'OYDV, et les "cives" indonésiennes le *Welsh onion yellow stripe* (WOYSV). Tout cela ne remet pas en cause l'existence du "potyvirus latent de l'Ail" décrit par DELÉCOLLE et LOT (1981), sans symptômes et sans effet sur le rendement. Le *Garlic yellow strip* (GYSV) de Nouvelle Zélande ne serait finalement autre chose qu'un complexe OYDV+LYSV.

- Carlavirus : le carlavirus de l'Ail a été baptisé *Garlic latent virus* (GLV). Suivant les origines d'Ail étudiées à Braunschweig, on trouve le GLV ou le SLV (surtout en Extrême-Orient), rarement les deux à la fois.

- Virus filamenteux transmis par *Aceria tulipae* (nous en soupçonnions l'existence p.120). Ces virus, dont deux souches différentes ont été rencontrées sur Ail et Échalote, sont intitulés *rymovirus* en Hollande, et *closterovirus* en Allemagne. Des particules de type *closterovirus* ont été également observées à Montfavet (le "SLX" faussement signalé comme *potyvirus* page 121).

L'élimination de l'OYDV reste cependant l'opération la plus profitable aux clones virosés d'Ail et d'Échalote. Celle de tous les autres virus est possible par culture de méristème précédée de thermothérapie, mais la conservation de cet état jusqu'à la sixième génération de multiplication est probablement impraticable.

p.158 : La diffusion en Indonésie par une firme hollandaise de graines d'Échalotes simplement obtenues par floraison aux Pays-Bas de bulbes importés d'Indonésie n'a pas donné, d'après GRUBBEN (BGK 1993) des résultats très encourageants (hétérogénéité et faible vigueur).

p. 162 : La régénération des plantules d'Oignon à partir de protoplastes a été signalée en Chine (XU PEI WEN, BGK 93).

Chapitre 8

p. 188 : On trouve en février des bottes d'"'Aillet" sur les marchés de Bangkok.

Chapitre 9

p. 198 : A "Mikor" et "Jermor" s'ajoute en 1993 "Longor", clone conservé parmi les 2500 semis de l'INRA - Landernau.

De coloration analogue à celle de "Mikor", elle est beaucoup plus allongée (plus longue que "Jermor"), beaucoup moins florifère et de très bonne conservation.

p. 199 : La firme hollandaise BROERSEN propose aujourd'hui de nouvelles échalotes rondes, non florifères, à racines non persistantes (probablement issues de semis).

p. 202 : Ces observations générales ne s'appliquent pas à "Sumenep" qui, même plantée à Montpellier le 15 octobre, se refuse à fleurir et commence à former des bulbes en février sous des températures comprises entre 5° et 15°C.

C.M.MESSIAEN
J.Cohat, J.P.Leroux, M.Pichon, A.Beyries

Vegetatively Propagated
Edible Alliums
English summary

Chapter 1. Vegetative Propagation amongst *Allium*

Coexistence, or predominance of vegetative over seed propagation occurs as well amongst wild *Allium* spp. as for cultivated species (fig. 4).

1. During their **vegetative** stage (fig. 1) *Allium* spp. have a very short underground true stem, producing a number of leaves with cylindrical leaf-sheaths. If the basal stems produces axillary buds, they can grow into a **tuft** which we can split for vegetative propagation (fig. 2).
Allium leaves have a short life, the base of their sheath being split by new roots. The nodes which bear the oldest roots may either disappear, or survive in the shape of a **rhizoma** (e.g. chinese chives).
Allium roots are associated with endomycorhizal fungi (e.g. *Glomus mossae*) which allow a better assimilation of phosphates. Some trouble linked with their absence may occur for the seed-propagated species(e.g. leeks) when sown in steam-sterilized seed-beds. Such troubles do not seem to occur for vegetatively propagated cultivars, even when mother bulbs or cloves are dressed with fungicides such as benzimidazoles or carboximides.

2. Bolting, when it occurs, is the elongation of the terminal bud of stem into a flower stem, or **scape,** bearing at its apex an hemispherical meristematic area enclosed in a **spathe.** This structure becomes an **umbel** by development of flower primordia.
But it may also bear vegetative primordia which become plantlets, or more often **inflorescence bulbils** (fig. 3 and 4).

3. Tunicate bulbs (e.g. *Allium cepa* and its varieties) may be useful for the plant, accumulating nutrients in their fleshy scales:
- either to produce one or several seed-bearing scapes the following year (as for seed-propagated onions);
- or for reproduction of a number of new bulbs-as for shallots (fig. 5).

The thickened leaf-sheaths which constitute the tunicate bulbs may either originate all from normal leaves with leaf blades (e.g. Rak'kyo, *Allium chinense*), or remain bladeless for a part of them, such as for Onions and Shallots.

4. Sessile or **pedicellate cloves** are produced by other *Allium* spp. (e.g. by *A.sativum,* *A.porrum* and other leek-like plants).
Cloves include only one thickened bladeless leaf-sheath, covered by one or 2 coriaceous tunics.
Cloves may be sessile, at the base of the plant, they are "**round**" if produced by the terminal bud, hemispherical or orange-slice shaped if produced by axillary ones.
Pedicellate cloves are produced by a number of wild species (fig. 5), by *A.polyanthum* and by the flat-leaved hexaploids.
Table 1 indicates the relative importance of these various ways of vegetative propagation amongst edible *Allium* spp.

Chapter 2. Edible Species in the Genus *Allium*

Most of them, with the exception of two *Allium* cultivated in Cuba, belong to the subgenera **Rhizirideum** (sections *rhizirideum, schœnoprasum* and *cepa*) and **Allium** (section *allium*) - see table 2, and the Latin diagnoses of subgenera and sections.

The Latin description of the section *"cepa"* implies the presence of a rhizoma on which the bulbs are inserted. This organ is not obvious in seed-propagated onions (*Allium cepa sensu stricto*). The presence of a rhizoma-like organ can be observed in some tropical shallots (fig. 7).

Chapter 3. Botanical Identification
and General Description of Vegetatively Propagated *Allium*

1. From a **practical point of view**, they can be classified in the following way:

- Flat leaves, with a well marked median vein (cross-section V-shaped): Garlic (*A.sativum*), vegetatively propagated leeks (*A.porrum*), the wild edible "vineyard leek" (*Allium polyanthum*) and some other less common wild species, and the "great headed garlic" (cultivated hexaploid).
- Flat leaves, without a well marked median vein: Chinese chives (*A.tuberosum*). Between A and B we can place the Cuban "Mountain garlic", to which we cannot give a botanical name.
- Hollow cylindrical or quasi-cylindrical leaves (cross-section D or O-shaped): Common chives (*A.schœnoprasum*), vegetatively propagated cultivars of *A.cepa* (potato-onions, most shallots, perennial bunching onions and Red West-Indian chives), the closely related "grey Shallot", and vegetatively propagated cultivars of *A.fistulosum* (Yellow West Indian chives). There are also vegetatively propagated *fistulosum* x *cepa* hybrids, such as the viviparous onion, and *A.wakegi* in Japan.
- Hollow angular leaves (cross section polygonal): Rak'kyo (*A.chinense*).

2. Garlic (*Allium sativum*)

We can describe the French cultivar "Rose de Lautrec" as the **type of the species**. The plant grown from a clove (planted in December) produces 12 leaves and at the end of June has: a **bulb** composed of 12 to 15 cloves, originating from axillary buds at the base of the 2 last leaves (e.g. 7 + 5), a **scape**, at first sinuous (fig. 9) bearing at its apex an umbel with bulbils and flower buds, which bloom only if bulbils are excised. Bulbils ripen later than cloves. Their structure reproduces a miniature clove, the size of a barley kernel.

Other garlic cultivars, which will be described in chapter 8, may differ from this "type" in several ways (fig. 11, 12):
- larger or smaller, more or less numerous cloves, differentiated at the axil of the last 3, 4 or 5 leaves;
- scapes which may be shorter, bearing less numerous larger bulbils;
- no scape at all, owing to the abortion of the terminal bud.

Production of garlic true seeds: most scape-producing garlic cultivars are not able to produce seeds, even after anthesis induced by bulbil excision. This sterility is related to abnormal meiosis. Eтон (1983, 1986) has collected fertile clones from Central Asia, either fully fertile, or male-sterile (clone 200, from Frunze) Eтон's results have been reproduced in France. Bulbil excision remains however necessary, in order to avoid flower abortion (photo 3).

3. Vegetative reproduction of leeks (*Allium porrum*)

Commercial seed-propagated leek cultivars may produce 2 underground cloves at the base of the plant, which become larger if the scape apex is excised. SCHWEIZGUTH (1972) has demonstrated that inflorescence bulbils may appear if the flower buds are excised at an early stage.

The small **West-Indian leek** (fig. 2) is grown at an elevation of 600-800 m in Guadeloupe and Haiti. Its bunching habit allows vegetative propagation. When grown in southern France, this cultivar produces small bulbs (sessile cloves plus a few shortly pedicellated cloves). It never produces scapes (fig. 13A).

Bulbous leeks grown in France: they can be found in home gardens of southern and western France. Plants grown from cloves (or from seeds sown before November) produce bulbs composed of more than 2 cloves, with a tendancy to bilateral symmetry, without pedicellate cloves (fig. 13B).

In the same way as for West Indian leek, these cloves are covered by a thin white tunic. The largest plants produce scapes, fertile flowers and seeds. Narrow and wide-leaved cultivars can be distinguished.

4. The wild "vineyard leek" *Allium polyanthum* is traditionally gathered and used as a leek for soups in southern France. In mid-June the plant shows a robust scape with at its base 2 hemispheric sessile cloves covered by a thick buff-coloured tunic, and a number of pedicellate cloves (fig. 14A). The sessile cloves are able to germinate the same year in autumn, the pedicellate ones may remain dormant several years.

The inflorescence is similar to a leek umbel, but flowers are male-sterile and produce only empty seeds. They can be pollinated with leek pollen (BERNINGER - pers. comm.). When cultivated, the plant produces large sessile cloves, up to 20 g, but are highly susceptible to viruses in collections, in close vicinity to other *Allium* spp.

Other wild leek-like plants occur in France, but with a more restricted distribution, according to BOSCHER *et al.* (1989): *A.ampeloprasum* (*sensu stricto*), tetraploid in the same way as leek and vineyard leek, in some places near the Mediterranean, *A.commutatum* (2n or 3n) in Corsica. *A.scorodoprasum*, which produces inflorescence bulbils, is mentioned here only to avoid an erroneous application of its French name "Rocambole" to bolting garlic cultivars, or to viviparous onion.

5. Flat leaved hexaploids: the wild "*A.ampeloprasum* var.*bulbilliferum*, found in France only on Yeu Island, and the cultivated "great headed garlic" are chemically closer to Garlic than to Leek, since they have much more of the "allyl" precursor of the aromatic volatiles than of the "propyl" one (which predominates in Leek, *ampeloprasum sensu stricto* and *polyanthum*). The wild hexaploid produces bulbilliferous umbels.

The cultivated hexaploid with all its characters, appears as an amphidiploid originating from *A.polyanthum* and Garlic (fig. 10, 14 and table 2). This hypothesis, however is not accepted by the most eminent *Allium* taxonomist, P. HANELT.

6. Chinese chives (*Allium tuberosum* - fig. 15)

This species from the Far-East may be reproduced either by seeds or by tuft division. Amongst all the *Allium* spp. described here, this one produces the most typical rhizomas. In the French wild flora, *Allium montanum* looks very similar to *A.tuberosum*, although smaller and with purple flowers (photo 6) as opposed to white for *A.tuberosum*.

7. **"Mountain garlic"** (Ajo de montaña) from Cuba. This plant, to which we cannot give a botanic name, seems at first close to *Allium tuberosum*. But it produces white tunicate bulbs which develop in a strange way by downward growth and ramification. Its leaves have a slightly marked median vein on the lower side (fig. 16 and photo 7).

8. Vegetatively propagated *Allium cepa*

The description of *Allium cepa* var.*aggregatum* corresponds with the "potato" or "multiplier onion" cultivar, in which the planting of a small bulb makes it possible to obtain a larger one, divided inside into 3 to 6 under common external tunics. According to JONES & MANN, it would be logical to include "shallots" and some "bunching onions" (or "perennial chives") in this *"aggregatum"* variety.

Shallots are different from the "potato onion", since the 5 to 15 or more bulbs harvested following the plantation of a single bulb are separated from each other, and not included in a common tunic. France is the most important shallot-producing temperate country, some shallots are also found in the Netherlands and Scandinavia. A special kind of white shallot is grown in Louisiania.

Tropical shallots may be interesting for countries where the seasons are not clearly differentiated (e.g. Indonesia). The botanical status of the mysterious French "Grey Shallot" will be examined in chapter 9.

A french type of **"perennial bunching onion"**, and **"Red West-Indian chives"** (photo 8)
The French bunching onion "Ciboule vivace de la Drôme", and the West-Indian "Cive rouge", when grown in southern France produce the same type of bulbs: elongated, slightly swollen, and interiorly divided into "shoots" originating from a robust basal plate.
Under tropical conditions, the West Indian cultivar is propagated by tuft division, the French cultivar behaves in the same way; they differ only in their size under both climates.
Flowering occurs irregularly for the French cultivar (fig. 17) umbels and flowers are *cepa*-like, with some inflorescence bulbils. We have never obtained flowers from the West Indian cultivar, its vegetative similarity with the French cultivars lead us to classify it as *Allium cepa*.

9. Vegetatively propagated *Allium fistulosum* *

From a primitive type cultivar of the species, such as the "ciboule" grown at Brazzaville (Congo) which may be propagated either by seeds or by tuft division, we may think that *A.fistulosum* has evolved following 2 ways:
- thicker and fewer false stems predominant, seed propagation, such as for the **"Japanese bunching onion"** which is grown in Japan and China in the same way as the leek in Europe ;
- accentuation of the bunching habit and disappearance of the propagation by seeds, such as for the **"Cive jaune"** in FWI, or for the white **"Cebollin"** in Cuba. These cultivars, propagated by tuft division in their homeland, produce *fistulosum* like umbels only when planted in southern France (photo 12).

10. Cultivars originating from (*cepa* x *fistulosum*) hybridization

These crosses may have been either spontaneous (e.g. the Japanese *A.wakegi*), or man-made (e.g. "Louisiana evergreen"). Both cultivars are propagated by tuft division. On the contrary the amphidiploid "Beltsville bunching onion" is propagated by seeds, and behaves like a Japanese bunching onion.
The "viviparous onion", classified by JONES & MANN as *Allium cepa* var.*viviparum* is considered today by HANELT as a spontaneous *cepa* x *fistulosum* hybrid under the name of *Allium* x *proliferum*. We have seen it grown in home gardens of the Pyrénées (Valls d'Andorra), where it can survive as subspontaneous.

---

* The distinctive characters between these 2 species are given in table 4, figure 18 and photo 10.

The vigorous scapes of this cultivar produce a few steril flowers, and 3 to 8 inflorescence bulbils, and often secondary scapes which behave in the same way (fig. 19). Basal elongated bulbs are produced too, which may become larger if the scape apex is excised early.

The Japanese "species" *Allium wakegi* is a *fistulosum* x *cepa* hybrid too, following the work of TASHIRO (1984). This author has obtained tetraploids, by colchicinization, and triploids from back crosses with *A.cepa* and *A.fistulosum*. The male sterility of *wakegi*-like tetraploids is linked with the *fistulosum* cytoplasm.

11. Chives, *Allium schœnoprasum*

We shall only briefly mention this North-European species, which can be found wild in subpolar areas or in highlands (e.g. an elevation of 2 000 m in the Pyrénées). It can be propagated either from seeds or by clump division.

12. Rak'kyo: *Allium chinense* G. DON (fig. 20)

We received from P. HANELT and T. ETOH, in 1991, samples of this far-eastern species. *A.chinense* is distinguished by its thin hollow and delicate leaves, triangular or polygonal in their section.

JONES & MANN (1963) have described this species in California, either sold as pickled bulbs, or grown by Japanese or Chinese immigrants.

This *Allium* is grown in the same way as shallots and can initiate bulbs 2 months after planting. Bulb dormancy is not very strong and occurs during summer. The bulbs are white, but become green if stored under light.

A.chinense thrives on sandy or clayish soils with high amounts of organic matter, rather than on limestone soils. It produces scapes and flowers, but no seeds, when plants begin to grow again in autumn.

13. Other edible liliaceous bulbs

The use of *Muscari comosum* as food is traditional in some Mediterranean countries (southern Italy, Greece). A number of other liliaceous bulbs have been described as edible in northern America and Siberia.

Traditional methods of detoxification must be carried out before eating such bulbs.

Chapter 4. Growth and Development

Seed-propagated Onion physiology, where our knowledge is much better, will be taken as a reference for Shallot and Garlic physiology.

1. Onion physiology

For **vegetative growth** we can give as cardinal temperatures 5°-27°-35° C. Lethal negative temperature is about - 6° C, but considerable variations may occur between cultivars, and between high temperature grown and hardened plants.

Bulb enlargement occurs under "**high temperatures**" (optimum at 20°-26° C, 10°-16° C non inductive) and "**long days**", with a photoperiodic threshold variable, depending on cultivars, between 11 h 30 min and 15 h.

The so-called "short day" onions remain however long-day plants (fig. 21).

There is no "juvenile period" for Onion, plants with 1 true leaf can only give bulbs under inductive conditions.

Other factors apart from thermo-photoperiodism may affect the earliness of bulb enlargement: plant spacing, thickness of plantlets or weight of the small bulbs planted, nitrogen fertilization. The most "illuminating" general explanation of these phenomena has been given by BREWSTER: the more the solar light is intercepted by a dense canopy, the more the red/far red ratio is lowered in the light received by the leaves. Low values of this ratio accelerate bulb enlargement.

Bulb dormancy is evident for freshly harvested bulbs which are not able to give new shoots immediately (if not some roots).

Dormancy is more or less quickly eliminated depending on the storage temperature, 12.5° C is the most efficient. After long storage at 0° or 30° C, when placed at 15°-20° C, dormancy disappears earlier for bulbs placed at 0° C previously.

Bolting may occur in Onions either with bulbs planted again the 2nd year – or with growing plants which have not differentiated a bulb. It is more difficult to give a coherent theory for bolting than for bulb enlargement. Some general trends may be indicated:
- a threshold for leaf-number (or scale number for bulbs) must be reached before plants can answer to flowering stimuli;
- bolting and bulb enlargement are antagonistic phenomena;
- flower initiation needs neither long days nor high temperatures. Is there however a "need for low temperatures" in relation to bolting?

Under temperate conditions, bolting is enhanced when plants (or bulbs, then plants grown from them) are kept under 8°-15° C, and scape elongation is favoured by long days. However tropical onions can produce flowers and seeds under temperatures which are never lower than 15° C.

Storage of mother-bulbs between 8° and 15° C accelerates later scape emergence and increases their strength, storage at 30° C causes the reverse result, mother bulbs may behave like potato-onions or shallots.

Artificial chemical or physical manipulation of Onion physiology

Bulb dormancy can be increased either by a **maleic hydrazide** spray on plants 15 days before harvest – or by post-harvest **gamma irradiation** on bulbs (60 to 80 greys).

Bulb enlargement can be accelerated, or even induced under subliminal conditions with **etephon** sprayed on plants (1 000-4 000 ppm).

Bolting, on the contrary, is reduced by the etephon spray, and stimulated by a **gibberellin A$_3$** spray (100-300 ppm).

Benzyladenin (100-300 ppm) acts in the same way, and increases the dry weight of leaves.

Onion physiology *in vitro*

According to R. KAHANE's work (1990), Onion clones can be established *in vitro* from small pieces taken inside the bulb, including a part of the basal plate and of the base of the fleshy scales.

Tufts of plantlets can be grown in this way, the following multiplication cycles arise from longitudinal sections of the basal part of these plantlets.

An enlargement of the inferior part of these plantlets is obtained by an increase of the sugar content of the culture medium from 40 to 80 g/l of sucrose, but this phenomenon is not equivalent to genuine bulbing. True bulbs can be obtained *in vitro* when the plantlets are grown under a 16 h photoperiod, using light enriched in far-red radiations. These small bulbs are easier to transplant under horticultural conditions than plantlets growing *in vitro*.

2. Shallot physiology

Bibliographic data are much less numerous for Shallots than for Onion, however it would not be wise to assimilate Shallots to Onions for every feature of their growth and development.

Bulb morphology and development cycle

A shallot bulb used for seed is composed of dry tunics, fleshy leaf-sheaths and bladeless fleshy scales, inserted on the short stem following a ramified pattern (fig. 22).

3 phases can be distinguished during the evolution of a shallot tuft from a mother bulb : **leaf and root growth**, with early disappearance of the primary root-system, an **accumulation phase** leading to the ripening of new bulbs, and a **resting phase** (dormancy of the new bulbs).

Vegetative growth. Roots grow first, at a temperature between 2.5° and 30° C when bulbs are placed in wet conditions. Root growth goes on during the whole vegetative period. Large shallot bulbs may have as many as 100 roots.

When mother bulbs are planted, the buds inside have developed 1 or 2 bladeless leaves and a number of true leaves. Their growth inside the bulb depends on temperature (fig. 23). Leaf growth is quickest between 15° and 25° C.

The development of each shoot in the tuft is independent of other ones. Is a shoot is killed by a glyphosate injection, the other ones remain unaffected.

A growing shallot bunch can therefore be considered as a **colony** of individual **population units**. Inside the crop, competition level depends on population unit density (number of colonies x number of units inside each colony/area unit).

A high competition level decreases the number of leaves/tuft and their length, and induces an earlier senescence.

At low competition levels, a shoot may produce 7-9 leaves, 4 to 7 of which can be green together. The appearance of a new leaf occurs after accumulation of 100 degrees/day.

L.A.I. reaches 3.55 for a plantation of 16 mother bulbs (# 128 shoots)/m^2: a low value compared to other crops, most of which have a L.A.I. superior to 4.5. Light interception (Photosynthetic active radiation absorbed/P.A.R. received) is not superior to 55 %, a low value too, compared with other crops which reach 85 or 90 %.

Bulb enlargement. No more new leaves appear when bulbs begin to expand, the youngest leaf primordia become fleshy bladeless scales. Bulb enlargement begins at a relatively constant time (mid-May to the beginning of June in Finistère-French Brittany). It is simultaneous for plants with a more or less large amount of leaves (for example, planted at different dates). For "Jersey" shallots grown in France the photoperiodic threshold may be estimated at 14 h or 14 h 30 min. Shallot bunches can remain vegetative for 18 months if kept under 12 h daylight during spring and summer.

As a consequence of this determination of bulb enlargement by climatic conditions, the yield from late planting tends to be lower (fig. 24 and table 5).

Preconditioning mother bulbs at low temperature (2-5° C) promotes earliness and decreases yields, on the contrary their storage at 30° C before plantation increases bulch vigour, and induces later an higher yield. When bulbs are stored 14 months at 2° C and later placed at 20° C, they can produce internal new bulbs, a phenomenon similar to direct production of new tubers by potatoes.

Bulbs of "Round Jersey" and "Grey" shallots stored at 30° C and planted during May sometimes give bunches which remain in a vegetative stage till the following spring.

Something like a "need for low temperatures" for bulb enlargement may thus be observed for shallots in the same way as for Garlic (p. 9).

Bulb ontogeny. A number of dissections of growing bulbs have shown that the initial apex produces 4-7 leaves, of which 2 to 5 become fleshy. 2nd order buds produce 1 or 2 leaves with fleshy sheaths and 1 or 2 bladeless fleshy scales. 3rd order buds produce 2 or 3 scales, 4th and 5th order ones too, with sometimes one leaf (fig. 26).

"Double" bulbs are those in which all the leaves from the initial bud became dry tunics.

Internal ramification, and the amount of assimilate storage into the fleshy sheaths and scales depend on competition level.

Widely spaced small mother bulbs will therefore produce large new bulbs with a number of buds inside. The length of the accumulation phase will be shortened by a high level of competition, it depends too on temperature: 1 000 degrees-days are needed between the beginning of bulb enlargement and bulb maturation.

The length of this phase is influenced too by crop *vigour*, which depends on water availability, fertilization, virus infection and root diseases.

Yield elaboration. The yield of a shallot crop is determined by:
- **photosynthetic leaf area**, which depends on the balance between the number of shoots/area unit, and the level of competition. The same leaf area may be obtained from different combinations of mother bulb size and spacing;
- **agroclimatic conditions**, and especially the amount of photosynthetic active radiation;
- the **length of the accumulation phase** (see above).

A high dry matter level is reached in the bulbs at the end of June (table 6).

Bolting. Different shallot cultivars bolt more or less easily. Some bolt in a regular way: "Round Jersey", "Long bolting Jersey", Dutch cultivars, and tropical shallots. Other ones bolt only under special conditions, such as "Half-long Jersey", and other ones exceptionnally: "Long Jersey", and above all the "Grey shallot".

Bolting of "Half long Jersey" is observed only for early plantings (before February in Finistère) – see table 7. It occurs more often for large mother-bulbs. Storage of mother-bulbs at low (but not negative) temperatures increases bolting. Long storage of mother bulbs at high temperatures reduces or suppresses bolting in the same way as for Onion.

Low temperatures applied to growing plants cause them to bolt: "Half long Jersey" shallots planted in November under a plastic house do not bolt, black plastic mulch on the soil reduces bolting too. When plants of a bolting clone are periodically dissected, inflorescence primordia can be observed in February. In Finistère scapes appear during March, earlier or later depending on the year.

The scape can be produced by buds originating from the 1st, 2nd or 3rd ramifications (fig. 27). These bolting buds have no fleshy scales, the scape is surrounded by dry tunics only. Several scapes may occur in a tuft.

Division rate. The buds which will become new bulbs are already present when the mother bulb ripens. Their number cannot be modified by storage conditions or spacing at plantation. There is no dominance relations between these buds.

The division rate of a mother bulb is linked to its weight by a linear* regression of the shape "$y = ax + b$".

a and **b** values may fluctuate following clones, years and bulb origin. The weight of grand-mother bulbs, and their spacing on the plot have an influence on the prolificity of the mother bulbs (table 8).

Bulb dormancy. Freshly harvested Jersey shallot bulbs are dormant in the same way as Onion ones. When shallot bulbs are placed at different temperatures it appears that dormancy is most quickly eliminated at 30° C (fig. 28). Annual variations for dormancy in harvested bulbs are probably linked to temperatures in the field during maturation. This situation is very different from those observed for Onion or Garlic.

For "Grey" shallots we have only one experimental result indicating a quicker elimination of dormancy by storage at 12° C from July 12 to October 1st, then at 7° C from October 1st to planting on November 15th. But the bulbs, grown in southern France had endured temperatures equal or superior to 30° C during maturation in the field, then during drying in an empty glasshouse.

Tropical shallot are not very dormant (p. 36).

Artificial manipulation of shallot physiology

Maleic hydrazide sprays and gamma irradiation can be used in the same way as for Onion to enhance dormancy (see table 9 for irradiation).

In order to induce flowering of non-bolting cultivars, etephon, gibberellin, auxins and polyamines were experimented, without any result.

---

* J. Сонат, author of the subchapter 4.2. is not convinced by the square root formula given by C.M. Messiaen (p. 25).

3. Garlic physiology

Vegetative growth was thoroughly studied by L. ESPAGNACQ. Minimum temperature for growth is 0° C. 100 degrees-days must be cumulated for the emergence of every new leaf. Scapeless French cultivars produce about 13 leaves, and the "Rose de Lautrec" 11 leaves before the emergence of its scape, the spathe of which may perhaps account for the 2 missing leaves.

Bulb enlargement involves a long day-high temperature requirement in the same way as for Onion (see correspondence between Onion and garlic cultivars in the French text). But ranking for earliness in southern France does not coincide exactly with aptitude for bulb enlargement under low latitudes (e.g. "Tachkent M" from central Asia, earlier in France than "Egypt 5", but not able to grow bulbs in Egypt).
For Garlic a "low temperature requirement" must be satisfied before thermophotoperiodic induction of bulb enlargement: this situation was fully demonstrated by L.K. MANN in USA for the clone "California late" (fig. 29).
Low temperatures are necessary for differentiation of axillary buds which will become cloves. If they occur too early and for too long time before setting up of thermophotoperiodic conditions inducing bulb enlargement, these axillary buds have enough time to develop their own leaves before their transformation into cloves, and the bulb becomes "rough".
Experiments carried out in France with "Printanor" (which belongs to the same varietal group II as "California late") fully confirm MANN's conclusions (fig. 30).
With some cultivars (e.g. "Blanc de la Drôme", "Violet de Cadours" from varietal group III, and "Tachkent M") planting too late with not enough exposure to low temperature (e.g. March in the place of November) leads to production of "round cloves" in the place of multiclove bulbs.

Clove dormancy: in the same way as for Onion, cloves from freshly harvested bulbs do not germinate. Here too, a low temperature storage eliminates this dormancy. Trials carried out in France coincide with JONES and MANN's indications giving 7.5° C as the most efficient temperature for dormancy elimination*.
Dormancy is more or less sound depending on cultivars (tables 10 and 10 bis).
There is no exact coincidence between ranking for "intensity of dormancy" and "lateness". During the sixties we imagined dividing the cultivars of our collection into two "phylums" by a combination of these 2 characters (fig. 31). Having today delimited "varietal groups" (chap. 8), we prefer to think that each one of these groups represents a peculiar combination of these 4 characters:
  - intensity of dormancy
  - facility of its elimination by low temperature
  - low temperature requirement for differentiation of axillary buds
  - thermophotoperiodic requirements for bulb enlargement.
... with, of course, small scale intra-group differences between clones or cultivars.

Bolting in Garlic is a cultivar-specific phenomenon. Amongst the varietal groups we shall describe in chapter 8, some bolt readily, others never produce scapes (or no more than 1 or 2 for 1 ha) under normal conditions of cultivation.
Bolting is detrimental to bulb enlargement. It is traditional for growers who use bolting cultivars to cut the scape at its apex or to pull it out. The yield increase so obtained is variable depending on the earliness of bolting. In Versailles we have obtained + 15 % with "Rose de Lautrec".
Bolting is also dependent on climatic conditions. In southern France, an experiment with the bolting clone "Ibérose", including planting dates and storage temperatures, gave the results summarized in figure 32.
During the sixties, we obtained bolting with the non bolting clone "Thermidrôme", planted in November, by storage at 7.5° C of the mother bulbs during October, then artificially increasing day length with lamps above the plants from 10 to 21 h gradually between February and June (50 % bolting plants).

---

* There is no coincidence between "low temperatures" needed for axillary bud initiation (0° C efficient in the same way as 5° C) and the best low temperature storage for dormancy elimination (0° C less efficient than 7.5° C).

70 % bolting plants were obtained by adding to the same method a soil cover with 5 cm thick expanded polystyrene plates, under which crushed ice was added once a week.
This method made it possible to obtain 10 % bolting with "Fructidor", another non bolting clone, which did not respond to placing mother bulbs at 7.5° C and additional light only.
We can therefore suppose that for bolting in Garlic there is:
- **a low temperature requirement**, more important than for bulb enlargement, even for the regularly bolting clones;
- **a stimulating influence of long days** on condition that there is no simultaneous rise of temperature.
Under "normal" climatic conditions, planting in highlands (at an elevation of 800-1 000 m compared to sea level) increases bolting for currently non bolting cultivars.

Artificial manipulation of garlic physiology

References are not as numerous as for Onion. Spanish growers try to **increase dormancy** with maleic hydrazide sprays before harvest. We have obtained disappointing results with this method applied to French cultivars.
One the contrary, **gamma irradiation** is very efficient for reinforcing dormancy in garlic bulbs (tables 12 and 13 for doses, duration and time of application).

Influence of virus contamination on garlic physiology

The comparision of OYDV-free and OYDV-infected plants of the same clones shows that virus contamination increases dormancy and earliness.

Garlic physiology seen from Japan. Reading TAKAGI's chapter on "Garlic" in RABINOWITCH and BREWSTER's book on *Allium*, we can find, applied to Far-East cultivars the same general ideas, with a number of very accurate results obtained in growth cabinets. An interesting result is a possible elimination of dormancy by application of high temperature (35°C) on bulbs harvested before complete ripeness. A similar result was obtained in France by PLANTON (50 % or more germination) by immediate division and planting cloves from bulbs subjected to hot water therapy in August (temperature decreasing from 55° C to 44° C for 1 hour).
TAKAGI's results with growth regulators are disappointing: delayed bulb enlargement even with etephon, although he mentions a positive result obtained with etephon in India.

Garlic physiology *in vitro*

Following C. DORÉ's work at INRA-Versailles, *in vitro* propagation of garlic can be obtained in the same way as for Onion.
Bulb differentiation is perhaps more difficult to obtain *in vitro* than for Onion, since low temperatures would probably need to be applied to plantlets (*circa* 12° C) before being exposed to long photoperiods of far-red enriched light.
At the inflorescence level, an interesting work by TIZIO (1979) indicates that excized scape spices grown on media without growth regulators show predominance of bulbils over flowers.
The opposite result is obtained by adding gibberellic acid.
We can compare this result with those obtained by C. DORÉ (INRA-Versailles-pers. comm.) who, working with LEEK in the same conditions, must add benzyladenin to the medium in order to produce plantlets, flowers predominating, on the contrary, with the medium without growth substances.
We can imagine a kinetine/gibberellin antagonism for the balance of development of flowers versus bulbils or plantlets, in the inflorescences of flat-leaved edible *Allium* spp.

Chapter 5. Chemical Composition of *Allium* Bulbs

1. General composition

Dry matter content fluctuates from 7 to 15 % for Onions, 16 to 33 % for Shallots, and reaches 35 % for Garlic cloves. This dry matter is composed of:

70-85 % hydrocarbons

less than 1 % fats

10-20 % proteins, peptids and special aminoacids

1-3 % ashes.

Instability in the course of extraction of some of the most interesting but unstable components of the bulbs makes these categories somewhat arbitrary.

2. Hydrocarbons

They can be divided into:

- cell-wall components (e.g. cellulose, pectins) in greater proportion for Onion (10-15 % of the hydrocarbons) - and probably for Shallots - than for Garlic (3-5 %);

- storage hydrocarbons,

- heterosides.

Storage hydrocarbons

Amongst *Allium* spp. there is a general propensity for isomerization from dextrose to fructose ($D \rightarrow F$), and synthesis of fructosanes:

$$DF + F \rightarrow DFF, DFF + F \rightarrow DFFF, \text{ and so on.}$$

Onion fructosans are less polymerised (average polymerisation rate 5) than those of Garlic (a.p.r. = 12).

The total of mono + disaccharides + fructosanes constitutes the greatest part of hydrocarbons in *Allium* bulbs.

Heterosides

Flavonoids (yellow or buff) and **anthocyanins** (pink, red or purplish) are accountable for the colourings of *Allium* bulbs. Flavonoids cause yellow or buff colouring of dry scales of *A. cepa* bulbs, anthocyanins may also be present in the fleshy scales. The "copper" colouring of some shallots results from the presence of both.

Saponins have been studied in Garlic by S. AUBERT (1988), accounting for 2-3 % of the dry matter of the germling inside the clove, 2 or 3 times less in the clove flesh.

Their aglycone has a "furostanol" structure in the native state, but denatures into "spirostanol" during extraction (fig. 34).

Saponins are tensio-active, they may be fungistatic, and probably contribute to the medicinal properties of Garlic.

Scordinin, a heterosid of a very complicated structure (fig. 35) has been described in Garlic by KOMINATO who attributes this substance with very interesting medicinal properties.

3. Fats

Their concentration is very low. STOIANOVA points out common triglycerides and phospholipids, sterols (probably from saponins) and **waxes.**

4. Proteins and allied substances

Structural and enzymatic proteins are present, but in lower concentration than 2 other types of substances derived from amino-acids: **peptids** as storage substances, and **cystein-sulphoxides** as precursors of aromatic and antibiotic volatiles produced by *Allium* cells when wounded or attacked.

Storage peptids are glutamyl-di or tripeptides, such as:
glutamyl phenylalanine
glutamyl methylcysteine
glutamyl carboxymethylcysteinylglycine...

Cystein-sulphoxides, and their transformations: intact *Allium* cells contain methyl, propyl, propenyl and allyl cystein-sulphoxides (or "thialoxides"). The proportions of these 4 substances are different depending on the species and cultivar (table 14 and fig. 36). The transformation of propenyl (Onion) and allyl (Garlic) cystein-sulphoxides have been thoroughly studied by biochemists (BLOCK, 1985). An enzyme, **alliinase** transforms proprenyl c.s. into **lacrymatory principle** and allyl c.s. (or "alliin") into **allicin** (fig. 37 and 38).
These two strongly aromatic and antibiotic substances are unstable. Extraction at high temperature (as well as cooking) eliminates oxygen from sulphoxide and yields propenyl sulphide or allyl disulphide.
Their transformations lead to the less active **cycloalliin** (fig. 39), or to **ajoene** described by BLOCK (2 ajoene molecules are obtained from 3 allicin ones). BLOCK attributes the anticoagulating properties of garlic extract to ajoene (but KOMINATO attributes them to scordinin...).
Vinyldithiines are derived from allicin too, and considered as anticoagulant.
The **antibiotic properties** of *Allium* bulb extracts can be demonstrated easily by simple biological methods: growth of fungi on media enriched with crude bulb extract, or inhibition zones around a drop of the same bulb extract (tables 15, 16, 17).

Chapter 6. Diseases and Pests of Vegetatively Propagated *Allium*

1. Original features of *Allium* pathogens

We ended chapter 5 with the description of the biocide substances released by *Allium* cells when attacked. However these plants have their diseases and pests too...!
Their pathogens have probably developed a number of strategies in order to escape or resist biocide substances:
- Exploiting cells without mixing their compartments, without contact between alliinase and biocide precursors. Biotrophic pathogens such as rust and downy mildew behave probably in this way, and perhaps also *Ditylenchus dipsaci*, most of which suffer a convulsive death when invaded tissues are dilacerated.
- Resistance to these substances, in the same way as fungi or insects to industrial pesticides.
Table 18 compares fungal species or strains pathogenic to *Allium* with similar fungi isolated from other plants. The specialization on *Allium* of some *Fusarium roseum* var. *culmorum* strains, or of *Sclerotium cepivorum* compared with *Sclerotinia minor* seems related with allicin resistance. A similar situation was observed by SMALLEY for *Penicillium corymbiferum* strains found on garlic.
On the contrary, the specificity of the *Botrytis allii, squamosa* or *porri* must be looked for elsewhere, since the polyphagous *B.cinerea* itself behaves as allicin-resistant.
- In a still stranger way, *Allium* biocides may become stimulating or attractive to very specialized *Allium* pathogens or pests, such as *Sclerotium cepivorum* or *Acrolepiopsis assectella*.

2. Benefits and drawbacks of vegetative propagation

Onion and leek seedlings can endure damping-off, onion maggot or smut attacks, which are avoided by vegetative propagation.

On the contrary it allows transmission through seed-bulbs or cloves of a number of fungi and nematodes, the most noxious of which are *Sclerotium cepivorum* and *Ditylenchus dipsaci*. Moreover virus infected mother plants transmit the disease to 100 % of their progeny. Healthy growth of a crop involves the use of healthy seed-bulbs or cloves.

3. Soil borne pathogens

White rot (*Sclerotium cepivorum*)

The pathogen, even if its teleomorph is unknown, belongs obviously to *Sclerotiniaceae* according to the features of its mycelium, sclerotia, and to the presence of microconidia.

Sclerotia can survive in the soil 5 years or more. One to 5 sclerotia/kg of soil are enough to cause losses.

Germination of dormant sclerotia is stimulated in the soil at the vicinity of growing *Allium* roots giving off small amounts of allyl or propyl sulphides (COLEY-SMITH, 1969).

Cardinal temperatures for infection are 10°-**18°**-24° C. Attacks will therefore occur during summer in northern Europe, autumn and spring under North-Mediterranean conditions and winter in Egypt. Between the Tropics they can occur at an elevation of more than 1 500 m.

The most favourable conditions for root growth: moist soil without watersoaking, are the most favourable for white rot development.

Symptoms on garlic: they may appear at 3 stages:
- following planting: the first leaves become yellow and flaccid. When the plants are dug up, a rot of the planted clove is observed inside the coriaceous sheath, on which some sclerotia may be observed. At this stage the diseased plants are more often distributed irregularly;
- between the beginning of bulb enlargement and harvest: the diseased plants turn yellow (often unilaterally). They dry up after a flaccid stage.

On the lower side of the bulbs, leaf-sheaths are covered by a cottony mycelium, then by a sclerotial crust (fig. 43B).

Inside the bulb leaf-sheath and clove tissues show a translucent rot in front of the mycelium, a *Sclerotinia*-like symptom induced by pectic enzymes.

Such symptoms occur in areas of about 10 or 20 m² in the field.

- during storage: bulbs which had only a few diseased roots may be stored with healthy ones. External sheaths remain intact, a slow sclerotic rot progresses inside.

Symptoms on shallots: grey shallots are much more susceptible than Jersey ones. Planted in autumn in southern France, they can be attacked soon after planting in the same way as garlic, or in spring when the bulbs enlarge. They rot on their lower side, separating from each other, with plenty of mycelium and sclerotia.

Origin of the inoculum: sclerotia in the soil may originate from diseased plants (roots or debris), but they may also be brought from running water, accidental soil transport, or from farm manure or compost.

Seed bulbs or cloves are the other possible inoculum source, at the origin of symptoms in autumn and contamination of previously disease-free plots.

Control methods: sanitation methods can be supplemented by fungicide use.
- **Rotation:** five years without any *Allium* are recommended. No specific influence of previous crops has been described except for gladiolus (TICHELAAR, 1961). Gladiolus roots cause sclerotia to germinate, without possible later development of the mycelium, which is lysed.
- **Healthy seed-bulbs or cloves:** the use of certified seed, or buying bulbs from a disease-free plot is necessary for farmers whose fields are not yet invaded.
- **Chemical control:** it may be carried out for garlic or grey shallot by fungicide coating of the cloves or seed bulbs.

They must be stirred initially with dry wettable fungicide powder, then a second time after adding as many ml of water as grams of powder.

Fungicide choice for white rot control in France has followed the same evolution as for *Sclerotinia* rot of lettuce (fig. 44).

1960-70: **quintozene**, followed by **dicloran**

1970-80: **benomyl** which initially gave excellent results, followed by more and more failures.

1980-90: dicarboximide fungicides, with very good results of **iprodione**, then of **vinchlozoline**, and later some failures too. The best fungicide now is **procymidione**.

The doses used are about 5 g a.i./kg of cloves or bulbs for quintozene, 1.5 to 2 g for more recent fungicides.

Fungicide failures can be explained in different ways: benomyl is more fungistatic than fungicide and does not kill sclerotia, which are protected from benomyl-susceptible *Trichoderma*. Iprodione and vinchlozoline are degraded in the soil by specific microfloras, stimulated when these fungicides are used several times in the same place (WALKER, 1987). These microfloras are iprodione or vinchlozoline-specific (MARTIN, 1989). Procymidione is less easily degraded by soil microflora.

- **Biological control:** *S.cepivorum* is susceptible to soil-borne specific (*Coniothyrium minitans, Sporidesmium sclerotivorum*) or polyphagous fungi (*Trichoderma, Gliocladium* spp.) which destroy sclerotia in the soil. They have not been tried in the field in France. COLEY-SMITH (1990) proposes a "biological-like" control by applying a sclerotium germination stimulant, allyl disulphide, to the soil.

We have not found any garlic resistant clone, even when starting from plants surviving in diseased areas.

Other sclerotial fungi

A peculiar strain of *S.cepivorum*, with larger sclerotia and much less white mycelium, causes a **black rot**, which occurs earlier in the spring than white rot. It is seldom observed, and seems to be linked with fields invaded by wild *Allium* (e.g. *A.vineale, A.sphaerocephalum*).

A saprophytic *Sclerotinia* described by SNYDER (1957) causes only a **"fly-speck"** symptom on external sheaths of garlic bulbs. *Macrophomina phaseoli* induces a micro-punctuation on external sheaths of garlic or shallot bulbs.

The sclerotic anthracnose of white onions, or **"smudge"** may only invade white Louisiana shallots amongst the plants studied in this book.

Sclerotium rolfsii, the cause of **"southern rot"** is not considered as pathogenic to *Allium* in most countries. We have however observed attacks on shallots in the West Indies, especially when the mother bulbs had been coated with difolatan + carbendazime for *Aspergillus* control.

Pink root rot (*Pyrenochaeta terrestris*).

This pycnidial fungus invades only roots. They are first superficially invaded and become pink, then they dry up with a purplish-red discolouring.

P.terrestris survives on the roots of a number of plants, e.g. Maize, with similar symptoms. Cardinal temperatures for infection are 16°-26°-35° C. *Pyrenochaeta* does not become aggressive in northern Europe. In southern France roots may be invaded at the end of the enlargement of garlic and shallot bulbs. On the contrary, it becomes a serious pathogen at lower latitudes, or during hot continental summers (e.g. Wisconsin-USA). Drought will increase losses, as well as any crisis or stress, which causes trouble for root nutrition.

In southern France, when healthy garlic is inoculated with OYDV during March, much more pink root rot occurs on inoculated plants than on healthy or chronically invaded plants.

Fusarium diseases

Leek basal rot, iduced by allicin-tolerant strains of *F.roseum* var. *culmorum* is a serious disease of seed-propagated and bulbous leeks in France. Garlic is susceptible under artificial inoculation, but was not observed as diseased in the field.

Onion Fusarium basal rot, caused by *F.oxysporum* f.sp.*cepae* has been thoroughly studied in USA. It was recently observed in Europe: on the very susceptible Onion cultivar "Cipolla dorata di Parma" in northern Italy, and in French Brittany on Jersey shallots.

We can suppose that *Botrytis* and nematode elimination following systematic hot-water treatment of mother bulbs allowed preferential manifestation of *Fusarium*, whose chlamydospores easily withstand 44° C. Shallot growers try to control this disease by adding carbendazim and prochloraz to the hot water bath.

Garlic sooty blotch (*Helminthosporium allii*)

This fungus is more epiphytic than pathogenic. It darkens the external sheaths of garlic bulbs. This discolouring becomes widespread and difficult to eliminate by peeling off the most external sheaths if harvest is delayed too late in wet soil.

H.allii may be clove-borne, the addition of a large spectrum fungicide to seed-coating will be useful.

Nematodes

Although some *Meloidogyne incognita* tropical strains may invade *Allium* roots, the **stem and bulb nematode** (*Ditylenchus dipsaci*) is most noxious on *Allium* spp. (fig. 45).

D.dipsaci attacks more than 400 plant species, but can be subdivided into **races** with more restricted host spectrum. The *Allium* race can invade Oats, Beets, Beans, Peas, Spinach and a number of weeds.

D.dipsaci is an endoparasite. The mobile nematodes (up to 1 mm long) invade the leaf sheaths at the points of root emergence.

On shallots, external fleshy scales undergo a spongious rot.

On garlic, at the beginning of bulb enlargement, a basal rot of the leaf sheaths and of the short stem occurs, the bulb is split from its base with a reddish rot (fig. 43D). The leaves of the diseased plants turn purplish.

Cardinal temperatures for infection are 10°-22°-30° C. In wet soil, *Ditylenchus* does not survive at temperatures higher than 35° C.

Ditylenchus inoculum can be perpetuated:
- either in the soil, as 4th stage larvae which may survive more than 5 years;
- or as larvae at the same stage inside slightly attacked bulbs, in conditions of **anhydrobiosis**.

Infection may remain latent during several vegetative generations, then explode under favourable conditions (early and rainy springs, temperatures over a long time between 15° and 25° C).

Control methods concern soil or seed lots.

Rotation: 5 years excluding *Allium* and plants quoted above, with good weed control.

Soil fumigation with dichloropropene or metham-sodium increases yield from contaminated soils. But, if the nematode population is not completely destroyed, it may quickly multiply again. Nematocides containing bromine are phytotoxic for *Allium* spp.

Soil solarization during summer under plastic transparent mulch can destroy *Ditylenchus* under Mediterranean or subtropical conditions.

The use of **healthy seed lots**, such as "certified seed" if available, is recommended.

Hot water therapy is useful for seed bulbs or cloves which are not definitely nematode-free. Active nematodes are killed within 2 hours at 43.5° C, 1 hour at 44.5° C. Such temperatures will be used for shallots (between August and February for northern France). 1 % of commercial solution of formaldehyde (35-40 %) will be added to water, often replaced today by carbendazim or prochloraz. Bulbs must be quickly dried after hot water soaking.

For garlic, in which most nematodes are anhydrobiotic and much more resistant, the best method will be to soak whole bulbs in cool water for 12 h before hot water therapy for 1 hour at 48° C. It should be done when bulbs are fully dormant (in August for southern France).

Non-target effects of fungicides used for seed-coating must not be neglected. Table 19 (from CAUBEL, 1988) indicates a nematostatic influence from benomyl and still more for thiabendazole.

Biological control would be possible with the nematophagous fungus *Arthrobotrys irregularis*.

4. Bacteria

Several bacterial rots have been described on Onion: "sour-skin" rot caused by *Pseudomonas cepacia*, and "slippery skin" internal rot caused by *Pseudomonas gladioli* var *alliicola*. Shallots do not seem affected very often by these bacterial rots.

Common, and probably bulbous leeks too, may be seriously damaged by the leaf and sheath pathogen *Pseudomonas syringae* pv.*porri* described by R. SAMSON (1981).

The "milk and coffee" disease on Garlic, as demonstrated by R. SAMSON (1984) is caused by strains of *Pseudomonas fluorescens*, although this bacterium is currently considered as saprophytic. A brown slimy discolouring progresses downwards affecting the leaf sheaths inside the false stem, and the cloves inside the bulb. This discolouring does not hinder later clove germination. Sometimes *P.fluorescens* is associated with *D.dipsaci*.

Excessive nitrogen fertilization seems favourable to the symptoms of this disease, the etiology of which is not well known.

Its transmission by seed-cloves does not seem regular.

5. Fungal leaf and sheath diseases, with possible bulb infection

Peronosporales

Peronospora destructor (Onion downy mildew) attacks only *Allium cepa*. *Phytophthora porri* (white tip of leek) may attack leeks and occasionaly Onion. Garlic seems to be immune to diseases caused by Peronosporales.

Onion downy mildew is a serious pathogen of **Shallots**, it looks like a blue mould on their hollow leaves (and scapes).

At temperatures close to its optimum (cardinal temperatures 3°-11°-25° C) *P.destructor* invades whole leaves without early necrosis. At higher temperatures (e.g. night at 11° C, day at 20° C) it grows more slowly, and induces zonate elongated spots with marginal sporulation.

Epidemics are stopped by temperatures higher than 25° C during the day.

P.destructor is perpetuated either by its oospores, which can survive 4-5 years in the soil, or as a dormant mycelium inside the bulbs. Hot water therapy eliminates this mycelium.

Downy mildew can be controlled on Shallots in several ways:

- elimination of primary infections: 5 year rotation, isolation from Onions grown for seeds, hot water treatment of mother bulbs;
- and, if necessary, fungicide sprays, applied during periods with mean temperatures between 10° and 15° C. The quality of spraying is very important: pneumatic sprays (very small drops) will be better than high-volume sprays with large drops which cannot be retained by the waxy leaves.

Non systemic fungicides must be applied every 7th or 10th day during disease-favourable periods.

Mixtures with downy mildew-specific fungicides (e.g. cymoxanil + oxadyxil + maneb) will give better control.

Close spacing, excess nitrogen fertilization, stagnant water aggravate risks of downy mildew development.

Jersey shallots as well as Grey shallots are susceptible to downy-mildew. Tropical shallots are highly susceptible.

Botrytis diseases

Allium spp. may be invaded by several *Botrytis*. The polyphagous *B.cinerea* generally induces no more than small white necrotic leaf-spots. The 3 most important on *Allium* are *B.squamosa* and *B.allii* on *A.cepa*, *B.porri* on Leek and Garlic.

Botrytis squamosa causes "Onion blast" and attacks shallots too. Its teleomorph was named *Botryotinia squamosa* by VIENNOT-BOURGIN (1953).

From initial lesions similar to those caused by *B.cinerea*, white necrotic spots expand up to a diameter of 4 mm. They are more numerous at leaf-tips.

B.squamosa conidiophores are short-lived and may be seen during wet weather at the dried tip of the diseased leaves. This fungus is perpetuated by its sclerotia which are produced on dead sheaths and infected bulbs. They germinate more often producing conidia than apothecia.

Shallot blast can be controlled by a number of fungicides: ethylene-bisdithiocarbamates, thiram, copper (caution to phytotoxicity), and of course benzimidazole and dicarboximide fungicides. Spraying schedules must take into account *B.squamosa* as well as downy mildew.

Botrytis allii. Its teleomorph is not known. *B.allii* is not an aggressive pathogen of growing plants, on which it invades only senescent leaves. Shallot bulbs are invaded at the end of vegetation, by contamination of the bulb neck. During harvest or in storage rooms its conidia can germinate on the neck section. *Botrytis* rot begins on the upper part of the bulb and invades the external storage scales on which the grey mould appears first, and then sclerotia. Slightly contaminated mother bulbs may transmit *Botrytis* to the following generation.

This situation can be improved, beginning with the mother-bulbs: for Jersey shallots by hot water + fungicide therapy, for grey shallots by fungicide coating.

At harvest time, especially when the weather is moist, the significant improvement was in Brittany (as well as for onions in the Netherlands) was linked to the introduction of drying in warm air ventilated silos (chap. 9).

When grown in a humid climate, the grey shallot is still more susceptible to *B.allii* than Jersey shallots.

Botrytis porri (teleomorph *Botryotinia porri*) attacks the false-stems of leek and garlic and appears as a superficial grey mould. At soil level, it produces cerebroid gelatinous sclerotia which later turn carbonaceous. Garlic cloves may be invaded, and the infection seed-borne. Fungicide clove coating is the best method of control.

Alternaria porri

A.porri causes **purple blotch** on Leek, Onion, Shallots, and Garlic. Leaf spots are oval, more or less zonate, often purple-coloured. Cardinal temperatures for *A.porri* are much higher than for *Peronospora* or *Botrytis* (15°-26°-34° C). In southern Europe it appears only on summer-grown leeks under an Atlantic climate.

On the contrary in tropical humid climates, *A.porri* becomes the principal *Allium* leaf pathogen. Growing the plants on acid ferrallitic soil increases their susceptibility. The addition of 100 g grinded limestone/m of furrow as well as fungicide sprays (captofol, iprodione) improves the situation.

West Indian chives, whether they be *cepa* or *fistulosum* (p. 4) are less susceptible than leeks or bulbous *A.cepa*.

Rusts on *Allium* (pl. 11)

A number of *Melampsora, Puccinia, Uromyces* have been described on *Allium* spp. The most important are *Puccinia allii* and *P.porri*.

Cultivated *Allium* species or cultivars may not be the most susceptible to rust. *Allium polyanthum* is much more susceptible than Leek or Garlic, and may be observed for determining the beginning of epidemics.

In USA and Japan, *P.porri* is described as virulent on all cultivated *Allium*. On the contrary, in France and UK rust is not often observed on Onion and shallots, the predominant rust seems to be *P.allii* on Leek and Garlic.

These 2 *Puccinia* can be distinguished by larger uredospores for *P.porri*, and teleutosores partitioned by paraphyses into locules for *P.allii*.

Epidemics in southern France seem to involve 2 multiplication cycles, beginning at the end of March. 4 fungicide sprays at 15 day-intervals, starting from March 15th are recommended. Maneb or mancozeb are commonly used. Growers' experience indicated the efficiency of propiconazole as a curative spray. Hexaconazole seems the best fungicide (in 1991).

Miscellaneous leaf-pathogens

Stemphylium vesicarium behaves most often as a secondary invader of downy mildew or rust lesions. *Heterosporium allii* (syn.*Cladosporium* spp.) has been described as an *Allium* leaf pathogen, with a recent outbreak in UK and western France.

Cercospora duddiae may invade *Allium* leaf sheaths under tropical conditions.

6. Bulb storage: fungi, physiology, mites

Fungi

Besides *Botrytis* and bacteria described above, shallot and garlic bulbs may be invaded by sulfoxyde-resistant strains of common moulds (*Aspergillus niger, Penicillium corymbiferum, P.cyclopium*).

Aspergillus optimum is high (30° C), this fungus is very aggressive on tropical shallot in their native land.

Penicillium optimum is lower (20°-25° C), attacks may occur on Garlic even at 5° C.

Clove or mother bulb coating with fungicides can reduce-seed lot infestation with these fungi: we have cured tropical shallots of *Aspergillus* with captafol + carbendazim.

For *Penicillium* on Garlic we have always recommended the addition of a wide-spectrum fungicide to the *Sclerotium* specific one. Constant use of the same fungicide may induce failures: benomyl-resistant *Penicillium* strains were common in 1975 in southern France on Garlic.

An important *Penicillium* infestation of seed-cloves brings about a **green rot** of planted cloves, with yellowing and sometimes death of the young plants. This syndrome is favoured by heavy December rains following planting in dry soil (under a Mediterranean climate).

Mould susceptibility of bulbs and cloves is strongly affected by the previous nutrition of the plants, and by their physiological condition.

Nutrition

When production of garlic certified seed began in Ardèche (south-eastern France) some "Blanc de la Drôme" seed lots were severely injured by rots induced not only by *Penicillium*, but by common strains of *Fusarium oxysporum* too, as early as 3 months after harvest.

These bulbs were produced by plants which grew normally, but in fields in which other plants (beets, muskmelons) exhibited symptoms of **boron** and **molybdenum** deficiencies. The correction of these deficiencies enabled production of healthy, long-lasting garlic the following years.

Bulb physiology

Elimination of dormancy induces losses not only from sprout appearance, but also from an increase of rot susceptibility of bulbs or cloves.

We have seen in chapter 4 the conditions of loss of dormancy in Garlic and Shallots.

For Garlic, deterioration will be earliest at temperatures between 5° and 15° C. For good storage conditions we should therefore choose either temperatures superior to 20° C, or cold storage close to 0° C, or even minus 2° C, if temperature regulation is very good.

For Jersey shallots dormancy elimination is rapid at temperatures higher than 20° C, warm storage is therefore excluded. They will store well in unheated rooms à 5°-10° C, very well (till to May-June) in cold storage at 0° or minus 2° C. Storage in temperature-conditioned rooms is expensive and leads us to look for artificial methods of lengthening dormancy:

Maleic hydrazide sprays 15 days before harvest are much less efficient for Garlic than for Onion or Shallots.

Gamma irradiation (or "ionization"): we have mentioned in chapter 4 the irradiation conditions effective on Garlic. Figure 46, from an experiment conducted in 1962 demonstrates very well, especially on *Penicillium*-inoculated bulbs, the correlation between elimination of dormancy and rot susceptibility.

Another way for improving of garlic storage-life is to choose cultivars with deep dormancy. Especially in France we can blame the predominance of varietal group III (large bulbs, low dormancy). This predominance was reinforced by the release of OYDV-free cultivars for this group. We hope that the release of regenerated clones from more dormant cultivars (e.g. "Printanor") will improve this situation.

Bulb mite (*Aceria tulipae*)

Advice given above for garlic storage is effective only if bulbs are mite-free, especially at temperatures higher than 10° C.

Aceria tulipae, an **eryphioid mite** (fig. 47) proliferates at the surface of the clove flesh, under the coriaceous tunic.

The clove retracts and becomes dull. With the binocular microscope plenty of elongated yellowish mites can be seen crawling.

These mites can be killed by **methyl bromide** (40 g/m³ during 10 to 20 h). Powdering with **sulphur** bulbs stored in crates may slow down mite proliferation.

Before planting, cloves can be protected by adding **dicofol** (25 to 50 g a.i./100 kg of cloves) to the fungicide seed-coating. Ethylenebisdithiocarbamate fungicides, well known to be mite-inhibiting would be worth trying.

Young plants originating form *Aceria*-invaded cloves may be slightly distorted with yellow streaks. But we do not know how mite penetrations into axillary buds and then cloves occurs.

7. *Allium* insect pests

The most noxious insects for cultivated *Allium* in temperate climates are the **Leek moth** and the **Onion maggot**, causing severe losses on seed-propagated Leeks and Onions. Fortunately the earlier harvest of Garlic and Shallots enables them to escape from the summer generations of these insects. Some other insects attack *Allium* spp. here and there.

The **Leek moth** *Acrolepiopsis assectella* Zeller

This insect was studied in France by a number of research workers. The moth wings may reach a width of 16 mm, the maculated anterior wings are darker than the posterior ones. The egg (0.55 x 0.22 mm) is reticulated. The larva, 1.4 mm long when it hatches may reach 10 mm just before nymphosis at its 5th stage. The chrysalide (7 x 1.5 mm) lies inside a loose cocoon.

Adults overwinter under bark or vegetal debris, and are frost-resistant. In spring they regain activity at temperatures higher than 14° C.

The annual number of generations is variable according to the climate, and successive years in the same place. At an optimum temperature of 27° C the complete cycle lasts only 22 days, and it may reach 138 days at 14° C.

2 or 3 generations will be observed in Russia or Switzerland and 5 in southern France. Losses become serious with the second generation (at the end of July in the Netherlands, mid June in southern France).

Garlic, shallots and early onions will be attacked only by the first generation.

Furthermore, for a given generation, losses will be more or less substantial depending on the attractiveness of *Allium* species and cultivars towards the moth. Olfactive stimuli are very important for this insect: pheromones, of course, but also strong smelling substances (sulfoxides, sulphides), from *Allium* spp.

From the results obtained by Mrs BOSCHER's team with their **olfactometer**, female moths (and males too) are attracted by *Allium* spp. classified under the following decreasing range:

Seed propagated leeks > Bulbous leeks, Onions > *Allium polyanthum* > Garlic

The same team has demonstrated the attractiveness of dipropyl sulphide for the moth. We may assume the following classification for attractiveness of the sulfoxides and sulphides emitted by *Allium* spp.:

propyl > propenyl > allyl

The leek-moth larvae are leaf-miners and false-stem borers, able to cause major plant distorsions. If the larva reaches the vegetative apex, the leek plant may die. On Onions the larvae may attack the fleshy scales of the bulb.

During the sixties, we observed Leek-moth damage on Garlic in the Rhone valley. Addition of an insecticide to the fungicides used for Rust control was recommended (parathion, dimethoate). Following this recommendation such damage has disappeared, although today growers use less and less insecticide.

Was it a "normal" population of Leek-Moth, or on the contrary a specialized race of *Acrolepiopsis* for which "allyl" smell was not repulsive? This question will remain unanswered.

On Shallots in Brittany, damage caused by the first generation is not very great.

Amongst vegetatively propagated *Allium*, bulbous leeks will be the most seriously damaged, either by the last generation in autumn, when planted during September, or by the first generation in spring, just before bulb enlargement.

The Onion maggot, *Delia antiqua* Meigen.

This insect belongs to the Anthomyidae (Diptera). In spring, adults hatch from pupae overwintering in the soil. 10° C is the threshold for adult and larval activity. The optimum is between 15° and 25° C. Above 30° C egg-laying is inhibited. The 1st generation of Onion maggot occurs 10 or 15 days later than for Leek Moth.

The eggs are laid at the end of the day at the axil of the lowest leaves, or on the soil in the vicinity of the plant. The Onion maggot lesions do not remain dry, like those of Leek Moth. Soft rot occurs quickly, caused by pectinolytic bacteria associated with the larvae.

The *Allium cepa* cultivars are more attractive for *Delia antiqua* flies than other *Allium*. Damage is serious on seed-propagated onions, the seedling of which may be destroyed either by the last generation in autumn (Autumn sowings), or by the first in spring if spring-sown. The second generation causes damage on bulbs.

On Shallots, either planted in November (southern France), or in February-March (Loire valley, Brittany), damage on recently planted bulbs seldom occurs, except in plots placed in the vicinity of severely attacked onion fields. Insecticide seed-bulb dressing or insecticide application in the furrow is not necessary in all instances.

In southern France, damage can be caused by Onion maggots at the base of expanding shallot bulbs, when they cause soil cracking and allow access to the flies. An insecticide spray focused on the middle of the tufts will control this damage (parathion, diethion, chlorpyrifos, chlorfenvinfos, deltamethrine*).

Small maggots of *D.antiqua* may be found mixed with larger ones, corresponding to "bulb flies" (*Eumerus* spp.).

Alternative control measures will perhaps be used for *D.antiqua* control: male sterilization, repellents, or attractants on some lines only. Deep ploughing, burying the *Delia* pupae at a depth of more than 30 cm and, for the home garden, mixed crops with other strong-smelling plants may be useful too.

Other Diptera and Lepidoptera

In the Ardèche department (south-eastern France) classical or bulbous leeks are severely damaged by a leaf miner and stem borer larva throughout the winter. The damage at first sight looks "Leek moth-like". The yellow larvae may reach 1 cm long, and are without doubt maggots of Diptera. They can be found in the wild on *Allium polyanthum*. Garlic is only slightly attacked. Under these conditons, insecticide sprays must be applied during winter when it does not freese.

A fly attacking garlic under the same conditions has been described in Spain, *Suilia univittata*, which can be found on truffles too (*Tuber* spp.).

In central and southern Spain one or two moth species (*Dyspessa ullula*, and perhaps another species) damage garlic in storage. The larvae are found between the cloves, gnawing the tunics and the clove flesh, and producing silk threads. Fumigating the harvested crop with carbon tetrachloride, and disinfecting the storage rooms are recommended.

Agromyzidae leaf-miners (*Liriomyza* spp.) are found on *Allium* spp. leaves, both in Europe (*L.nietzkei* in eastern France) and under tropical conditions.

Brachycerus spp. (fig. 49)

These weevils are bulb invaders (*Allium* and other Liliaceae) and occur very often in Mediterranean climates. *B.algirus, B.undatus* and *B.albidentatus* have been described on *Allium* spp. These non-flying insects lay their eggs in spring at the axil of lower leaves or near the bulb in the soil. The larva migrates into the bulbs, making a hole where it becomes a nymph. The adult insect leaves the bulb, making a characteristic exit-hole.

Major damage was observed over the last years in southern Ardèche. Adults may be caught in spring in yellow plates filled with water and placed at soil level, at the edge of the fields. After a mild winter, the first ones are observed at the end of March and after a hard winter on April 10th. Spraying with deltamethrine and parathion + mineral oil in alternance are recommended, at the same time as spraying for rust and Leek-moth.

---

* Most of *Delia antiqua* populations are resistant to chlorinated insecticides. Some of them are now becoming resistant to phosporic esters.

Thrips tabaci

This small sucking insect, 1 mm long, proliferates at the axil of young *Allium* leaves, at rather high temperatures.

Leaves which were colonized when young appear as dirty-grey striated. Thrips may be killed with sprays applied with a great amount of water and phosphoric insecticides, focused into the leaf whorls. We must, however, remember cases of proliferation in spite of, or even because of too frequent use of insecticides which have occurred with other *Thrips* species. e.g. *T.palmi* on eggplant and cucurbits in FWI: a complete halt to insecticide use was necessary to improve the situation in this instance. A similar proliferation seems to have occurred with *Thrips tabaci* on Onions in France during summer 1989.

In France the damage on Garlic and Shallots occurs only close to the harvest, one spray only may be recommended, and more for an aesthetic point of view than for real usefulness.

Under tropical conditions the Thrips can proliferate during the whole vegetative cycle, especially during dry seasons.

The tropical shallots we have observed seem to be more tolerant to thrips damage than tropical Onion cultivars.

"West Indian chives", whether they be *cepa* or *fistulosum* are even more tolerant.

Mites

Aceria tulipae was mentioned page 18. *Rhizoglyphus echinatus* appears mostly as a secondary invader of bulbs rotting from other causes.

A red spider mite, *Petrobia latens*, is described in Spain as a serious pest of Garlic leaves, especially under hot weather conditions and when its natural enemies are destroyed, e.g. by the use of too much insecticide.

The first mites of this species can be seen in March in Central Spain.

8. Viruses

The virus situation is rather simple for seed-propagated Onions and Leeks: each species is susceptible to a specific **potyvirus**. It will be more complicated for vegetatively propagated *Allium*, in which the aggressive potyvirus may be escorted by **latent viruses** belonging to the "poty" or the "carla" groups. We know, however that "potylike" viruses may be transmitted by mites (e.g. *Aceria tulipae*). Aphid pullulations do not occur on *Allium* spp. in the field. They can be however contaminated by aphid-transmitted viruses, on the occasion of probe-stings of winged aphids belonging to a number of species.

Onion yellow dwarf virus (OYDV)

This aphid-transmitted potyvirus causes an irregular striated mottle on *Allium cepa* leaves. Heavily infected leaves present hollow blisters and become irregularly decumbent ("spider's legs" symptom).

OYDV induces severe symptoms on Jersey shallots. "Garlic mosaic" is considered by French virologists as an OYDV strain.

Leek yellow stripe virus (LYSV)

Leeks are not susceptible to OYDV, but show severe striate mosaic symptoms with another potyvirus, LYSV (which, reciprocally, does not infect Onion).

This virus cannot probably, amongst *Allium* spp. described in this book, invade other plants than bulbous leeks. Its role however ought to be investigated in relation with *A.polyanthum* and *A.ampeloprasum* degenerescence when grown in collections close to other *Allium* spp.

Viruses on shallots

OYDV is very noxious for Jersey shallots, with often a cyclic evolution of symptoms following the vegetative generations: alternance of striate mosaic only, and "spider's legs" symptoms.

Furthermore, electron microscope examination of European shallots shows the presence of "**Shallot latent virus**" (SLV, described by BOS, a carlavirus).

Immunoelectromicroscopy has shown the presence of poty-like particles different from OYDV, provisionally called "SLX". SLV or SLX alone, or SLV + SLX do not cause any yield losses. On the contrary, losses caused by OYDV can reach 50 %.

"Tolerant" clones of Jersey shallots were looked for in France (e.g. the long "Jersud", the half-long "DLGK 3"). Seed bulb production was complicated by cyclic symptom variation according to the generation. The yield of these clones did not exceed **25** t/ha.

OYDV-free clones from meristem cultures, such as **"Jermor"** (from "Jersud") or **"Mikor"** (from "DLGK 3") are now multiplied under official control, their yield can reach 40 t/ha.

Grey shallot seems to be OYDV-immune. The clone **"Griselle"** is multiplied in southern France under official control. Some weakly striated families are sometimes discarded, the virological explanation of this symptom is unknown.

Viruses on garlic (photos 17 et 18)

They began to be studied in France in 1960 at the Plant Pathology station of Montfavet (near Avignon). A chronological description will facilitate understanding them.

1960-70. In the population "Blanc de la Drôme", a mixture of uniform-green and yellow striated plants was observed.

This symptom seemed to be more epidemic in the "Vaucluse" and the "Bouches-du-Rhône" than in the more northern "Drôme" department, where the southern growers bought their mother bulbs.

Growers in the Drôme, in order to preserve their beautiful cultivar used only the larger cloves for seed: an efficient control measure, since clove weight means of "healthy" and "diseased plants" are separated by more than a standard deviation.

A uniform green population was constituted by mass selection, and the transmissibility of the striate mosaic by mechanical inoculation demonstrated.

A clonal selection amongst 100 families from the uniform-green population led to the choice of "Thermidrôme" and "Messidrome".

In 1962, observations in other French garlic production areas (south-western and central France) demonstrated a very different situation: 100 % plants with weaker striate mosaic symptoms than those of diseased "Blanc de la Drôme" (e.g. "Violet de Cadours" population or "Fructidor" clone bred at INRA-Clermont-Ferrand).

These cultivars were presumed to be tolerant. The clone "VC6" extracted from "Violet de Cadours" gave a yield close to this of healthy "Messidrome" or "Thermidrôme".

1970-1980. High-level virologists (J. MARROU, J.B. QUIOT) began to study garlic viruses. MARROU demonstrated aphid transmission of "garlic mosaic".

In order to verify the "tolerance" of weak-symptom cultivars meristem culture was carried out by J.P. LEROUX in 1968-70, successively by two different methods:
- from bulbil primordia inside the spathe of bolting cultivars;
- with more difficulty from meristems inside the cloves.

A "virus-free" VC6 was obtained and distributed under the name of "Germidour". Table 20 and figure 50 give an idea of its virus tolerance. The same method applied to "Fructidor" produced "Printanor".

On the contrary the acquisition of an electron microscope at INRA-Montfavet generated troublesome questions: both the "healthy" as well as the "diseased" plants of "Thermidrôme", "Messidrome" and "Germidour" harboured poty- and carlavirus particles...! But the practical certified seed production was not given up.

Seed lot control was conducted by field inspection followed by "preculture". However the results of this sampling method, even with early dormancy elimination by low temperature and plantation in the greenhouse were not obtained before commercialization of the seed lots for cultivars planted in autumn.

1980-90. Virological methods made great progress in the hands of H. LOT and B. DELECOLE. The use of a specific OYDV serum (at the beginning given by BOS) and of immunoelectromicroscopy showed that "healthy" garlic harbours 2 latent viruses: a carlavirus (different from SLV) and a poty-like virus (different from OYDV).

"Diseased" garlic harbours 3 kinds of virus particles: the two latent viruses plus an OYDV strain accounting for symptoms.

Meristem culture was applied to new garlic types, such as the early "Tachkent M", which became "Sprint", and more recently to bolting cultivars (group I) from France and Spain.

An E LISA serological test was proposed for OYDV detection in garlic samples.
Of course, similar work is carried out in USA, Canada, Japan, Italy etc., but no other country except France has elaborated an official system including all the steps from laboratory virological work to the production of thousands of tons of certified seed.

Issues needing to be clarified. Is this triumphal statement on garlic viruses absolutely definitive? We must recognize that our knowledge of the situation is not completely satisfactory concerning some details.

- Is garlic invaded by the same 3 viruses in every part of the world? In New Zealand M OHAMED & Y OUNG call their garlic virus "Garlic yellow streak" (GYSV), although it is serologically related with OYDV.

In our garlic cultivar collection in Montpellier we have seen strong mosaic symptoms on some "VC6" plants. This symptom is mechanically transmissible to "normal" plants of this clone which harbours OYDV plus the two latent viruses. A fourth virus of unknown origin may be supposed to circulate in this worldwide collection.

- Growers and inspectors in charge or roguing OYDV infected plants in seed-producing fields of "Thermidrôme" and "Messidrome" often hesitate on "weak symptoms" on some plants. Could it be an expression of one of the 2 latent viruses under stress or quick growth conditions in these very susceptible cultivars?
- Meristem culture produces either plants without any virus, or plants without OYDV but with latent viruses.

Would it be useful to preserve the regenerated clones completely virus-free? The certification scheme would become very difficult, since field roguing would not be possible. No experiment could demonstrate any noxious effect from latent viruses.

Interactions between garlic cultivars and OYDV strains. During the 60s, we tried to distinguish 2 "phylums" amongst garlic cultivars, following relations between dormancy and earliness: respectively groups [III-V], less dormant, and [I, II, VI], more dormant (chap. 4 et 8). By inoculation to "Blanc de la Drôme" we obtained 100 % transmission and strong symptoms with cultivars from the [III-V] phylum, lower percentages of success and weaker symptoms from the cultivars of the second phylum [I, II, VI].

This situation was not caused by the presence of a virus transmission inhibitor in the sap of the cultivars of the [I, II, VI] phylum, since in 1990 we have easily inoculated "Printanor" (OYDV-free clone from group II) with sap from "Fructidor" (group II) and "Ibérose" (group III).

Inoculations made in 1991 on "Thermidrôme" gave the same results as in 1962.

Two cultivars from the far-East ("Pekin" and "Shan hai wase") behave in the same way as cultivars from the [III-V] phylum, "Tachkent M" behaves in the same way as clones from phylum [I, II, VI]. The behaviour of *"Egypt 5"* and "Jamaica meristem", two clones which appear as recontaminated with weak symptoms after meristem culture is on the contrary the same as for phylum [I, II, VI], although they belong to group V: a clone can therefore be recontaminated by a strain not typical of its group.

The strain from recontaminated "Egypt 5" was used in comparison with a typical strain from "VC6" (group III) for inoculation to "Thermidrôme" and "Germidour" (OYDV-free clones-group III).

The results are summarized in table 21. An unusual cold period occurred at the end of April and the beginning of May 1991.

All the results of these experiments lead us to formulate a provisional hypothesis.

There might be differences for adaptation to high temperatures between OYDV strains: thermo-susceptible strains characteristic of garlic cultivars from continental or tropical highland climates (groups I, II, VI, and the clone from Tachkent), thermo-resistant strains characteristic of cultivars from milder climates (groups III, V). This hypothesis would need further verification.

Other viruses

Some viruses (on *Allium* spp.) belonging to other groups than poty- and carlaviruses have been described (e.g. Tomato black ring, a nepovirus, in the Netherlands).

Garlic stunt was recently observed in southern France on no more than 5 % of the plants. Leaf sheaths of the diseased plants are shortened, leaves become purplish. At harvest bulbs are either hollow, or with only 2 or 3 small cloves inside.

During the first generations of certified seed production, planted in small lines originating from one mother bulb, this disease affects whole families, suggesting a late contamination of the mother plant, during the previous year (H. VENDRAN, comm. pers.).

Ultra thin sections examined with the electron microscope have shown the presence of a **reovirus** (J. GIANOTTI, pers. comm.).

In the same area, Maize plants are attacked by *Maize rough dwarf*, a reovirus transmitted by *Laodelphax* spp.

We do not know if the same virus attacks both plants, or if 2 different viruses share a similar epidemiology.

9. Mycoplasmas

Mycoplasmas have been described in USA on Onion, causing abnormalities on umbels. Shallots could perhaps be infected in the same way.

On Garlic, KONVICKA (1978) has attributed flower sterility to the presence of mycoplasmas, and asserts he has restablished fertility and obtained true seeds with tetracycline sprays on plants.

KONVICKA probably conducted this experiment with garlic belonging to the varietal group IV (p. 30). The "unhealthy" appearance of plants in cultivars belonging to this group could justify looking for mycoplasmas, in order to verify if KONVICKA was right.

10. Non parasitic diseases

The most important is "**White tip necrosis**", often observed on cultivated *Allium* spp. (avoid confusion with *Botrytis squamosa:* multiple lesions, or *Phytophthora porri:* marginal lesions as well as terminal ones).

This disease becomes serious only if necrosis is more than 1 cm long. It is favoured by excessive soil salinity, alternance of drought and moisture, and related to nitrogen fertilization. On Garlic it can be suppressed by more than 300 kg N/ha, to the detriment of bulb storage, and the risk of favouring the "milk and coffee" disease.

In USA excess atmospheric **ozone** is considered as the main cause of the disease.

Amongst vegetatively propagated *Allium*, the "Ciboule vivace de la Drôme" and "Cive rouge antillaise" (p. 4) are the most susceptible to this symptom.

Blueing of garlic bulb occurs when still immature bulbs are dug out and exposed to bright sun. A "double chain" lay out of the plants on the soil (the leaves of some covering the bulbs of others) for drying in the field avoids this symptom.

Axillary leaves on garlic appear in spring when the need for low temperatures for axillary bud differentiation has been satisfied too early before the occurrence of thermo-photoperiodic conditions inducing clove enlargement (fig. 51).

This phenomenon is linked with the subsequent "roughness" of bulbs (see also chap. 4).

Chapter 7. Breeding Methods

1. Mass selection of the largest or most beautiful bulbs or cloves for planting does not effectively improve the traditional heterogeneous populations of garlic or shallots.

2. Clonal selection for yield

Starting clones from individual garlic bulbs or shallot bunches will make it possible to obtain homogeneous bulb samples which will be compared in order to keep the best ones.
But larger garlic cloves and larger shallot bulbs give higher yields than smaller ones.
During the first vegetative generations we must find a method for equitable comparison of the yield potential of clones with larger or smaller bulbs or cloves.
It will be possible if we know the relation between the weight of the planted bulb or clove "**p**" and the weight of the harvested shallot bunch or garlic bulb "**P**".

For Garlic this relation does not seem linear, but rather of the form:
$$P = k\sqrt{p}, \text{ or } P^2 = k^2 p \text{ (fig. 52)}$$
We can transform this relation into:
$$k^2 = \frac{P^2}{p} = P \times \frac{P}{p} = \text{actual yield} \times \text{rate or multiplication}$$
This "k^2" coefficient therefore takes into account the 2 most interesting criteria for the grower, and can be used as a breeding index (table 23).

For shallots the situation is more complex: planting a large bulb leads to the harvest of a number of small ones planting a small bulb leads to the harvest a few large ones.
For "half long Jersey" shallots planted in the spring, and also for tropical "Guadeloupe" shallots, we can conclude that:
- the relation between the number "**n**" of buds inside a mother-bulb and its weight "**p**" is of the form:
$$n = k_1 \sqrt{p}$$
- the relation between the harvested weight "**P**" and the number of buds (and later of false stems, then of harvested bulbs) per area unit is of the form:
$$P = k_2 \sqrt[3]{N}$$

(table 24 and fig. 53 and 54).
On the contrary, with grey shallots planted in November we have observed that:
- the number of buds/bulb is directly proportional to bulb weight
- yield is proportional to the square root of the number of buds/area unit.

Contrary to Garlic, it is therefore difficult to propose a significant selection index when clones to be compared are not represented by mother bulbs of similar size, originating from the same plot. Clones which were considered as "superior" or "poor" may become equivalent when grown several years side by side (table 25).

3. Qualitative selection criteria

Clones will not be accepted or discarded solely in consideration of their yield potential, qualitative characters may be important too.

For Garlic, we must consider:
- **bulb shape:** smooth round bulbs without free external cloves must be looked for;
- **clove weight distribution:** even internal cloves can be used for planting if the standard deviation for clove weight is small;
- **a low proportion of double or multiple cloves;**
- **external colouring of the bulbs, and clove colouring:** it is a matter of consumer's preference: pure white, or strong purple or purplish red are usually preferred to intermediate colourings.

Some clones, especially in varietal group I, may be affected by **unstable colouring**. Planting the most coloured cloves, or subcloning do not allow a definitive fixation of this situation (fig. 55).

For shallots a number of qualitative criteria must be looked for:
- during plant growth: **regular germination**, erect leaves, no bolting, thin bulb-neck and **adaptation** to different soil types;
- at harvest: **absence of persistant roots, high division rate** (in order to avoid production of onion-sized bulbs, and the need for substantial weights of mother-bulbs/hectare), bulbs of an attractive long shape with **smooth, shiny, resistant tunics, homogeneous colouring,**

quite distinct from Onion bulbs, a **pinkish white or purplish pink coloured flesh** and a **good aromatic quality**;
- during storage: no early swelling of the root primodia, no sprouting, low weight losses, permanence of bulb firmness, and tunic quality, aptitude to withstand hot-water treatment.

Improving all these characters by clonal selection is not easy, since Jersey shallots do not offer enough variability. The best clones which are grown today (e.g. **Mikor, Jermor**) probably owe their superiority to OYDV elimination.

4. Regeneration by meristem culture

Meristem culture is usually considered as a "conservative" method of *in vitro* plant growing.

It appears that, for garlic or shallots, all the "mericlones" originating from different meristems taken from the same clone are not exactly similar, either qualitatively: e.g. appearance of "emerald green" (glossy leaves) mericlones from "Tachkent M" or quantitatively: significant yield differences between mericlones from "Fructidor".

When recontaminated by OYDV, some regenerated clones become similar to the original ones again (e.g. recontaminated "Germidour" compared with "VC6"), but others keep a superior yield compared with the original clone probably a consequence of the choice of the best mericlone (tables 26 and 27 for "Printanor" compared to "Fructidor").

5. New clones from true seeds

For Garlic we do not know if this orientation will be useful.

T. Eтoн's fertile clones from central Asia do not correspond to western consumer's preferences, but perhaps a large variability will appear in their progeny.

For Shallots an important programme was undertaken at INRA-Landernau.

Seeds are easily obtained from half-long Jersey shallots planted in autumn and, on the contrary, with much more difficulty from long Jersey ones. Different kinds of seeds may be distinguished:
- **seeds from open pollination;**
- a mixture of seeds from **autopollination** and **controlled cross**, when 2 umbels are put together into the same bag;
- seeds from **autopollination:** individually bagged umbels, or seed harvest from a clone in an isolated plot;
- **controlled crosses** carried out by hand, which give only a few seeds, or carried out by the use of male-sterility, which may however be unstable under temperate conditions.

Seeds are first kept at low temperature, then sown (between November and March). High percentages of alfino seedlings are sometimes observed from autopollinations. Bulbs are harvested in August, and planted early (November to January) in order to estimate their bolting propensity. Tufts from these bulbs are observed several times during vegetation, and may be eliminated if they show the following drawbacks:

Weak, unhealthy tufts – yellow leaves – decumbent leaves – coarse Onion-like leaves – susceptibility to white tip necrosis – *Botrytis* – bolting – thick necks – late maturing – low division rate.

At harvest, bunches producing misshapen bulbs are eliminated. Table 28 indicates the elimination percentage in a progeny of 2 500 seedlings from half-long Jersey shallots.

During the following vegetative generations, the selection criteria described above are applied, with the addition of dry matter content and taste. Comparative trials on yield may begin when 50 bulbs of comparable size are obtained. Multilocal experiments with the cooperation of growers' associations may begin from the fourth year onwards.

Table 29 shows the rate of elimination of inferior clones in the 2 500 seedling progeny mentioned above.

This breeding scheme may seem simple, but its realization is not easy: numerous observations in the field, counting out, weighing and observing one by one a number of bulbs, plurilocal experimentation during the late generations, necessity of keeping the best clones OYDV-free either in isolated plots or under screenhouse.

A **second selection cycle** must be planned, since very few clones from the first cycle are excellent for all the selection criteria. The best clones for each character will be intercrossed, and their progeny evaluated in order to identify the best progenitors, which will be intercrossed to produce seeds for this second cycle.

Of course the efficiency of breeding for non-bolting may be a hindrance for carrying out this programme! A better control of bolting or non bolting must be obtained.

Tropical shallots have been tried as progenitors, but progenies of crosses with Jersey shallots exhibit a number of unfavourable characters: excessive bolting, low dormancy, misshapen bulbs.

Recent observation of bolting **Grey shallots** raises the hope of hybridization with Jersey shallots, and the combination of the agronomic qualities of the later, and the interesting characters of grey shallot: dry matter content, aromatic quality, and OYDV immunity.

6. Is it possible to conceive systems of multiplication alternating seed and vegetative propagations?

Such systems seem possible for shallots. For Garlic the work of bulbil excision from umbels does not seem compatible with commercial seed production, even on a small scale (ETOH's ultimate objective remains however the practical seed propagation of Garlic).

For **temperate shallots** the recently demonstrated possibility of **gynogenesis** in *Allium cepa* led J. COHAT (1990-unpublished) to try this possibility on shallots. Some haploid plantlets were obtained, some of them from male-sterile plants.

When the diploidization of these plants is obtained, it will be possible to produce hybrid F_1 seeds from homozygous clones. Of course, since French legislation forbids selling bulbs grown for seeds under the name of "shallots", these F_1 seeds would be used as the starting point for several vegetative generations.

Several advantages could be obtained from this method: easier production of certified mother-bulbs, protection of the genetic material, possibility of diversification of the varietal array. Of course, the homozygous parent clones ought to be good multipliers, and the management of their bolting fully controlled, since the F_1 cultivars ought to be non-bolting under normal growing conditions.

The breeding criteria described page 25 would be the same for these F_1 hybrids cultivars.

Is it possible to conceive less sophisticated breeding schemes?

For **tropical shallots** we have undertaken the following programme.

We first introduced Onion male-sterility into tropical shallots, by backcrossing, in order to obtain male-sterile clones.

Our objective is to produce F_1 hybrid seeds from crosses between sterile and fertile clones, with the hope of obtaining a progeny with hybrid vigour and relative homogeneity (a similar system is used for Asparagus).

Bulbs from these seeds could afterwards be used to begin several generations of vegetative propagation.

7. Interspecific crosses

We have made some allusions above to **cepa x fistulosum** hybrids and to the possible use of triploïd (*cepa* x *fistulosum*) x *cepa* shallots.

But introgression of useful characters of *A.fistulosum* into *A.cepa* by successive backcrosses is not easy work.

Other species less related to *A.cepa* at first sight may give better results, e.g. **A.roylei** (sectio *Rhizirideum*). This species was recently crossed with *A.cepa*, and the F_1 hybrid backcrossed, with the hope of transferring to *A.cepa* immunity to downy mildew, and high level resistance to Onion blast (De VRIES *et al.*, 1991). This result would suggest, of course, making a similar cross with Shallot.

Still more astonishing is the success of **garlic x onion** hybridization by OSHUMI *et al.* (1991). Onion stigmata were pollinated with garlic pollen from ETOH's fertile clones, and the embryos obtained saved by *in vitro* culture.

The aim, and the result of this operation is to obtain a new species producing both the "propenyl" and the "allyl" flavours.

We must therefore consider that even the most improbable crosses, between different sections or subgenera deserve to be tried.

8. Biotechnologies

Especially for Garlic, when clonal selection and regeneration from meristem culture will have given superior clones within each varietal group (probably in 1995), the search for further improvement will be difficult using the traditional means of genetics, since only a small number of the existing cultivars will be able to produce seeds by hybridization.

Induced mutagenesis by irradiation seems difficult too, at first sight, since very weak doses of gamma rays induce definitive dormancy into irradiated cloves.

One of us, however, has tried to obtain mutations by this way, at doses from 5 to 17.5 greys, applied in one hour, in February, on cloves of the "Fructidor" clone.

Amongst the progeny of the bulbs irradiated with the lowest dose, following elimination during 6 vegetative generations of the worst families, 7 clones have been obtained which seem morphologically different from "Fructidor", and 3 of them are better yielders than the original clone (table 30).

This work would deserve to be done again with OYDV-free clones, and perhaps with the use of higher irradiation levels, applied over a much longer time, with lower intensity.

Injection of **chemical mutagens** into the spathes of bolting garlic cultivars would allow direct contact with bulbil primordia. **Colchicin** could be used in the same way with the hope of increasing bulb size by polyploidy. We have injected 0.2 % colchicin solutions without phytotoxicity, but unfortunately we could not study the progeny from this operation.

Induction of variability by **callogenesis** followed by **somatic embryogenesis** (REICHERT, 1988) could perhaps lead to "somaclonal" variants.

If a possibility of **gene transfer** is looked for in the future, we must remember that:

- Onion is the first plant from which protoplasts were obtained, by putting leaf sections in contact with a water drop;
- promising swellings on onion bulbs were obtained by DOMMISE *et al.* (1990) by injection of *Agrobacterium tumefaciens*.

Chapter 8. Garlic: Cultivars, Agronomy

Introduction

Garlic is grown under temperate, Mediterranean, subtropical and even tropical countries (table 31).

Total world production is about 2614000 t. It is 9.75 times less than the world's Onion production. But this ratio must be corrected if we consider the price ratio (garlic is usually 3 or 4 times more expensive than Onion), and the dry matter ratio, which leads to an 1/2.79 proportion for Garlic versus Onion.

1. Varietal groups in garlic

We shall describe with more detail the garlic cultivars grown in the most important producing countries of Europe, Africa, America - without forgetting that 3/5 of the world crop are harvested in Asia.

Cultivar group I (photo 19)

This group corresponds to the "type cultivar" description given in chapter 3. It constitutes the greater part of the 230000 t produced in **Spain**, under the general name of "Morado". Similar cultivars can be found in other countries:
- in **France**, with the "Rose de Lautrec" grown on 600 ha;
- in the peninsular part of **Italy**;
- in **Croatia** (e.g. a clone from Pag island);
- in **Northern Africa** (e.g. a clone from Kabylia, the earliest in the group) - but perhaps we could place in the same varietal group a cultivar grown in **Senegal** and **Niger**, which in France produces plenty of axillary leaves, and split bulbs (fig. 56).

Of course, "Morado" types were introduced in **Argentina** and **Chile**.

The first garlic meristem cultures grown in France (1967) were from clones of this group, owing to the ease of starting from bulbil primordia inside the spathe.

But at that time the French garlic seed bulb producing cooperatives were not attracted by this varietal group, the regenerated clones were either lost or recontaminated in collection (e.g. **"Ibérose"** from Spanish garlic).

A new regeneration programme was initiated in 1985 (INRA-UCCS Top semences cooperation), from Lautrec, Spanish, Italian and Kabylian clones. The best ones will probably be distributed in 1995.

Cultivar group II (photo 20)

These garlic cultivars share with group I excellent storage and strong taste, but they lack scapes. Their cloves are differentiated at the axil of the 3, 4 or 5 last leaves, and are more difficult to peel off. External bulb tunics are white, the cloves more or less intense pink coloured, but never purplish-red.

We can include in this group:
- most of the garlic populations grown in **northern Italy**, e.g. **"Bianco piacentino"**. Italian consumers prefer white cloves, and, probably under the influence of mass selection, the cloves of "Bianco piacentino" are the whitest in the group;
- in **France** we find populations of this type in the "Pas-de-Calais" department (**"Ail du Nord"**, the latest maturing in the group), in Auvergne, interior Provence and Corsica;
- in **Spain** a population of this group is grown at Chinchon near Madrid;
- in **Argentina**, owing to the large Italian immigration the "Bianco piacentino" was introduced;
- in **USA** the **"California late"** clone bred by MANN belongs to this group, as well as "Malborough white" in **New Zealand**.

Some clones extracted from this group have been regenerated in France by meristem culture, and are multiplied under official control.

We can point out in 1990:

"Printanor" (INRA) originating from **"Fructidor"**, a clone extracted at INRA-Clermont-Ferrand from a population gathered in Corsica;

"Moulinor" (INRA) and **"Cristo"** (UCCS-Top semences), originating from provençal populations.

We hope that for the following years there will be a regeneration of one or two clones from "Ail du Nord", and of the Italian clone "Rovigo 24".

When scapes are (exceptionally) produced by plants of group II, the inflorescence bulbils are a little larger than those produced by group I.

Varietal group III (photos 21 and 22)

We find in this group the largest garlic bulbs. These cultivars have a less intense dormancy than those of groups I and II, thicker false stems and wider leaves. The scapes are absent (or very seldom produced, with at their apex two or three hazelnut-sized bulbils and very few flowers). The large cloves are produced at the axils of the 3, 4 or 5 last leaves.

In **France** 4 traditional populations belonging to this group may be distinguished:
- The "**Bretagne-Vendée**" population, the less dormant and the earliest in the group, whose plants produce regularly axillary leaves and rough bulbs.
- The "**Blanc de Lomagne**" (Tarn-et-Garonne, SW France), with light purple cloves, either 10 to 12 per bulb, or only 5 to 7 very large cloves in dyssymetric bulbs.
- The "**Violet de Cadours**", also from Tarn-et-Garonne, with purple bulbs and cloves, very wide decumbent leaves.
- The "**Blanc de la Drôme**", grown in south-eastern France, with white bulbs and ivory or light purple cloves.

It is only in this population which is very susceptible to OYDV that OYDV-free plants could be found in 1961-62.

This situation was probably linked with extreme virus susceptibility (yield reduced by more than 50 %), since mass selection of large seed-cloves by careful farmers of the Drôme department was an effective control measure.

In **Italy** during the sixties an equivalent of the virus-diseased Blanc de la Drôme was grown.

In **southern Spain** lowlands early populations of this group are grown, either equivalent to the "Bretagne-Vendée" population, even earlier and less misshapen ("Blanco de Ronda").

From **Romania** we received in 1965 a population equivalent to healthy "Blanc de la Drôme".

The American "**California early**" sent in 1962 by MANN was equivalent to OYDV-infected "Blanc de la Drôme".

In 1990 three OYDV-free clones belonging to group III were multiplied under official control:

Thermidrôme (pale purple cloves) and **Messidrome** (ivory cloves) isolated amongst the OYDV-free plants of "Blanc de la Drôme". Thermidrôme gives perhaps slightly lower yields, but is more frost-resistant in the field.

Germidour, regenerated from "VC6", a very good clone extracted from "Violet de Cadours". "VC6" gives yields close to healthy "Thermidrôme" and "Messidrome", Germidour is the highest yielding garlic clone we know today.

Two clones extracted from "Blanc de Lomagne" have been regenerated and will soon be registered. The storage-life of the large bulbs from this group is shorter than for groups I and II. The predominance of group III in French garlic production leads to importing garlic from foreign countries (southern hemisphere, or tropical countries) from April to July.

Relative importance of groups I, II and III for European garlic production (fig. 57).

A varietal type from north-eastern Europe (group IV)

From Romania, Czechoslovakia, and northern France (probably from Poland) we received garlic samples of the same original varietal type: plants producing a scape with pea-sized inflorescence bulbils (less numerous than for group I). The false stem is short, the leaves stiff and almost horizontal. Purple-buff cloves have the same outlay as in group I, at the axil of the 2 last leaves.

Cloves have a curious taste (between "raw" and "cooked), and are extremely susceptible to *Aceria tulipae*.

We suppose that it is from plants belonging to this group that KONVICKA obtained fertile pollen and (?) seeds after spraying the plants with tetracycline. The presence of mycoplasmas could explain the "unhealthy" appearence of plants from this 4th varietal group.

Subtropical cultivars from Africa and America (groups V and VI)

These cultivars collected from 12 subtropical countries of Africa and America are the only ones able to enlarge their bulbs under latitudes lower than 30°, and climates where "winter" nights are not cooler than 15°. When grown in southern France, they have too short a vegetation period between winter and early ripening and, their bulbs cannot reach a large size. They can be roughly divided into 2 groups.

Cultivar group V (photos 23 and 24). The garlic in this group are those which have:
- the least intense dormancy
- the lowest cold requirement for axillary bud initiation.

Other characteristics are long narrow leaves, long false stems, scapes with a very long spathe, bearing 2 to 5 bulbils at their apex, and very numerous cloves regularly differentiated at the axils of the last 3 leaves. We may classify in this group:
- **south-Mediterranean cultivars**, grown in Egypt, Lebanon and up to Majorca, with (in Montpellier) relatively large bulbs composed of 30-40 cloves. They need, when planted in Guadeloupe (FWI-17° N) one month's storage at 7°-10° C before planting to be able to enlarge their bulbs;
- **tropical cultivars**, which produce in Montpellier small bulbs (15-20 cloves), which may be found in Cuba, Haiti, Dominican Republic, Jamaica, Martinique, and in Africa (Guinea, Reunion Island).

A clone from Egypt and one from Jamaica were regenerated by meristem culture at INRA-Montfavet, but are now recontaminated by a weak strain of OYDV*.

These clones "Égypte 5" and "Jamaïque M" have given good results in several subtropical and tropical countries.

Cultivar group VI (photo 25). This group includes cultivars with a stronger dormancy for the same earliness as those of group V, wider decumbent leaves, less numerous and larger cloves. We have collected such populations from Mexico, Peru, Cuba, Reunion, Island and Egypt, where bulbs of types V and VI are mixed in commercial samples exported to France.

Regeneration by meristem culture is in progress for clones from Peru and Reunion Island at INRA-Montfavet.

In tropical areas, group V is better adapted to lowlands, group VI to highland areas.

Cultivars from the "center of origin"

T. ETOH (and a number of authors before him) places the center of origin in Central Asia (fig. 58). We may suppose that he bought preferably bulbs with scapes in the markets. We were fortunate to receive from him the fertile clones he found.

Independently, our colleague R. MARIE brought back to France from Tachkent a clove gathered from the soil of the Tachkent market (he was not allowed to buy bulbs).

This clove was at the origin of the clone "Tachkent M", now regenerated under the name of "Sprint" (INRA-UCCS Top semences).

"**Sprint**" produces large flat bulbs, with large cloves at the axil of the 2 last leaves. Bulbs and cloves are purplish. A proportion of the plants (higher or lower depending on the year) produce scapes. Inflorescence bulbils are pea-sized (photo 26).

Although 5 days later than the original clone, "Sprint" remains the earliest cultivar multiplied under control in France. It will be of interest for growers in southern France who produce immature early garlic during May-June. Sprint has a low dormancy and does not store very well.

ETOH's **fertile clones** are later and more dormant. They have purplish cloves differentiated at the axil of the last 2 leaves and regularly produce scapes. They can be divided in 2 categories:
- clones from Tachkent, Samarkand, Dushambe and most of those from Frunze; with about 12 (e.g. 7 + 5) purple striated cloves, often stuck together, and inflorescence bulbils of the size of a barley kernel. The male-sterile "**200**" (from Frunze), with a very long spathe, may be included in this group, among which the most beautiful clone is "**211**";
- clones from Alma-Ata, and one from Frunze, with few large uniform purple cloves (e.g. 4 + 3), and fewer pea-sized inflorescence bulbils. The most beautiful clone in this category is "**204**".

---

* OYDV-free clones from a new meristem-culture will soon be released.

Far-eastern cultivars

The Far East, on the other side of the center of origin, produces more garlic than the western world, where we have described above 6 varietal groups.

Although we have received a collection including Japanese and subtropical cultivars from T. Etoh, and obtained 2 samples directly from Pekin and Taiwan, we shall not venture to delimit groups inside this huge cultivar complex, which are probably heterogeneous in the same way as the cultivars grown in the Western hemisphere.

Japanese cultivars sent by T. Etoh were presented as "bolting" or "non bolting". In southern France both categories have produced scapes. Clones of the first category have some similarity with those of European varietal group I, but probably it is only a convergence. Clones of the second category are more similar to those of European group III, and our introduction from Pekin too.

But the frequent bolting of these clones in southern France does not allow their assimilation to group III.

Etoh's subtropical cultivars and our accession from Taiwan seem to be closer to group VI described above than to group V.

Isolated or aberrant cultivars

We received from **Gela** (south eastern coast of Sicily) a cultivar whose morphological characters and physiology (dormancy, earliness) seem to be intermediate between those of groups III and V described above.

From the Botanical garden of Strasbourg (Prof. J. Dietrich) we received an "**ophioscorodon**" garlic which, amongst the cultivars we have observed, shows the strongest propensity for scape production, not only from the terminal bud, but from the axillary ones too. Umbels are very large, with an enormous number of flowers and small elongated bulbils, with some miniature secondary scapes.

The bulb is composed of very elongated cloves, and misshapen by axillary scapes. The initial geographic origin of this cultivar is unknown.

2. Garlic agronomy

(with principal reference to southern France. In the French text, extracts are given of Olivier de Serres's "Théâtre de l'Agriculture" - 1600 - concerning garlic agronomy).

Preparation of cloves for planting

Hand-separated cloves should be planted within less than 10 days for group III cultivars and less than 1 month for groups I and II. Semi-mechanization of clove separation is possible. It is useful to plant larger and smaller cloves separately, the smaller ones for planted closer together.

Other types of "seed"

It takes 3 vegetative generations to obtain normal bulbs from barley-kernel-sized inflorescence bulbils, only 2 from pea-sized ones.

Large "round" cloves may be interesting for people who want to produce large bulbs. They can be obtained from:
- planting pea-sized inflorescence bulbils, from group IV cultivars, or Etoh's clones such as "204";
- planting of whole bulbs of group III cultivars, on March 1st, or of "Sprint" in February, after storage in an unheated room.

Soils and fertilization

Presence of silt, clay, and calcium characterizes good soils for garlic, and absence of stones larger than 5 cm.

Low calcium acid soils, especially tropical soils with Al and Mn toxicities are unfavourable. Garlic can however be grown in such soils with addition of 100 g/m ground limestone in the planting furrow.

Is organic manure useful for garlic? The difference of opinions on this question may be related to NH$_3$ toxicity for *Allium* roots. Organic amendments will be tolerated and useful if they do not give off volatile NH$_3$.

Mineral fertilization for garlic may be calculated from the mineral content of bulbs and leaves (table 33).

The best previous crop for garlic is perhaps wheat. Other crops are favourable too, unless they are hosts for *Allium* strain of *Ditylenchus*, or *Sclerotium cepivorum* (chap. 6). Maize may increase inoculum of *Pyrenochaeta terrestris* (not very aggressive in France) and leave atrazine residues.

Planting

The planting date must be:

- early enough to satisfy the "low temperature need" for axillary bud (future cloves) initiation;
- but not too early, in order to avoid the appearance of axillary leaves (and "rough" bulbs).

In southern France group III cultivars will be planted during November, avoiding previous exposure of mother bulbs to low temperatures.

Group I cultivars will be planted during December or January.

Group II cultivars, in order to avoid "rough bulb" production will not be planted earlier than February in southern France, and March in the central or northern parts of the country.

Closer spacing increases yield but decreases bulb size (fig. 59). The same weight of "seed" planted on one ha will give higher yield if cloves are smaller. Intervals between lines can be decreased to 40 cm without decreasing yield for one m. of line.

Traditional plantations, with hand or mechanized cultivation were planted as equidistant lines at 70-80 cm intervals.

Chemical weedkillers today enable more complicated schemes: 2 or 3 lines at 40 cm intervals, with larger intervals of 70 or 80 cm between.

Spacing along the line will be determined by clove size: 15 cm for 10 g cloves, 8 cm for 2 g cloves.

Planting mechanization, with the disadvantage of not placing all the cloves apex up, is more and more frequent in France. Important yield losses (20 %) and misshapen bulbs occur only if cloves are planted apex down.

Cultural practices during vegetation

Irrigation needs for garlic have been studied for Provence and SW France. They can be evaluated at 60 % of potential evapotranspiration during March and April, 70 % during May and 40 % at the beginning of June (e.g. 51 mm for March, 57 for April, 115 for May and 40 for the 1st half of June). The difference between these figures and actual rainfall (minus 20 % for flowing water) will be compensated for by irrigation.

Chemical weedkillers are used more and more for garlic:
- preplanting applications of Trifluralin of Paraquat
- preemergence use of Butralin, Neburon + Nitrofen or Trifluralin
- during plant growth, use of Ioxynil and specific graminaceous weed killers (Alloxydin, Diclofop, Fluazifop) or of the propyzamide + diuron mixture.

Pesticides will be applied following indications given above (chap. 6). Four sprays beginning on March 15th, at 15 day intervals are generally used in southern France. Three sprays beginning on April 1st will be enough for garlic planted on March 1st.

Harvest

In France there are traditions of **immature garlic harvest**. In Bordeaux, leek-like garlic plants are harvested in March-April for omelettes.

Much more important is the harvest of immature bulbs during June in south-eastern France. The use of "Sprint" makes it possible to harvest 10 days earlier than with "Germidour", with more effective cultural artefacts such as growing the plants close to hedges, with plastic mulch, or under plastic tunnels.

Dry garlic *must be* harvested before all the leaves have dried, in order to avoid invasion of external bulb tunics by *Helminthosporium allii*. 2/3 dried leaves is recommended.

The harvest date may be determined more accurately by the refractometric examination of clove juice (25° BRIX, following L. ESPAGNACQ).

Digging up may be done by hand, or with a mechanical device operating under the bulbs. Complete harvest mechanization is being developed in France.

The bulb neck may be cut on the day of harvest without decreasing yield.

Storage

Drying the bulbs is a more delicate operation than for Onion of Shallots: internal sheaths and clove tunics must be dried inside the bulbs.

Whole plants tied into bunches or braids, hung under a roof, or neck-cut bulbs stored in crates (no more than 2 or 3 layers of bulbs) dry up slowly and correctly under temperatures of 20°-30° C.

But growers and cooperatives ask today for storage in larger volumes, e.g. 800 dm³ "palloxes".

Under these conditions, especially in SW France where the atmosphere is more humid, the bulb mass deteriorates inexorably with *Helminthosporium* invasion.

Drying with artificial ventilation is under study by engineers in professional organizations in SW France (table 34).

Storage conditions: see chapter 4 for explanation of the physiological mechanisms justifying two different ways of storage:

- **cold storage**, at temperatures close to 0° C, and even - 2° C if temperature regulation is excellent;
- **warm storage**, with an optimum close to 25° C and 80-90 % R.H., on condition that bulbs are *Aceria tulipae*-free.

Only these methods may allow to preserve large bulbs of group III cultivars till to May-June. Of course a larger part given to growing group I and II cultivars would be a better solution.

The isolated garlic producing area of Arleux in northern France (p. 29) has an original tradition of **smoked garlic**.

Braids made with bulbs are hung over burning peat or wood sawdust for 8-10 days, at temperatures no higher than 40° C.

Chapter 9. Shallots: Cultivars, Agronomy

Introduction

Shallot-producing countries

Shallot production in the world is less than that of Onion or Garlic. However Indonesia and Thailand are major producers for the tropical area, and France arrives in 3rd place in world production with 45000 t, followed in Europe by the Netherlands (2 500 t), Poland and Scandinavia.

How shallots were differentiated from a seed-propagated ancestor

Tropical shallot-producing countries are situated either very close to the equator (Indonesia) or in coastal or insular conditions, where temperatures $\leq 15°$ C necessary for flower induction in Onion do not occur regularly. Bulbs of "short day" onions planted again under these conditions do not bolt, but produce 3-4 new bulbs.

We can suppose that, from an heterogeneous onion population, moved closer to the Equator, individuals best adapted to produce a number of new bulbs were chosen as "shallots".

When "short day" onions and tropical shallots are hybridized, the 1st backcross of the F_1 by shallots gives true shallots. Backcross of the F_1 by Onion gives bulbs interiorly divided in 2 or 3.

Differentiation of temperate shallots took perhaps longer, including accumulation of sectorial somatic mutations.

Physiological features of "Jersey" shallots (optimum temperature for vegetative growth and bulbing dormancy) can lead us to imagine a Scandinavian origin. The "Bon jardinier" (1859) quotes Jersey shallot as a new cultivar "from the North". The origin of the "Grey Shallot" is even more mysterious.

Are temperate shallots of any interest compared with seed-propagated onion?

Shallot growing can be justified by:
- higher dry matter content in the bulb,
- aromatic qualities (table 35).

1. Shallots grown in France and other European countries

"**The grey shallot**" is grown in southern and eastern France. It differs from Onion and other shallots by its coriaceous external "shell" made of tunics stuck together, of a buff-grey colouring. The roots are thick, and persistent at harvest time. Other characters are coleoptile-like germination, light green leaves, high susceptibility to white rot, *Botrytis* spp. and downy mildew, OYDV immunity.

In the absence of bolting plants, its taxonomic status remained mysterious until 1988, when a grower in northern Drôme indicated to us some bolting tufts. The scapes and umbels are similar to those of *Allium oschaninii* (in HANELT's chapter I tome I - R. & B, 1990) (fig. 60).

This character makes the grey shallot closer to the wild species of Central Asia, in the *oschaninii* "alliance" than to *Allium cepa*, but the coriaceous external "shell" of the bulbs makes this cultivar even more isolated. We hope that botanists will find a name for the "Grey shallot" (why not "*Allium ascalonicum*"?).

The clone "Griselle" of this cultivar (INRA Montfavet) when grown in southern France and well protected against diseases can yield 35 t/ha: if we consider dry matter content and aromatic potential, it is esquivalent to 90 t of onions.

"**Jersey shallots**" are on the contrary true *A. cepa* var. *aggregatum*, with multiple thin skins. 4 types can be distinguished in France:

"**Half-long Jersey**" are grown in many home gardens, and on a large scale in Brittany. Bulbs are less than 2 times longer than wide. They do not bolt when planted in spring. They have thin roots and copper-red coloured tunics, purplish-pink flesh.

Clonal selection for vigorous growth and weak OYDV symptoms resulted in a few "tolerant" clones at INRA (Clermont-Ferrand and Versailles).

Similar work done in Switzerland resulted in the clone "**Milrac**".

Regeneration by meristem culture at INRA-Montfavet has produced some OYDV-free clones, amongst which "**Mikor**" (originating from "DLGK3") is multiplied under official control. This clone yields regularly more than 40 t/ha.

"**Long Jersey**" shallots are grown mainly in the Loire valley, from Orléans to Angers. More than 2 times longer than wide, they have copper-yellow tunics and pinkish flesh. Bolting seldom occurs, even when planted in autumn. The highest bolting percentage was observed in Maine-et-Loire following planting in December.

The "**Jersud**" clone chosen at INRA-Montfavet by J. MARROU for vigorous growth and OYDV tolerance became "**Jermor**" by meristem culture and is multiplied OYDV-free under official control.

"**Round Breton**" shallots were grown in the western part of Brittany. They differ from the preceding ones by their robust persistent roots, their spherical shape, and their strong propensity to bolting. The dry tunics of the bulbs are reddish. They are no longer commercially grown today.

"**The long bolting**" shallot is a minor cultivar sometimes grown in the Loire valley. It produces long yellow bulbs with a large proportion of scapes.

Dutch shallots are somewhat similar to "Round Breton" ones. The most often exported cultivars from the 2 500 t/year Dutch production are "**Hollandse gele**", a yellow irregularly spherical shallot with creamy white flesh, and a strong propensity to bolting. The very vigorous "**Roodbrwine Santé**" is a strong bolter too, and produces large irregularly spherical red-bulbs.

This cultivar is grown on a small scale in France (Finistère, Puy-de-Dôme), due to its high yield and good storage.

2. Louisiana shallots

According to their description by JONES & MANN, they seem to be very different from European ones. The white, weakly dormant bulbs are planted late September, and the tufts so obtained divided for transplantation in January. Most of the harvest is made as immature bulbs with green leaves.

Original cultivars are true *Allium cepa* but today people grow cultivars originating from a backcross (*A.fistulosum* x L.shallot) x L.shallot, or (*fistulosum* x shallot) amphidiploids reproduced only by bunch division.

In southern France, we have tried to grow some of these white shallots from Louisiana, sent by MANN in 1962. Unfortunately, they were decimated by the very cold winter 62-63, at Montfavet (southern France), and the survivors where badly attacked by *Colletotrichum circinans* (Onion smudge).

3. Tropical shallots

We have mentioned **Indonesia** as the first shallot producing country in the world (290000 t). The correspondants of CURRAH & PROCTOR (1990) enumerate a number of cultivars, amongst which "Ampenan" (ovoid purple bulbs) is grown on the largest scale, the most original one is "Sumenep", a non bolting cultivar producing elongated yellow bulbs.

On our side, we have collected shallots from **Guadeloupe, Haïti, Ivory Coast, Mali, Congo, Reunion** Island, **China** and **Indonesia.**

They can be classified into 2 categories:

Weakly dormant tropical shallots. The sample from Guadeloupe (16° N) may be chosen as type cultivar. When planted in FWI on April 1st, new bulbs are obtained 60 days later, and the plants do not bolt. Dormancy does not exceed 100 days, and a second planting must be done the same year. Planted on November 1st, new bulbs are obtained 100 days later and plants produce some scapes with small *cepa* like umbels. These West Indian shallots are globose and purplish.

African copper-yellow shallots (Ivory coast, Mali) or purplish ones from Congo or Indonesia are only slightly more dormant, and must be planted 2 times a year in the same way.

Moderately dormant tropical shallots: Haitian shallots may be chosen as the reference cultivar. They are traditionally planted on November 1st and harvested 100 to 120 days later. They are purple, triangular or polygonal in section and often double or triple. The plants regularly produce smaller scapes than the cultivar from Guadeloupe. The dormancy is just intense enough to reach the following November with often, however, important losses caused by *Aspergillus*.

A similar shallot population, but producing more beautiful bulbs, was received from Reunion Island (21° S, as opposed to Haiti 21° N).

The **Chinese shallots** we collected were not truly "tropical", since in Guadeloupe they were only able to produce bulbs when planted in March or April. When planted in October or November they only produced bunches which degenerated without producing bulbs.

Tropical shallot behaviour in southern France is not satisfying: they suffer from too much bolting, which is excellent for seed production, but not for bulb production.

Even if scape apexes are excised when they appear, the scapes continue to grow and expand, without any benefit for the bulbs.

Preservation of weakly dormant tropical shallots in France presupposes a 1st generation under greenhouse, with a 14 h photoperiod (November → January), then a second plantation on April 1st. Moderately dormant tropical shallots can be planted on November 1st in Montpellier, and harvested at the end of May.

Tropical shallots must be carefully protected from downy mildew (chap. 6), to which they are very susceptible.

4. Shallot agronomy

The shallot-growing methods we describe here are those applied in France, in the most important shallot producing areas (Finistère, Maine-et-Loire). They concern mostly Jersey shallots.

Origin of mother bulbs

Traditionally, the smallest bulbs, which were not sold for consumption were used as seeds. Originating from weak or virus-infected bunches, they were low-yielding. Better methods are used today:

- **roguing** 2 or 3 times the worst bunches during May-June involves a mass-selection;
- **mother bulb production plots** may be planted especially with bulbs originating from beautiful bunches preserved the previous year, either mixed or following clonal lines. Certified seed bulbs may be used too. This method can be useful in areas where recontamination by viruses or other diseases is slow;
- elsewhere **certified seed bulbs** will be used directly for bulb production.

Mother bulbs preparation

The best growers begin to prepare mother bulbs during September or October. They are dried and graded, avoiding hurting or wounding them.

Except for certified seed, most mother bulbs are today treated by hot-water therapy (2 hours at 44° C), which eliminates *Ditylenchus* and *Botrytis* infection. In order to avoid dissemination of *Penicillium* and *Fusarium*, formaldehyde or benomyl, or, better, carbendazim + prochloraz, are added to the bath.

After treatment, the bulbs must be quickly dried, with insufflation of heated air if necessary. Bulbs which are hot-water treated in February or March must wait 4 to 6 days before planting in order to avoid germination failures.

Storage of bulbs at higher temperatures (20°-25° C) a few weeks before planting accelerates their germination when planted and may increase yields.

Soil choice and preparation

Some kinds of soils are not suitable for shallot growing:

- heavy soils with risks of compaction or waterlogging: shallots are susceptible to root asphyxia;
- very acid soils with pH inferior to 5.5;
- and any soil previously planted with *Allium* spp. (5 year rotation).

Shallots prefer deep, loose, balanced soils, well drained but not quick-drying. Soil cultivation must make the soil superficially loose, and neither compacted nor hollow.

Most often, after ploughing during summer or autumn, soil is cultivated with a harrow or rotating harrow.

Fertilization

Minerals exported by a shallot crop may be estimated (kg/ha):

N	160
P_2O_5	30
K_2O	270
CaO	100
MgO	13

Most growers use as fertilizers 50 to 150 kgN (SO_4 $(NH_4)_2$ or NO_3NH_4), 70 to 100 kg P_2O_5 (triple superphosphate) and 200 to 300 kg K_2O (SO_4K_2) for 1 hectare. A soil analysis is useful. Manganese sulfate should be added in soils where Mn is blocked by excessive pH.

Plastic mulching prohibits soil fertilization during vegetation. Some growers apply a foliar fertilization. Fresh organic manure is not advised.

Plastic mulching

This method which was first applied for strawberry is used today for Shallot in Brittany and the Loire valley. The convex planting bed is covered with a black polyethylene film. It preserves a good soil structure, inhibits weed growth and soil lixiviation by the rains, and makes the soil warmer.

Most often the film used is opaque, 1.4 m wide, 35 microns thick. Other film qualities have been tried: transparent, black and white, brown. The brown one warms the soil more than the black one, and enhances earliness.

The film is mechanically unrolled, its edges put into the soil and perforated. Bulbs are planted as shown, in figure 62.

Planting date* (table 37)

The yield of a shallot crop depends mainly on the leaf-area at the beginning of bulb enlargement. This area will be larger for early plantings. However planting too early may bring about root asphyxia and damping off, and must also be avoided for easily bolting cultivars (e.g. half-long Jersey). Soil structure must be taken into consideration for plastic mulching, and planting may be postponed for one or 2 weeks.

Spacing and mother-bulb size (table 38)

Choosing a number of mother-bulbs/area unit must take into account their size, the potential yield of the plot, and the use of the bulbs which will be harvested (consumption or seed).

From an estimation of the potential yield, and from the size of the bulbs which are to harvest, their number/area unit can be estimated.

Knowing that corresponds to mother-bulbs of a given size (a predetermined division rate) (table 38 for "Mikor" and "Jermor"), the most appropriate spacing will be chosen.

Growers presently plant 10 to 30 mother bulbs/m², it corresponds to spacing on the line from 25 cm-4 rows to 10 cm/5 rows.

The high yields which are obtained today from OYDV-free clones make it necessary to plant large amounts of mother bulbs/area unit in order to avoid the harvest of bulbs which are too large.

Planting

The mother bulbs are pushed down slightly into the soil (1/3 to 1/2 of their height) in a vertical position. Trials of mechanized planting have not been conclusive.

Weed control

Although plastic mulch eliminates most of the weeds, some may grow from the holes, and in the paths between the beds.

Weed-killers may be used, such as butralin, metabenzthiazuron, chlorpropham, ioxynil and specific grass-killers. The paths can be sprayed with contact herbicides (diquat, paraquat).

Taking care of the crop during growth

Most disease problems can be attenuated by choosing a field without previous *Allium* crop for 5 years, and the use of disease-free mother bulbs.

Fungicide sprays will be used to control downy mildew and blast, with wide-spectrum fungicides thizam, mancozeb, propineb or more specific ones: iprodione, procymidione for *Botrytis*, cymoxanil or oxadyxil for downy mildew.

Excessive nitrogen fertilization must be avoided.

The most important shallot pests are *Ditylenchus dipsaci* (see chapter 6 for plot choice and hot-water therapy of mother bulbs), and the Onion maggot *Hylemia antiqua**, which may be controlled by applying a number of insecticides (bromophos-ethyl, chlorfenvinfos, chlorpyrifos) to soil. Leek moth is sometimes observed.

Harvest and storage

In France too, some shallots are harvested and sold when still green. When harvested for dry bulbs, one must wait for the stage when the leaves have fallen and 2/3 yellow. Bulb bunches are pulled up by hand, and left more often 5-8 days on the bed before they are gathered and transported to storage rooms.

More or less sophisticated storage methods are in practice, the most simple being natural drying in crates, chests or cribs under a well aerated shed. Other methods include forced ventilation, with more or less accurate temperature regulation of the insufflated air.

It must be remembered that 1 m³ of bulbs is equivalent to 450 kg. An air flow of 240 m³/h of air/m³ of bulbs (= 500 m³/ton of bulbs) is recommended, under a static pressure of about 30 mm (of water) for a height of 2 m of bulbs.

---

* This paragraph concerns the period from the end of February to the beginning of April in Brittany and Loire valley. In southern France, grey shallots are planted during November, and long Jersey shallots can be planted at the same time.

** In southern France, Onion maggot attacks occur mainly at the base of the new bulbs when they begin to expand. An insecticide spray, with an active ingredient lasting no more than 15 days is useful at this stage.

Different kinds of installations are used: bulb heaps aerated from the floor, "pallox" chests ventilated from their bottom, aerated silos.

Storage begins with a **drying phase** during which heated air is insufflated through the bulb mass in order to eliminate superficial humidity and to dry leaves and necks. The temperature of the heap is progressively increased until 35° C, during 2 to 3 days, this plase is considered to be achieved when the temperature difference between inlet and outlet is less than 1.5° C.

The following phase is a **heat therapy** in order to eliminate *Botrytis allii*. The bulb mass is kept at 35°-36° C for 4 days, with a R.H. superior to 70 % in order to avoid tunic peeling off.

The heap is then cooled by letting in cool and dry air from outside. This air must be cooler than the bulbs by more than 2° C, and less than 90 % RH humid. Quick temperature variation must be avoided. If insufflated air is warmer than the bulbs, there may be condensation.

For **refrigerated storage,** cool air from outside is insufflated first, then artificially cooled air to about 1° C. This temperature must be obtained before the buds begin to grow inside the bulb.

Root growth can be observed at temperatures as low as 2°-3° C when bulbs are not ventilated enough and R.H. high.

Good refrigerated storage makes it possible to preserve bulbs till to May-June.

Shallot marketing

A small part of the crop is sold as green plants or half-dry bulbs. Most shallots are sold dry. Bulbs taken from the silos are divided from the bunches, dry leaves cut off, and cleaned up-if, as in most instances, these operations had not been carried out before storage.

Then they are calibrated and sorted out, and bagged into various sized net-bags. They may be sold in bunches or braids of more than 10 bulbs.

Chapter 10. Certified Seed Production

(for the sake of simplification we shall use the word "seed" in the place of "mother bulbs" in this chapter).

Introduction

Certified Garlic seed production begain in France during the Sixties. Launching this operation was favoured by several factors:

- Agronomic experience at INRA-Clermont-Ferrand, where the interest of producing white rot and nematode-free seeds of a superior clone, "Fructidor" had been already demonstrated.
- The considerable yield difference between "healthy" and "virus diseased" plants in the "Blanc de la Drôme" population, demonstrated at INRA-Montfavet.
- The convergence of interest for improving seed quality in Garlic between **INRA** (see above), **CTIFL** (a professional organisation for fruit and vegetables) and **UCCS** (a seed producing cooperative union).

This convergence of good-will enabled in 1962 the beginning of the multiplication of a virus-free mass selection in "Blanc de la Drôme", the following year of a mixture of four superior clones and then of the best ones, "Thermidrôme" and "Messidrome". "Fructidor" multiplication by the same organisations was authorized by INRA-Clermont-Ferrand.

The success of this undertaking brought about the need for an official maintenance and certification scheme, in which two official authorities participated, **GNIS** (union of French seed producers) and **SOC** (official service for control and certification of seeds and plants).

This scheme involves:
- the choice of multiplication areas and seed-producing organisations;
- agronomic conditions at the plot level;
- a rigorous follow-up of the vegetative generations;
- checking and registration of seed lots.

1. Choice of seed-producing areas and seed-multiplying organisations

Especially for OYDV-free clones, various areas are more or less suitable for certified seed production. 300 m isolation is enough for garlic in the **Drôme, Ardèche, Puy-de-Dôme** and **Tarn-et-Garonne** departments, or for shallot in **Finistère**. On the contrary, in the Vaucluse and Bouches-du-Rhône, winged aphids fly too early and are too numerous.

Serious and experienced farmers' associations are needed in order to find multiplier-growers able to apply agronomic requirements necessary for certified seed production and ensure roguing operations.

Multiplying organisations have been mostly cooperative, rather than private companies. There were 18 in 1990, their representative entity is "**PROSEMAIL**" (association of garlic and shallot seed producers).

2. Agronomic conditions at the plot level

The "Reglement technique" (technical rules) lays down a number of conditions for seed-producing farmers: 5 year **rotation** and 300 m **isolation** excluding any other *Allium*, fungicide seed clove coating, pesticide sprays during growth, careful harvest, excluding wounds, at the proper maturity stage. The seed-producing farmer is in charge of **roguing** diseased, weak or abnormal plants.

3. Following and checking the vegetative generation

The multiplication process includes 6 generations for garlic, 5 for shallots whose rate of multiplication is higher.

- **Starting the multiplication:** cloves from 100 "F_0" bulbs are planted by groups of 7 or 8 originating from one bulb, and produce "F_1" bulbs, the cloves of which are planted in the same way in order to produce the "F_2" bulbs. Every family including one diseased plant is rogued completely. No tolerance for viruses or nematodes is accepted, this $F_0 \rightarrow F_2$ multiplication is carried out under the most rigorous conditions of isolation – and very often during these last years under screen houses. "F_0" bulbs are either furnished by the laboratory which has chosen or regenerated the clone, or taken again in the F_1.

- **Pre-foundation** seeds (F_3, F_4 for garlic, F_3 for shallots) and **foundation seeds** (F_5 for garlic, F_4 for shallots).

The F_2 bulbs are distributed to the seed-multiplying organisations, and multiplied under severe conditions of isolation and roguing (300 m isolation, less than 1 ‰ diseased plants).

- **Certified seeds** are the F_6 bulbs for garlic, F_5 ones for shallots. The isolation and roguing requirements are the same, with a tolerance of 1 % of diseased plants.

The F_3 to F_6 fields are inspected by technical engineers of the multiplying organisms, and data are transmitted to S.O.C., which also visits fields chosen at random.

Bulb samples are taken at harvest to check the absence of nematodes.

- *a posteriori* **control** is ensured by sampling 300 cloves on F_3, F_4, F_5 seed lots, and 100 cloves on certified seed lots. Observation of young plants growing under green house is carried out by INRA-GRISP at Montfavet.

4. Principal troubles

Year after year, *a posteriori* controls indicate more and more efficient suppression of soil problems (white rot, nematodes).

On the contrary, there are "bad years" for viruses, generally following mild and relatively dry winters, during which overwintering aphids are not sufficiently destroyed either by frost or by fungal diseases (*Entomophthora* spp.).

The most efficient isolation may become not efficient enough when winged aphids arrive too early and in too great quantities.

Growing F_1 and F_2 generations under screen houses (photos 30 et 31) enables a reestabishment of the sanitary situation for the following years. These hazards also stimulate the experimentation of methods for restricting *potyvirus* epidemics: insecticide sprays are not effective, since aphids have enough time to contaminate the plants before they die, but there is some hope for the use of
- covering the plants with cheap screens,
- spraying the plants with "stylet oils".

5. Possible use of *in vitro* multiplication

Several generations of accelerated *in vitro* multiplication would avoid the risks of disease contamination in the open field. Such methods are being developed at INRA-Versailles. Some physiological disorders such as distorted bulbs, or numerous axillary cloves, are possible when plantlets extracted from tubes are planted under screen houses. It will be better to obtain bulblet differentiation in the tubes, an objective whose realization seems possible.

6. Evolution of certified seed production

Must we come to a situation of 100 % plantation of certified seeds on fields for commercial bulb production? It would require 12-14 % of the total area occupied by certified seed-producing fields for Garlic, 10 % for Shallot.

In areas where virus recontamination percentage is high, it is in the interest of garlic or shallot growers to buy certified seed every year. Elsewhere, it is possible without serious yield losses to plant once again cloves or bulbs from the grower's harvest, or from a neighbour's field which was observed to be healthy.

What is the present situation (table 39). In 1990, 25 % of the seed lots used for garlic and less than 5 % for shallots are certified seeds. This situation may be explained by the appearance of OYDV-free clones for shallot more recent than for garlic.

There is furthermore another complication for shallot certified seed: if we consider that the ideal size for a mother-bulb is 10-20 g, even a closely spaced plantation of 40 g bulbs will not give more than 50 % of seed-size bulbs (fig. 63 and table 40).

Bulbs larger than 10-20 g, if sold as "seed" will have to be multiplied once by the farmer before they give a harvest of commercial size bulbs.

7. Genetic vulnerability

Since, in France, most of the uncontrolled seed-lots originate from uncontrolled multiplication of superior clones, should we be afraid by genetic vulnerability? For Garlic, we hope that in 1995, 5 or 6 different clones will be proposed for each varietal group grown in France, and some from foreign introduction (e.g. "Sprint"). 15 genotypes, at least, will be grown in France. For Shallots, even auto-pollination of a clone gives more variability than we can find in the traditionally grown populations.

8. European and international prospects

We have described only the French system of *Allium* seed-certification, since we are not able to know what occurs inside giant American companies, such as "BASIC FOOD".

We hope that our Italian and Spanish colleagues will be able to develop similar systems.

If French certified seed producers want to export a part of their production, they must remember that:
- they must propose to Italian or Spanish growers the clones of cultivars they want: group II bulbs with pale cloves for Italy, group III bulbs with purplish-red cloves for Spain;
- planting 25 % of the Spanish garlic fields with certified seed (a situation similar to France's today) would need 1 000 tons of F_5 foundation seed.

We must therefore wish for a collaboration without any suspicion or reticence between European *Allium* specialists and professional organizations.

For tropical countries, the choice and regeneration of superior clones in short-day garlic cultivars, breeding better shallot clones or producing F_1 hybrid shallot seeds could contribute to self sufficiency and improve the quality of life of a number of third-World countries.

Fichier préparé par Nicolas Perrier, société 4P
Imprimé pour vous par Books On Demand (Allemagne)
Dépôt légal : juillet 2023